地基处理技术理论与实践

汤连生 宋 晶 著

科学出版社

北 京

内 容 简 介

　　本书基于地基处理技术和作者的工程科研、实践经验，侧重解析工程技术的作用机制、设计计算要点、质量检验与监测等内容。第 1 章是地基处理概述，第 2 章至第 5 章是地基处理基本方法，第 6 章至第 8 章是复合地基理论及实践，第 9 章是既有建筑加固技术。

　　本书适合地质工程、土木工程等相关专业本科生、研究生作为技术学习教程，也可供地质工程、土木工程及相近领域的科研、技术人员参考、学习。

图书在版编目（CIP）数据

地基处理技术理论与实践／汤连生，宋晶著 . —北京：科学出版社，
2019. 9

　　ISBN 978-7-03-056315-6

　　Ⅰ. ①地…　Ⅱ. ①汤…　②宋…　Ⅲ. ①地基处理–高等学校–检测
Ⅳ. ①TU472

中国版本图书馆 CIP 数据核字（2018）第 007962 号

责任编辑：张井飞　韩　鹏／责任校对：张小霞
责任印制：吴兆东／封面设计：耕者设计工作室

科 学 出 版 社 出版
北京东黄城根北街 16 号
邮政编码：100717
http://www.sciencep.com

北京中石油彩色印刷有限责任公司 印刷
科学出版社发行　各地新华书店经销
*

2019 年 9 月第　一　版　开本：787×1092　1/16
2019 年 9 月第一次印刷　印张：14
字数：321 000

定价：158. 00 元
（如有印装质量问题，我社负责调换）

前　言

　　本书应用大量地基处理工程实例，结合国家最新规范，介绍当前国内外常用的和最新的地基处理技术。主要内容包括：换填垫层法，预压法，动力法，单液硅化法和碱液法，复合地基理论与设计，既有建筑地基基础的加固补强与补救等地基处理方法。分别阐述每种地基处理方法的加固机理、设计计算、施工方法和质量检验等相关内容。希望本书内容可以对读者的工程应用提供及时的帮助和指导。

　　本书由汤连生、宋晶撰写，共9章。汤连生负责教材规划与统编，以及第1章绪论，第6章复合地基，第9章既有建筑地基基础的加固补强与补救的撰写；宋晶负责撰写第2章换填垫层法，第4章动力法，第5章单液硅化法和碱液法，第7章散体材料桩复合地基以及第8章刚性桩复合地基；第3章预压法由汤连生、宋晶共同撰写。

　　本书特色在于将科学、技术、工程施工方法等问题融合，讨论和陈述形式结合，以期读者全面了解多模式知识。在学习过程中，建议配合网络视频教学，辅以教学习题、讨论及解答。形象深入地掌握本书内容，便于读者学习、理解与应用。资源地址一：中山大学MOOC课程《地基处理技术》（https://mooc1-2.chaoxing.com/course/204634259.html，或进入超星手机应用程序"学习通"获取视频及相关学习资料）。资源地址二：中山大学金课课程《地基处理技术》。

　　研究生刘治清、曹一飞、方敬锐等，为本书查阅整理了大量资料和图片，编辑了目录、参考文献和术语汇编。教材中多幅图片取自互联网，在此向上传图片者特致深切谢意。

　　感谢2016年度中山大学重点教材建设项目的资助与支持。感谢2018年广东省教育厅高校教学质量与教学改革工程项目的资助与支持。

作　者

2018 年 11 月

目　　录

第1章 绪 论

I 基础理论

1.1 地基、基础与地基处理

地基（subgrade，foundation soils）为支撑基础的土体或岩体。从空间角度来说，地基是指承托建筑物及构筑物基础的这一部分范围很小的场地。基础为将结构所承受的各种作用传递到地基上的结构组成部分。

当基础直接砌置在未经加固的天然地层时，这种地基称为天然地基。在满足地基容许承载力和建筑物容许变形条件下，应尽量采用天然地基，因为它不仅经济，而且施工简便，工期短。

但是，若天然地基很软弱，不能满足上部结构荷载的要求，则地基要先经过人工加固后再筑建基础，这样的地基称为人工地基。

地基处理技术方法是建造人工地基的技术方法，简称为地基处理，是指为了提高地基承载力，改善其变形性质或渗透性质而采取的人工处理地基的方法。

随着地基处理的进行，地基的概念也随之发生变化，桩基础的长度不断加长使得地基的概念和范围不断延伸。

1.2 地基处理的目的与属性

地基问题是众多工程事故的主要原因之一，主要指由于地基出现的整体或局部变形、破坏特征超过了建筑物的允许范围而导致工程问题。地基问题按其导致工程问题的机理可分为以下四类：

（1）强度及稳定性问题。当地基的抗剪强度不足以支撑上部结构的自重及外荷载时，地基就会产生局部或整体剪切破坏。

（2）压缩变形及沉降问题。当地基在上部结构的自重及外荷载作用下产生过大的变形时，会影响结构物的正常使用，特别是超过建筑物所能允许的不均匀沉降时，结构可能开裂破坏。沉降量较大时，不均匀沉降往往也较大。

（3）渗透或遇水变形及破坏问题。地基的渗漏量或水力梯度超过临界值时，就会产生流土、管涌、潜蚀或水量损失，由此可能导致失稳。由于吸水产生沉陷或引起膨胀，失水且下沉也包括在此类地基问题中，例如湿陷性黄土遇水产生剧烈湿陷变形。

（4）振动液化及破损问题。由于动力荷载或地震作用而产生液化、失稳和震陷等危害。

地基处理的目的是采取切实有效的措施，改善地基土的工程性质，达到满足建筑物对地基稳定和变形的要求，防治地基问题。若天然地基存在上述四类地基问题中的一类或几类而不能满足建筑物的要求时，则必须经过处理后再修建基础。

根据地基工作状态，地基设计时应当考虑：

（1）在长期荷载作用下，地基变形不致造成承重结构的损坏。

（2）在最不利荷载作用下，地基不出现失稳现象。

因此，地基基础设计应注意区分上述两种功能要求。在长期满足第一功能要求时，地基承载力的选取以不使地基中出现长期塑性变形（流变）为原则，同时还要考虑在此条件下各类建筑可能出现的变形特征及变形量。

地基处理是一门综合性的技术学科，它涉及的专业极为广泛，是一个实践性、综合性、社会性极强的系统工程。因此，地基处理技术具有社会性、综合性、实践性、地区性、技术与经济统一性五个基本属性：

（1）随社会不同历史时期的科学技术、经济和管理水平而发展的社会性。

（2）必须运用多学科理论、多工种技术的综合性。

（3）直接应用于实际工程又依赖于实践而发展的实践性，影响地基处理的因素众多而又错综复杂，使得地基处理对实践的依赖性很强。

（4）由于出现地基问题的软弱地基土有其成土环境的特殊性，均具有区域性的特点，因而地基处理的技术及适应性相应地具有地区性。

（5）对地基问题的处理过程及其恰当与否，关系到建筑工程的质量、投资、进度、管理和环境保护等整个体系，建筑地基处理具有很强的技术与经济统一性。

1.3 地基处理的发展及研究

1.3.1 我国的地基处理历史

地基处理是一门既古老又年轻的技术学科。说古老，早在 3000 年前我国就采用竹子、木头、麦秸来加固地基；说年轻，真正得到迅速发展还是近 70 年间。

几百年前，我国的劳动人民就早已认识到建筑安全对地基基础的依赖以及深受软弱地基的危害，成功地运用木桩技术对高重建筑的基础进行加固，显示了我国古代劳动人民在传统建筑科学上的高超智慧。上海嘉定法华塔位于上海市嘉定区嘉定镇，始建于元代至大年间，为七层四方砖木结构楼阁式塔，塔高 40.83m。1996 年，在对法华塔进行修缮过程中，经清理和测绘发现，法华塔的地基处理较为特殊。该塔塔心室地面呈正方形，地表以下为三层青砖铺地，厚约 33cm，砖间用糯米浆白灰泥勾缝。第三层青砖以下为四层毛石条形基础，相邻两层石条相互垂直，石条规格多为长 0.9m、宽 0.2m、厚 0.25m，石条基础以下的地基采用满堂木桩加固，木桩长 15m 左右，直径 9～12cm。在满堂木桩的中间又用石条砌筑一长方形地宫，上盖石板。地宫口沿同木桩顶基本在一个平面（图 1-1）。1999 年，考古工作者在扬州老城区的泰州路，在一长约 400m 范围内清理出了大量木桩遗迹及石条板遗存。该处被确定为一段工法独特的明代新城东墙基础。木桩遗迹埋于地面以下1.9m，基本呈南北向，大都为杉木，分为四排，宽约0.7m。木桩直径为0.15～0.20m。木桩分布有序：南北纵向四排，每横向三排组合，形似五点"梅花桩"。桩顶总体形成一平面，一般外侧稍高于内侧。在木桩之上再修石条板基础，宽与木桩宽相同，厚约3m，最长的石条板达2m。在石条板上砌包砖墙体，墙体随桩势略向内倾斜（图1-2）。另一侧城墙基础的做法与此相同。墙体中部为夯实的瓦砾土。两侧墙体向内挤压，使这段新城城墙虽处洼地历四百余年而未坍塌（20世纪50年代时拆除）。

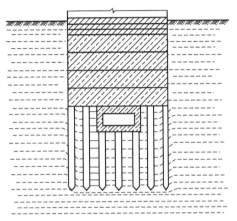

图 1-1　上海嘉定法华塔地基处理示意图

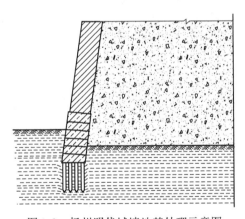

图 1-2　扬州明代城墙地基处理示意图

与以上坚实基础呼应的是巧妙的地基处理技术。上海元代法华塔在地面以下14m处采用满堂木桩的方法加固塔体地基，一方面木桩横向挤压周围土层，使土粒密实，增强地基土强度，另一方面改变软弱地基对塔体的破坏模式。使多种破坏方式变成了单一的竖向剪切破坏。桩顶纵横铺砌石板条，把上部荷载均匀地传递给各木桩，实际上起到了桩承平台的作用。扬州明代城墙在城墙包砖基础的设计中，亦采用木桩加固地基的做法，木桩分布有序，已充分考虑到了桩的受力分配特点，并且桩顶平面向内倾斜，把桩基的加固处理与城墙的上部结构充分结合起来，显示了独特的建筑设计构思和技巧。

更早以前，木桩加固地基的技术已有初步记载。

木桩在我国古代俗称"地钉"，传说为三国时诸葛孔明所首创，它的产生或许受传统堪舆学的影响，在宋代前后大量使用于陵寝等地下及临水建筑、地上宫殿等重要建筑。1994年，考古工作者通过对西安灞桥镇的隋代灞桥遗址进行清理发现，在灞桥石砌桥墩下，除了铺砌一层宽约17m的石板基础外，其石板基础下还垫有一层方木，方木下以满堂木桩对桥墩地基进行处理。其木桩、方木垫层历经一千四百余年至今完好。方木垫层在水下产生一定的浮力，同时，方木本身具有一定的弹性，能够减缓由于桥面荷载冲击对桥墩地基产生的破坏。灞桥桥基成熟的处理方式说明，古人以木桩加固地基的做法在我国隋代以前早已有相当长的探索和发展过程，是我国古代劳动人民在建筑科学领域里的大胆尝试和长期摸索的结果。我国古代木桩技术的成功运用直接导致了今天深层桩基础的发展，今天的摩天大楼同古代的高重建筑在基础及地基的处理上是一脉相承的。

1.3.2 地基处理技术在新中国的发展阶段

地基处理技术的发展在世界各地很不均衡，它不仅取决于各地地基土的不同工程特性，而且与各地经济发展及基础工程的建设规模和速度息息相关。

随着我国国民经济的腾飞，岩土工程界-地质工程界博采众长，一方面广泛引进吸收了世界各国的先进技术与经验，另一方面因地制宜创造性地研究与开发，形成了具有中国特色的地基处理技术体系。

我国的地基处理技术发展历史可分为三个阶段。

继承和学习苏联阶段（1978年前）：借助苏联的地基处理技术和我国的传统技术方法，受到机具、技术以及建筑规模的限制，最为广泛使用的是垫层等浅层处理法，主要是浅基础地基处理，如砂石垫层、砂桩挤密、灰土桩、化学灌浆、重锤夯实、浸水法及井点降水等，应用于工业与民用建筑。20世纪50~60年代为起步应用时期，之后为继承时期。由于是起步和继承阶段，既有成功之经验，又有盲目照搬之教训。

开放和引进阶段（1978~1988年）：由于改革开放和大规模建设的需要，我国大量地从国外引进地基处理新技术，向大面积的地基处理和深层地基处理发展，大直径灌注桩得到了前所未有的发展，施工机具和条件得到改善，如强夯法、生石灰桩法、深层搅拌桩法、旋喷桩法、土工合成材料法、振冲桩法、注浆法等。

创新与发展阶段（1989年至今）：以1989年我国第一本《建筑地基处理技术规范》送审稿审查通过为标志。此阶段大批国外先进技术被引进，并结合我国自身特点，初步形成了具有中国特色的地基处理技术及其支护体系，许多领域达到了国际领先水平。在学习国外先进技术的基础上，在大工程实践中，发展了地基处理新技术、新方法，如复合地基处理技术、强夯置换技术、改进后的真空预压排水固结法以及井阻理论和计算方法、振冲置换的干振法、工业废料在地基处理工程中的应用、双灰桩、渣土桩处理地基新技术、既有建筑物加固的地基处理技术、深基坑工程及其病害处理技术、深基坑施工的地基处理工程等。这一阶段岩土工程界也编制了若干地基处理技术规范或规程等。

土木工程学会为推动地基处理技术的发展，成立了地基处理专业委员会，从1987年开始基本上每隔两年专门召开全国性地基处理学术讨论会，截至2018年已召开了15届。中国建筑标准化协会于1992年成立了地基处理技术标准化委员会，专门从事各类地基处理技术标准的规划、审议、研讨工作，以便提高地基处理技术标准的水平。

1.3.3　我国地基处理技术的发展主流

纵观我国地基处理技术的发展主流，近三十几年来成绩斐然。

（1）大直径灌注桩得到了前所未有的发展。自 20 年代 70 年代中后期陆续在广州、深圳、北京、上海、厦门等大城市应用于高层和重型构筑物地基处理，80 ~ 90 年代初已遍及全国数以百计大中城市及新兴开发区。广泛应用于软土、黄土、膨胀土、特殊土地基。据估计，近年我国应用大直径灌注桩数量之多堪称世界各国之最，可谓起步虽晚但发展迅猛。

（2）石灰桩、碎石桩、高压喷注浆、深层搅拌、真空预压、动力固结、塑料排水板法等得到了广泛研究和应用。利用工业废渣、废料及城市建筑垃圾处理地基的研究取得了可喜的进步。比如，采用粉煤灰、生石灰开发或二灰复合地基，又如，利用废钢渣开发成了钢渣桩复合地基，利用城市建筑垃圾开发成了渣土桩复合地基等。这些项目的开发利用，不仅能节约大量资源，降低工程费用，同时为改善环境、减少城市污染开辟了新的途径。

（3）托换技术在手段和工艺上有了显著进展。托换技术分加固和纠偏两大类。前者常采用的有微型钢筋混凝土灌注桩、锚杆静压桩、一般灌注桩及旋喷等措施。后者是一种将已影响建筑物正常使用的倾斜纠正的非常特殊的地基处理手段。近十几年来纠偏技术不仅使大量条形以及筏式基础的倾斜建筑物得到了纠正，而且能使倾斜的桩基础建筑物得到奇迹般地纠偏。在地基处理中特别是在已建工程中有着广阔的应用前景。

（4）大刚度的柔性桩复合地基的出现，极大地拓宽了地基处理的应用领域。其主要途径是通过提高桩体材料的强度或刚度来提高复合地基的承载力。在这一领域，1990 ~ 1994 年先后有中国建筑科学研究院、浙江省建科院、浙江大学等研究开发了碎石、水泥、粉煤灰以及水泥、赤泥、碎石和水泥、粉煤灰、生石灰、砂石桩等复合地基。使得工业废料得到重复利用，有效地降低了成本。

（5）近年来最引人注目的发展是大桩距的较短钢筋混凝土疏桩复合地基。它是一种介于传统概念上的桩基与复合地基之间的新型地基基础形式。采用桩基疏布，使得桩间土的承载作用得到充分发挥，使桩与土共同承受上部结构荷载。从而有效地将建筑物沉降控制在允许范围内。

（6）近年来令人关注的是，我国武汉、成都等地研制开发了将人工挖孔桩设计成空心桩，这在国外还没有出现。与实心桩相比，该方法可省混凝土 50% 以上，仍可满足强度要求，同时能减少废土外运、施工便捷、工艺安全、结构合理，具有应用前景。

（7）我国近年有一项发明专利，称为"钻孔压浆成桩法"。基本原理是用螺旋钻杆钻至预定深度后，从钻具内管底端以高压喷射出水泥浆，边喷边提钻杆，直至浆液达到无坍孔，至预定深度再提钻具，设置钢筋笼、骨架。然后通过附着于钢筋笼的通水管，由孔底自下而上以高压补浆而成桩。该法适应于杂填土、淤泥、流砂、卵石等各种地基，是地基处理技术中发展起来的一朵奇葩，具有较好、较广的实用价值，不受地下水位影响，不需泥浆护壁，具有推广价值和应用前景。

（8）深基坑工程及其支护体系得到迅猛发展。深基坑工程是近二十年来我国在城市建设迅猛发展中伴随着大量高层超高层建筑、地铁、地下车库、地下商城等大型市政地下设施的兴建而发展起来的地基处理技术，发展速度之快令人叹服。

我国的地基处理技术经过 70 年，特别是改革开放以来的高速发展，现在可以毫不夸张地说，在某些理论研究和某些工艺技术的发展方面，已超过了西方发达国家，并独具特色。

Ⅱ 互动讨论

1.4 地基处理方法的分类及特征

地基处理方法，可以按地基处理基本原理、地基处理的目的、处理地基的性质、地基处理的时效及动机、处理后地基的作用等不同分类标准进行分类。根据国内有关地基处理技术论著，按时间效果可分为临时处理和永久性处理；按处理深度分为浅层和深层处理；按土的属性可分为砂性土和黏性土处理、饱和土和非饱和土处理；按处理的方式分为物理和化学处理；按添加材料的作用分为加筋法、土质改良法和置换法处理；按是否添加加固材料和处理时间效果分为临时处理、不加任何添加材料的永久性加固和添加材料的永久性加固；按地基处理的机理和作用，分为挤密法、置换法、加筋法、注浆加固法、热力学法、排水固结法等。

最基本的地基处理方法分类是根据地基处理的原理划分，见表 1-1，各种地基处理方法的特征见表 1-2。需要指出的是每一种地基处理技术都有其适用范围，要因地制宜科学运用，并在实践中完善、发展。

表 1-1 地基处理方法分类

处理方法	基本原理		最适宜的土类	优点、局限性	备注
换填垫层法	换土	换土施工法	浅层软弱地基土及不均匀地基土	施工方法简单，但是不能处理较厚的软弱土层	包括爆破换土、强制换土
预压法	排水固结	堆载预压（砂井法）、真空预压	淤泥质土、淤泥和冲填土等饱和黏性土	简易可行，效果显著，有较成熟理论。需要长时间，但对软土加用砂井，可大大缩短预压时间	可和其他加固方法联合使用，取得更好的加固效果
		电渗排水法		正常固结黏土和孔隙水电解浓度低的情况下应用，既经济又有效	在含有碳酸钙的土、某些工业废料及石灰中，水流可能由负极向正极流动
		井点法、深井抽水法	砂性土	效果肯定，可避免或减少加载法中搬运土石方；其效果取决于可降低水位的深度；长时间抽水耗电较大	降低地下水位，压实后能承受重荷载

续表

处理方法	基本原理		最适宜的土类	优点、局限性	备注
强夯法、强夯置换法	振密、挤密	冲击振动法、振动加挤压法	碎石土、砂土、低饱和度的粉土与黏性土、湿陷性黄土、素填土和杂填土	操作尚简便，大面积处理较为经济，对于适宜土类其处理效果显著。强烈振动对周围有大的影响	用于饱和软土要慎重
振冲法		振动液化及改变土结构	黏粒含量小于10%的砂性土	效果显著，处理后地基土性质较均匀	可在振冲的同时添加砂、石等其他材料
砂石桩法		挤密法及形成复合地基	松散砂土、粉土、黏性土、素填土及杂填土	属于简易处理，效果显著、经济	不适宜处理饱和软土
灰土挤密桩法、土挤密桩法			地下水以上的粉土、素填土、杂填土、黏性土	不适用于地下水位以下的土层	当含水量大于23%及饱和度超过0.65时，挤密效果较差
夯实水泥土桩法			地下水以上的粉土、素填土、杂填土、黏性土	施工工艺简单，造价较低，工期短，效果明显	处理深度不宜超过10m
水泥粉煤灰碎石桩（CFG）法	增强或置换	增强法或置换法及形成复合地基	黏土、粉土、砂土和已自重固结的素填土	施工简单，造价低，复合地基承载力可调整的幅度大	对淤泥质土应按地区经验或通过现场试验确定其适用性
水泥土搅拌法			正常固结的淤泥与淤泥质土、粉土、饱和黄土、素填土、黏性土以及无流动地下水的饱和松散砂土	施工期短，无公害（振动、噪声和排污），对相邻建筑物无影响，造价不高，适用范围较广	泥炭土、有机土、塑性指数I_p大于25的黏土、地下水具有腐蚀性时以及无工程经验的地区，必须通过现场试验确定其适用性
柱锤冲扩桩法			杂填土、粉土、黏性土、素填土和黄土	施工简便易行，并可消耗建筑垃圾，减少城市污染，施工中振动及噪声小	对地下水位以下饱和松软土层，应通过现场试验确定其适用性
加筋土法			砂土、黏性土和软土	施工容易，造价较低，对周围的影响较小，土体的抗拉强度较高	主要用于水平向加固
高压喷射注浆法	化学固结	增强法及形成复合地基	淤泥、淤泥质土、流塑、软塑或可塑黏性土、粉土、砂土、黄土、素填土和碎石土等地基	适用的范围较广，施工简便，设备简单，管理方便，无公害。固结体形状可以控制，既可垂直喷射也可倾斜和水平喷射，有较好的耐久性	当土中含有较多的大粒径块石、大量植物根茎或有较高的有机质，以及地下水流速过大和已涌水的工程，应根据现场试验结果确定其适用性

处理方法	基本原理		最适宜的土类	优点、局限性	备注
单液硅化法和碱液法	化学固结	通过胶结形成复合地基	地下水以上渗透系数为0.10~2.00m/d的湿陷性黄土	施工工艺简单，操作方便，动用设备少，材料来源广泛	在自重湿陷性黄土场地，当采用碱液法，应通过试验确定其适用性
石灰桩法		化学吸水	饱和黏性土、淤泥、淤泥质土、素填土和杂填土	造价较低，施工速度快、噪声小、振动干扰小，不受场地限制	用于地下水位以上的土层时，宜增加掺合料的含水量并减少生石灰用量，或采取土层浸水等措施
烧结法	冷热处理	通过焙烧减小含水量及压缩性，提高强度	软黏土、湿陷性黄土	不适宜用于含水量很高或地下水位以下的土层	短时间加固为主
冻结法		通过制冷使土中孔隙水冻结，提高强度	饱和砂土、软黏土	适应性强，在其他工法施工困难或无法施工时也可使用，无公害，可控性强	
其他法	注浆法适用于处理砂土、粉土、黏性土和人工填土等地基。 锚杆静压桩法适用于淤泥、淤泥质土、黏性土、粉土和人工填土等地基。 树根桩法适用于淤泥、淤泥质土、黏性土、粉土、砂土、碎石土、黄土和人工填土等地基。 坑式静压桩法适用于淤泥、淤泥质土、黏性土、粉土、人工填土和湿陷性黄土等地基。 注浆法、锚杆静压桩法、树根桩法、坑式静压桩法的设计和施工按行业标准《既有建筑地基基础加固技术规范》（JGJ 123-2012）有关规定执行				

表 1-2   各种地基处理方法的特征

处理方法	处理原理	目的				土质对象		处理效果	施工工期	施工费用	设计精度	规模程度	管理必要性	环境影响
		增加强度	防止下沉	防止液化	降低透水性	黏性土	砂性土							
换土法	机械挖掘换土	√	√	○	×	√	×	中	短	低	优	大	小	大
预压法	通过排水固结增加强度，减小沉陷	√	√	×	×	√	×	中	长	低	优	大	中	小
砂井法		√	√	×	×	√	×	中	中	中	优	大	大	小
真空预压法		√	√	×	×	√	×	中	中	中	良	小	中	小
电渗排水法		√	√	×	×	√	×	小	中	高	良	小	中	小
井点法		○	○	×	○	√	√	中	大	中	优	大	小	中
强夯法	冲击振动，挤密	√	√	√	×	○	√	中	中	低	良	中	中	中
强夯置换法		√	√	×	×	√	√	中	中	低	良	中	中	中

续表

处理方法	处理原理	目的				土质对象		处理效果	施工工期	施工费用	设计精度	规模程度	管理必要性	环境影响
		增加强度	防止下沉	防止液化	降低透水性	黏性土	砂性土							
振冲法	振动液化及改变土结构	√	○	√	×	○	√	大	短	中	良	大	中	中
砂石桩法	挤密及形成复合地基	√	√	√	×	○	√	中	短	低	良	中	中	中
土桩和灰土桩法		√	√	○	×	√	×	中	短	低	良	中	中	中
夯实水泥土桩法		√	√	○	×	√	×	大	短	低	良	中	大	中
水泥粉煤灰碎石桩法	增强、置换及形成复合地基	√	√	○	×	√	○	大	短	低	良	中	中	中
水泥土搅拌法	增强及形成复合地基	√	√	×	○	√	×	大	短	中	良	小	中	小
柱锤冲扩桩法		√	√	○	×	√	×	中	短	低	良	中	中	中
加筋土法		√	√	×	×	√	×	中	中	低	良	小	中	小
高压喷射注浆法	固结形成复合地基	√	√	×	√	√	○	大	短	中	良	小	中	小
单液硅化法和碱液法	胶结形成复合地基	√	√	×	○	○	×	中	中	低	良	小	中	小
石灰桩法	化学吸水	√	√	×	×	√	√	小	短	中	可	小	中	中
烧结法	焙烧提高强度	√	○	×	×	√	×	大	中	中	良	中	中	小
冻结法	制冷提高强度	√	×	×	√	√	√	大	中	低	良	中	中	中

注：√-有利；○-普通；×-不利。

地基处理技术，按广义而言，包括下列三大类：

（1）各种地基加固技术，主要作用是增强软弱土地基的承载力，减少沉降变形。

（2）各种桩技术，主要作用是把上部荷载传至地基深部。

（3）地下连续墙技术，主要作用是提供侧向支护。

当前，值得注意的是，在我国的工程实践中，上述三类技术之间，不同的施工工艺正在互相嫁接、移植，互相交叉渗透，从而形成了许多新技术、新工艺。这些演变说明了上述三类技术并不是各自孤立的技术，而通过嫁接、移植、交叉渗透，能产生更好的技术效果、经济效益和社会效益。这是我国地基处理技术发展的一个十分可喜的新动向（图1-3）。

例如，水泥土搅拌桩经过20年的广泛应用，已是一种较成熟的加固软土地基的常用技术。它原是一种柔性桩，近年来，在水泥土搅拌桩桩体中插入了H型钢或钢筋笼等加筋材料，水泥土桩就演变成为刚性桩。又如，将这种加筋水泥土桩成排地设置，并使其桩身

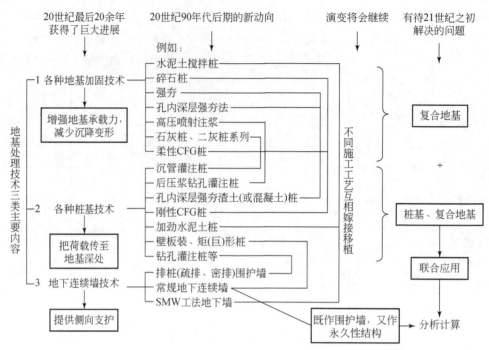

图1-3　三类技术互相嫁接移植，联合应用，带来了复杂的分析计算问题

互相搭接，它又形成 SMW 工法地下连续墙。碎石桩原是一种散体材料桩，通过加入适量的水泥或粉煤灰等黏结材料后，它就发展成为柔性的 CFG 桩。用这种 CFG 桩，获得了承载力更高的复合地基。当黏结材料达到一定的配合比时，CFG 桩的刚度还可进一步提高，因而可用来支撑高、重建（构）筑物。SMW 工法地下连续墙，近年方兴未艾，在与常规的地下连续墙或排桩连续墙争市场。

　　常规地下连续墙的施工设备正在被用来制造支撑高、重建（构）筑物大吨位墙柱荷载的矩形（或巨型）壁板桩，从而提高了施工设备利用率。这种由壁板桩形成的基础，堪称新型的"条形基础"。再如，地下连续墙一向被视为基坑工程的临时围护结构，近年已有不少项目将其设计成承受双向荷载的永久性基础结构，从而提高了它的使用价值。

　　以强夯法为基础，近年又演化出了"孔内深层强夯法""孔内深层强夯渣土（或混凝土）桩"等，而后两者亦可应用于支撑高、重建（构）筑物。

　　钻孔灌注桩常因孔底沉渣不易清除及桩身被泥皮包裹等隐患而使承载力降低。近年通过应用后压（或注）浆技术，其承载性能大为改善。而后压（或注）浆技术起源于地基加固技术中的高压注浆法。

　　沉管灌注桩是起源于20世纪30年代的一种老桩型，它的设备与工艺很简单。但利用这些简单的设备与工艺，产生了石灰桩和二灰桩等。上述 CFG 桩目前也主要沿用沉管桩的设备进行施工。施工工艺之间嫁接、移植和渗透的现象不仅发生在地基加固和桩基两类技术之间，也发生在桩基和地下连续墙之间。例如，基坑工程中常采用钻孔灌注桩或人工挖孔桩等，形成排桩来代替常规的（抓掘成槽、泥浆护壁式的）地下连续墙。

　　由此可见，根据处理后地基的作用功能，地基处理方法已逐渐主要分化为复合地基和其他地基（图1-4），并且均有向着复合地基转化的趋势。随着科技的飞速进步，更由于人们的聪明智慧，可以预料上述三大类地基处理技术的不同施工工艺之间的互相嫁接、移植和渗透，乃至交叉应用，将会继续发生。在这样的形势下，复合地基、复合桩基、一般桩基，乃至单桩等诸多地基基础类型的承载力和变形的分析计算问题，将变得愈加复杂。地基基础是实践领先于理论的学科，如何面对施工工艺技术的急速发展，解决好相关的设计计算分析的模型、理论与方法，这是新世纪岩土工程工作者面临的一大复杂课题。

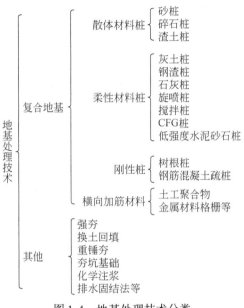

图 1-4　地基处理技术分类

1.5　地基处理相关试验的方法

1.5.1　地基处理前期试验目的

地基处理试验工程是一项前期工程，一般提前施工，并及时作好测试、观察、总结和分析工作。将所采用的各种地基处理方案，通过试验，一方面了解各个方案的实施效果，以便进行全面系统分析；一方面通过实践，进行综合经济比较，取得合理的机具、实用的材料、切实可行的工艺，取得翔实的资料，以便进行优选。其主要目的归纳如下：

（1）通过提前对小段工程的地基处理试验，可以取得各个设计方案的施工试验、工艺流程、操作方法，并借以指导今后大范围地基处理的施工。

（2）试验工程还可以安排些设计或施工中可能碰到的疑难问题，希望通过实践加以解答，也可将打算采用的新材料、新机具、新仪器、新技术、新方法通过实地使用，以搜集、观察其使用效果，作出推广采纳与否的判断。

（3）从试验现场实测的数据，如沉降、孔隙水压、水平位移、地下水位等，修正理论计算数值，并可及时观察沉降和水平位移速度，以控制各段填土速度，保证安全施工。这种数据可为今后施工加以控制和使用。还可采用十字板剪切、标贯试验、静力触探甚至钻探取样等测试及勘探手段，来检验地基土层固结状况，使建设者们做到心中有数。而这些齐全的项目也只有通过试验工程进行全面测试才能办到。

（4）对所埋置的各种仪器设备性能、效果作出判定，以便对大段落施工时应埋仪器的选择和观测，做出全面规划。

从以上四点可以看出地基处理试验工程的目的十分明确，意义很重大，影响也非常深远。

1.5.2　地基处理检测方法简介

地基检测方法有：静载试验，静力触探，动力触探等。承载力与变形指标检测常用静载试验，均匀性与密实程度检测常用静力触探、动力触探。

1）静载试验

静载试验是目前检验桩基（含复合地基、天然地基）承载力的各种方法中应用最广的一种，且试验结果被公认为最准确、最可靠，被列入各国工程规范或规定中。该试验手段利用各种方法人工加荷，模拟地基或基础的实际工作状态，测试其加载后承载性能及变形特征。其显著的优点是受力条件比较接近实际，简单易用，试验结果直观而易于理解和接受；但试验规模及费用相对较大。

根据试验对象可分为基土浅层平板载荷试验、深层平板载荷试验、复合地基载荷试验、岩基载荷试验、桩（墩）基载荷试验、锚杆（桩）试验。根据加载方式可分为竖向抗压试验、竖向抗拔试验、水平载荷试验。

2）静力触探

静力触探是指利用压力装置将有触探头的触探杆压入试验土层，通过量测系统，测试土的贯入阻力，可确定土的某些基本物理力学特性，如土的变形模量、土的容许承载力等。静力触探加压方式有机械式、液压式和人力式三种。静力触探在现场进行试验，将静力触探所得比贯入阻力（P_s）与载荷试验、土工试验有关指标进行回归分析，可以得到适用于一定地区或一定土性的经验公式，可以通过静力触探所得的计算指标确定土的天然地基承载力。静力触探的贯入机理与建筑物地基强度和变形机理存在一定差异性，故不经常使用。

3）动力触探

一定形状的探头打入土中，根据打入的难易程度（可用贯入度、锤击数或单位面积动贯入阻力来表示）判定土层性质的一种原位测试方法。可分为圆锥动力触探和标准贯入试验两种。

利用动力触探试验可以解决如下问题：

划分不同性质的土层。当土层的力学性质有显著差异，而在触探指标上有显著反映时，可利用动力触探进行分层和定性地评价土的均匀性，检查填土质量，探查滑动带、土洞和确定基岩面或碎石土层的埋藏深度等。

确定土的物理力学性质。确定砂土的密实度和黏性土的状态，评价地基土和桩基承载力，估算土的强度和变形参数等。

Ⅲ　实践工程指导

1.6　地基处理技术规范简介

1.6.1　编制过程

1989 年以前我国没有地基处理技术规范，设计人员无章可循，由于各种地基处理方法的适用范围不清而选用方法不当，未能达到预期目的，甚至造成的工程事故屡见不鲜，或者因无设计依据，往往设计过于保守造成较大浪费。

国家计委于 1987 年以计标函〔1987〕第 3 号文下达了编制《建筑地基处理技术规范》的任务。由中国建筑科学研究院会同七个单位共同编制，于同年 6 月成立了规范编制组，立即进行了广泛的资料收集和调查研究，于 1988 年 6 月完成了规范初稿，同年 10 月完成修改稿，并于 1989 年 6 月完成征求意见稿，随即在第二届全国地基处理学术讨论会上向中国土木工程学会地基处理学术委员会征求意见，同时向全国各省、自治区、直辖市和国务院有关部委所属的设计、勘察、施工、科研单位和高等院校广泛征求意见。根据收集的意见，对征求意见稿进行修改，于 1989 年 10 月完成规范送审稿，同年 12 月审查通过。经有关规范协调后 1990 年完成规范报批稿，《建筑地基处理技术规范》（JGJ 79-91）经建设部批准发布，自 1992 年 9 月 1 日起执行。此规范是国内第一本地基处理方面的规范。

规范问世后，改变了地基处理设计、施工无章可循的局面。同时，列入规范的一些地基处理技术，经全国推广应用，在大量工程实践中得到改进、提高、完善和创新，促进了我国地基处理技术的发展。由于我国地基处理技术发展很快，有些未纳入规范的地基处理方法，经过多年工程实践也已趋成熟，可以推广应用。已经列入规范中的一些方法，随着地基处理技术水平的提高、施工工艺的改进和施工设备的更新，需要对规范条文作相应的修改或补充。为此，建设部下达了修订计划。

根据建设部建标〔1997〕71 号文的要求，规范修订组在深入调查研究，认真总结国内科研成果和大量实践经验，并在广泛征求意见基础上，全面修订了第一本规范，于 2001 年 2 月提出了《建筑地基处理技术规范》（修订）送审稿，同年 5 月 20 日由建设部标准定额研究所主持召开审查会议，讨论并通过了规范（修订）送审稿。建设部于 2002 年 9 月 27 日第 64 号公告批准《建筑地基处理技术规范》（JGJ 79-2002）为行业标准。

《建筑地基处理技术规范》（JGJ 79-2012）于 2013 年 3 月正式出版，自 2013 年 6 月 1 日起实施。原行业标准《建筑地基处理技术规范》（JGJ 79-2002）同时废止。

1.6.2　编制原则

目前，编制的规范遵循以下主要原则：

（1）总结新中国成立以来，特别是改革开放以来我国地基处理方面的大量科研成果和丰富的工程经验，同时吸收了适合我国国情的国外成熟经验。

（2）规范体现了四性：政策性、科学性、实践性和安全性。

（3）纳入规范的内容必须是较成熟的，不够成熟的暂不纳入，不成熟的不纳入。

1.6.3　规范主要特点

第一本国内规范——《建筑地基处理技术规范》（JGJ 79-91）的主要特点：

（1）规范采用了按处理方法编写的体系。规范纳入 9 类 22 种地基处理方法，覆盖面广，能满足各种复杂情况下的建筑工程地基处理的需要。在这些方法中，有我国自己研究与开发且国外还没有的地基处理技术，如灰土挤密桩法、碱液加固法、锚杆静压桩法和灰土垫层法等。也有国外首先提出，但至今尚未达到实用阶段，而经我国科研攻关，获得突破，得以推广应用，并在国际上处于领先地位的地基处理技术，如真空预压法。还有从国外引进，但经我国消化吸收，在应用中得到提高和发展的地基处理技术。

（2）在内容编排上规范对每一种方法从勘察、设计、施工和质量检验等地基处理全过程的各个环节都作出了规定，同时明确规定各种地基处理方法的适用范围和关键技术，并强调通过现场试验或试验性施工确定参数等，从而保证了地基处理的质量和工程费用的降低。

（3）有关加载预压法的固结计算，规范采用了将瞬间加载和逐级加载统一起来的精确计算式，较目前国外公式只能瞬间加载，再进行修正近似解的计算式，更为先进、精确和方便。

（4）规范中有关强夯法地基处理的主要参数——有效加固深度的确定方法，比国外常用的梅那公式计算结果更为准确和合理。

（5）规范中振冲桩、砂石桩、搅拌桩和旋喷桩采用修正系数确定承载力，该计算方法将复合地基理论上升到实用阶段。

（6）规范规定了质地坚硬、性能稳定和无侵蚀性的工业废渣作为垫层材料，这为工业废料的利用开辟了新途径，并可减少环境污染。

（7）规范中有关技术的内容，将为我国当前工程建设中大量存在的建筑扩建、改建、加层与纠偏、古建筑维修等工程提供设计和施工依据。

第二本国内规范——《建筑地基处理技术规范》（JGJ 79-2002）对原规范 JGJ 79-91 进行修改、补充和完善的情况如下：

（1）增加地基处理方法：强夯置换法、水泥粉煤灰碎石桩（CFG 桩）法、夯实水泥土桩法、水泥土搅拌法（干法）、石灰桩和柱锤冲扩桩法。

（2）取消地基处理方法：托换法。原规范中托换法一章中单液硅化法和碱液法合并独立成章。其他方法如注浆法、锚杆静压桩法、树根桩法、坑式静压桩法和基础加固法等已纳入《既有建筑地基处理加固技术规范》（JGJ 123-2000）内，故新规范中取消托换法一章。另外，因目前工程中应用不多，取消了重锤夯实法。

（3）对原规范（JGJ 79-91）中总则、主要符号、基本规定、换填法、预压法、强夯法、振冲法、土或灰土挤密桩法、砂石桩、深层搅拌法、高压喷射注浆法、单液硅化法、碱液法和复合地基荷载试验要点等内容均作了修改、补充和完善。

新规范——第三本国内规范《建筑地基处理技术规范》（JGJ 79-2012），参考有关国际标准和国外先进标准，并与国内相关规范协调，修订了第二本规范的主要技术内容，主要包括设计参数、验算方法、检验与监测等。

1.7 地基处理方法确定的基本原则与步骤

1.7.1 地基处理方法确定

各种地基处理方法有各自的机理和适用范围，在选择处理方法时，需根据地质条件、上部结构类型、使用要求、对周围环境的影响、材料供应情况、施工条件以及技术经济指标等多方面因素做周密的综合考虑，做到技术先进、经济合理、安全适用、确保质量。因此，在选择地基处理方案前，确定地基处理方法的基本原则，应在完成下列工作的基础上进行：

（1）搜集详细的岩土工程勘察资料、上部结构及基础设计资料等。

（2）根据工程的要求和采用天然地基存在的主要问题，确定地基处理的目的、处理范围和处理后要求达到的各项技术经济指标等。

（3）结合工程情况，了解当地地基处理经验和施工条件，对于有特殊要求的工程，还应了解其他地区相似场地上同类工程的地基处理经验和使用情况等。

（4）调查邻近建筑、地下工程和有关管线等情况。

（5）了解建筑场地的环境情况。

地基处理方法很多，各种处理方法都有它的适用范围、局限性和优缺点，没有一种方法是万能的。具体工程很复杂，工程地质条件千变万化，各个工程的地基差别很大，具体工程对地基的要求也不同。而且机具、材料等条件也会因工作部门不同、地区不同而有较大的差别。对每一具体工程都要进行具体细致分析，应从地基条件、处理要求（包括经处理后地基应达到的各项指标、处理的范围、工程进度等）、工程费用以及材料、机具来源等方面进行综合考虑，以确定合适的地基处理方法。在确定地基处理方法时，可根据工程的具体情况对几种地基处理方法进行技术、经济以及施工进度等方面的比较。通过分析比较可以采用一种地基处理方法，也可以由两种或两种以上的地基处理方法进行组合处理。

同时，充分考虑上部结构、基础和地基的共同作用，并经过技术经济比较，选用处理地基或加固上部结构和处理地基相结合的方案，由此初步选出地基处理方法。

地基处理方法的确定，宜按下列步骤进行。

1）资料分析

在完成上述工作的基础上，分析场地水文地质、工程地质条件及地基基础的设计资料。

2）初选方案

根据结构类型、荷载大小及使用要求，结合地形地貌、地层结构、土质条件、地下水特征、环境情况和对邻近建筑的影响等因素进行综合分析，初步选出几种可供考虑的地基处理方案，包括选择两种或多种地基处理措施组成的综合处理方案。

3）比较方案

对初步选出的各种地基处理方案，分别从加固原理、适用范围、预期处理效果、耗用材料、施工机械、工期要求和对环境的影响等方面进行技术经济分析和对比，选择最佳的地基处理方法。必须指出，每一种处理方法都有一定的适用范围、局限性和优缺点，没有一种处理方法是万能的，必要时也宜选择两种或多种地基处理方法组成综合方案。例如，对于储罐的软基处理，就有多种方法可以对比选择（表1-3）。

4）现场试验或试验性施工

对已选定的地基处理方法，宜按建筑物地基基础设计等级和场地复杂程度，在有代表性的场地上进行相应的现场试验或试验性施工，并进行必要的测试，以检验设计参数和处理效果，如达不到设计要求时，应查明原因，修改设计参数或调整地基处理方法。

表1-3 储罐地基处理常用的几种方法对比分析

地基处理方法	冲水预压法	垫层法	排水固结法	振冲法	强夯法	灰土挤密桩法	砂石桩法	桩基
适用范围	软黏土、粉土、有机质沉积物、杂填土	软黏土、有机质土、杂填土等软弱地基	主要适用于黏土层，不适用于有机质沉积物	多类软黏土，对于饱和软黏土，要求其不排水抗剪强度不小于20kPa	亚黏性土、杂填土、非饱和黏性土、湿陷性黄土	地下水位以上的湿陷性黄土、杂填土、素填土等，地基水位以下则用水泥桩	砂性土、杂填土、非饱和黏土	适用于桩尖持力层特别深的地区
评价	有成熟理论，简易可行，效果显著，处理土质较均匀。所需时间长，但对软黏土采取竖向排水措施（如袋装砂井、塑料排水板等）则可大大缩短时间	简易可靠，垫层本身强度和压缩性较原来为好。但置换的土层深度不可能很大	有成熟的设计与施工经验以及计算理论，常与加载预压结合，施工与设计都需要数月	效果显著、经济。但不能用于强度过低的软黏土，因碎石桩成败取决于周围土的约束力。振冲时会冒出大量泥浆，应考虑其泥浆的排放	需要一套强夯设备，操作简便，大面积处理较为经济，对于上述土类，处理效果显著	效果显著、经济。处理深度有限，常用处理地基承载力可达100kN/m² 左右	属于简易处理，效果显著、经济。不适用于饱和软黏土，因为此类土不能挤密	安全、可靠，沉降量小，造价高。打桩速度快。灌注桩不需要预制场地，但要解决排泥问题

1.7.2 特殊地区的工程设计措施

在进行地基处理方法选择时，根据地基土的工程特性，在地基上修建建筑物时，必须对建筑物的建筑体型、荷载情况和地质条件进行综合分析，确定必要的建筑措施、结构措施和地基处理方法。在一些较特殊地区的工程设计中，一般可采取以下措施：

（1）在建筑物的布局及施工过程中，对于有高差的建筑物，地基比较均匀的情况下，应与业主和设计协商,将重的、高的部分设在建筑物的两端,而不设在建筑物的中部。施工过程中,建议先建重的、高的建筑物,后建轻的、低的建筑物。当建筑物对变形要求较高时,采用较小的地基承载力,或建筑物各部分采用不同的基底压力等手段来调整建筑物的不均匀沉降。

(2) 对于表层有一定厚度软土"硬壳"层的软弱土地基,由于"硬壳"层的地基承载力较下层软土为高,压缩性也较小,因而,当建筑物的层数在5层以下时,利用这层"硬壳"作为建筑物浅基础的持力层,尽量做到"轻基浅埋",这样可以充分利用软弱土的结构强度,减少施工期间对下层软弱土的扰动。设计时基础面积除了满足"硬壳"层的地基承载力要求外,还应当对软弱下卧层进行地基承载力验算。当软弱下卧层不能满足承载力要求时,可以取较小的"硬壳"层承载力来计算基础面积。施工开挖基槽时,可以暂不挖到基底标高,保留约20cm厚的原土,待基础施工前进行清除。

(3) 当软弱土层的厚度较大,软土的强度又很低,以致天然地基不能承受5层砖混结构房屋的荷载时,可采用换土垫层的方法来处理软弱土地基,也就是将基础底面下一定范围内的软弱土层挖除或置换,换填其他无侵蚀性的、强度较大的低缩性散体材料,经过分层夯实,作为地基持力层;当场地条件不容许开挖时,可采用高置换率的碎石桩或低强度的CFG桩进行置换。而垫层选用的材料通常是素土或灰土或砂卵石。

(4) 对于地基承载力要求较高的5层以上建筑物或地基一定深度下有一定厚度的相对"硬层"而言,采用CFG桩加固软土地基不失为一种较好的地基加固方法。利用CFG桩使用一定的施工机械,在地基中使CFG桩与软弱土组成整体,形成具有水稳定性和足够的桩土共同体,这些桩与天然地基组成复合地基,共同承担建筑物的荷载。

(5) 强夯法加固软弱地基,是利用强夯降低土的压缩性,消除主固结沉降,提高土的强度与承载力。强夯法加固地基具有效果明显、经济易行、设备简单、节约三材等明显优点,因而得到了广泛应用。然而,强夯法对地基土质有一定的要求。一般认为此法特别适合于粗颗粒非饱和土,含水量不大的杂填土与湿陷性黄土,低饱和黏性土与粉土也可采用。对于饱和黏性土,有工程经验或试验证明加固有效时方可应用。对于软黏土,一般教科书或工程标准中都有明确规定不宜采用或不能采用,因为存在一些失败工程的例子。其突出表现为施工过程中出现弹簧土,此时土体抗剪强度丧失,不能承受外加荷载,需要以高昂的代价挖除或处理弹簧土。同时不能再起到压密作用,导致强夯失败。其次,表现为软黏土地基上没有完成主固结沉降,施工后沉降很大,在我们的现场试验中发现按一定的强夯工艺或置换夯填一定量的散体材料,可以使地基表层一定深度的土体强度得到恢复与提高,事实表明强夯法加固软黏土地基,只要方法适合,可以达到加固的目的和预期效果。

(6) 对于软弱地基土厚度在8~15m厚度范围内且地基承载力要求较高的建筑物而言,采用深层搅拌法加固软土地基也不失为一种较好的加固方法。利用水泥作固结剂,通过特制的搅拌机械,在地基中将水泥和土体强制拌和,使软弱土与水泥硬结成整体,形成具有水稳定性和足够强度的水泥土桩或地下连续墙,这些加固体与天然地基组成复合地基,共同承担建筑物的荷载。深层搅拌法特别适用于加固含水量大于30%的各类软土地基,固化剂的掺入量通常采用被加固土重的15%,外掺剂可根据工程需要选用具有早强、缓凝、减水、节省水泥等性能的材料。

1.7.3 不同地基处理方法特点

在进行地基处理方法选择时，应充分考虑各种地基处理方法的不同特性及适应性。不同地基处理方法的基本特点如下。

1. 垫层处理

在天然地层上铺设垫层，作为人工填筑的持力层，同时将储罐基底压力扩散到下卧天然地层中使其应力减少到下卧层的容许承载力范围内，从而满足地基稳定性的要求。由于垫层材料的压缩性大于天然的软黏土层，故采用垫层法也可减少地基土沉降量。当软弱土地基的承载力与变形满足不了要求，而软弱土层的厚度又不很大时，采用垫层法能取得较好的效果。

目前，在软弱土地区经常采用的是做换土垫层，简称垫层法或换土法，如砂垫层、砂卵石垫层、碎石垫层、灰土或素土垫层、煤渣垫层、矿渣垫层以及用其他性能稳定、无侵蚀性的材料做的垫层等。

开挖置换法是将基底下一定深度的软弱土层挖除（如软弱土层较薄，可将其全部挖除），然后回填较好的土石料，例如砂土、碎石、石渣等，分层夯实作为持力层，达到地基处理的目的。

上述两法的差别在于：垫层法一般系指不开挖而做成的垫层，而开挖置换法系指先开挖然后回填并夯实。

适用范围：浅层地基处理。

2. 挤密处理

振冲、挤密法的原理是采用一定的手段，通过振动、挤压使地基土孔隙比减小，强度提高，达到地基处理的目的。

3. 振动压实法

采用人工或机械夯实、机械碾压或振动对填土、湿陷性黄土、松散无黏性土等软弱土或原来比较疏松的表层土压实。也可采用分层回填压实加固，分层压实的填料也可适量填加石灰、水泥等。

适用范围：浅层疏松黏性土（其含水量接近最佳含水量）、松散砂性土、湿陷性土及杂填土。

4. 振冲法

利用振动和水冲加固地基的方法叫作振冲法。振冲法由德国 S. Steuerman 在 1939 年提出（Steuerman and Flynn, 1970），我国应用始于 1977 年。由于大量工业民用建筑、水利、石化和交通工程地基抗震加固的需要，该法得到迅速推广。振冲法早期用来振密松砂地基，后来也应用于软黏土地基，振冲法演变成两类：振冲置换法和振冲挤密法。

振冲置换的加固原理是利用振冲器在高压流下边振边冲，在软弱黏性土地基成孔，再在孔内分组填入碎石等坚硬材料，制成一根根桩体，碎石桩身和原地基构成碎石桩复合地基。适用范围：不排水抗剪强度大于 20kPa 的黏性土、粉土和人工填土等地基，有时还可用来处理粉煤灰地基。但对于抗剪强度较低的黏性土,采用碎石桩时务必慎重。

振冲挤密的原理是:一方面依靠振冲器的强力振动使饱和砂土发生液化,砂颗粒重新排列,孔隙减少;另一方面振冲器的水平振动力,在加回填料情况下还通过填料使砂层挤压密实。适用范围:砂性土,黏粒含量小于 10% 的黏性土,若黏粒含量大于 30%,效果明显降低。

5. 强夯法

将很重的锤从高处自由落下,反复多次夯击地面,给地基冲击力和振动,从而提高地基土的强度,降低其压缩性。

强夯法处理地基首先由法国 Menard 公司于 20 世纪 60 年代末创用。我国于 1978 年引进。该法由于设备简单、效果显著、费用低、施工速度快,很快得到推广。除强夯挤密外,近年来,强夯置换得到不少应用。强夯置换和强夯挤密在加固机理上是不同的,应用范围也不相同。强夯挤密法常用来加固碎石土、砂土、低饱和度的黏性土、素填土、杂填土、湿陷性黄土等各类地基。对于饱和度较高的黏性土地基,如有工程经验或试验证明采用强夯法有加固效果的也可采用。通常认为强夯挤密法只适用于塑性指数 $I_p < 10$ 的土。对于设置有竖向排水系统的软黏土地基,是否采用强夯法处理目前有不同看法。对于厚度小于 6m 左右的软黏土层采用强夯置换法处理,边夯边填碎石等粗颗粒料形成深度为 $3 \sim 6m$,直径为 2m 左右的碎石桩体,与周围土体形成复合地基,可望取得较好的加固效果。

强夯施工主要设备包括夯锤、起重机、脱钩器和门架等。工程实践表明,施工机具和工艺直接影响加固效果和经济效益。

适用范围:无黏性土、杂填土、非饱和黏性土以及湿陷性黄土等。

6. 石灰桩法

在软弱地基中用机械成孔,填入作为固化剂的生石灰并加以搅拌或压实形成桩体。石灰桩法工艺简单,不需复杂的施工机械,应用较广泛。其加固机理包括打桩时挤密、石灰吸水、膨胀、升温、离子交换、胶凝、碳化和置换等,但基本加固作用则可归纳为打桩挤密、桩周土脱水挤密和桩身的置换作用。从提高承载力看,在正常情况下置换作用占的份额最大。经验与实践证明,只要填充石灰达到必要的密实度则不会出现软心现象。另外,采用粉煤灰等适宜的掺合料也有助于避免发生软心现象。杭州和湖北两地挖出的工程桩桩身的抗压强度分别达到 370kPa 和 564kPa。桩土应力比是衡量置换作用的主要指标。要满足一般工程要求,不需追求过高的应力比。当需要提高应力比时,除了要保证桩身具有较高强度外,桩还必须打穿软土层以免桩尖刺而降低应力比。

适用范围:软弱黏性土。

7. 砂桩

在松散砂土或人工填土中设置砂桩,能对周围土体产生挤密作用,或同时产生振密作用,从而显著提高地基强度,改善地基的整体稳定性,并减少地基沉降量。

砂桩法于 19 世纪 30 年代起源于欧洲,20 世纪 50 年代引进我国。起始砂桩法用于处理松散砂地基,视施工方法不同,又可分为挤密砂桩和振密砂桩。后来,也用来加固软弱黏性土地基，通过砂桩的置换作用，形成砂桩复合地基，对其进行加载预压，也可加快地基固结。

适用范围：松砂地基或杂填土。

8. 灰土挤密桩

灰土挤密桩地基是由桩间挤密土和填夯的桩体组成的人工复合地基。灰土桩主要适用于消除湿陷性黄土地基的湿陷性和提高人工填土地基的承载力。

适用范围：湿陷性黄土、人工填土、非饱和黏性土。

灰土桩法在我国西北和华北地区得到广泛应用，主要适用于地下水位以上的湿陷性黄土、杂填土和素填土等地基。

近几年来在采用灰土桩加固地基时，重视工业废料的利用。

9. 排水处理

排水固结法的原理是软黏土地基在荷载作用下，土中孔隙水慢慢排出，孔隙比减小，地基发生固结变形，同时随着超静水压力逐渐消散，土的有效应力增大，地基土的密实度逐步增长。

排水固结法常用于解决软黏土地基的沉降和稳定问题，可使地基的沉降在充水预压期间基本完成或大部分完成，使地基在使用期间不致产生过大的沉降和沉降差，同时可提高地基土的抗剪强度，从而提高地基的承载力和稳定性。

地基处理方法选择不科学、不合理也会导致地基土强度不升反降。例如，某工程，天然地基承载力特征值实为 200kPa，勘察单位的勘察报告误认为 150kPa，设计要求的承载力特征值 180kPa，采用振动沉管挤密碎石桩方案。成桩后经复合地基载荷试验检测，结果表明，复合地基承载力标准值为 150kPa，没能达到 180kPa 的设计要求。为分析其原因，先后做了六台天然地基载荷试验，确认天然地基承载力标准值为 200kPa。这就说明，对于承载力标准值为 200kPa 的地基土，由于勘察报告误认为 150kPa，设计人员又选用了不适当的置换能力弱的碎石桩方案，在振动沉管机的动荷作用下，天然地基的结构强度变坏，密实土被振松，导致地基处理后承载力反而降低 25%。

当软土地基不能满足沉降或稳定的要求，且采用桩基等深基础在技术经济上不可取时，对地基进行加固是有效的措施。加固的方法很多，大体可分成两类。第一类方法的原理是减少或减小土体中的孔隙，使土颗粒尽量靠拢，从而减少压缩性，提高强度，例如充水预压法、排水固结法、振冲法等。由于黏性土的渗透系数较小，饱和黏性土中孔隙水的排走、孔隙的缩小、土粒的重排列需要较多的时间，因此，除强夯外，加固期较长。第二类方法的原理是水及孔隙变相地减小，用各种胶结剂把土颗粒胶结起来，例如旋喷法、搅拌桩法、电硅化法等。

近 60 年来，世界地基处理方面发展十分迅速，老方法得到改进，新方法不断涌现。20 世纪 60 年代中期，从提高土的抗拉强度这一思路出发，发明了加筋法；从进行深层密实的角度出发，发明了强夯法；从排水与固结的角度出发，发展了土工聚合物、砂井预压与塑料排水板（带）法。同时，现代工业的发展，也给软基处理开辟了更大更广的操作空间，有了可以进行几十吨起重的加固施工机械，强夯法才能得以实现；有了真空泵，才实现真空预压法加固地基技术的核心；有了高强度的空气压缩机，高压注浆法才可能问世。

1.8　地基处理施工管理

在软土地基处理方面，公路与铁路建设中都有很多成功的实例，也不乏失败的教训。针对这些工程中应用的经验与教训，在软土地基处理中就应当遵循以下几条原则组织设计与施工，才能更好地达到预期的效果。

（1）认真进行地质调查，根据地质情况进行合适的设计与变更设计，达到预期的加固效果，避免返工处理的现象。

（2）在工程施工时，要充分了解各种形式的软土地基加固机理，以便针对加固机理进行有重点的质量控制，该放宽的技术指标可适当调整，以降低成本。例如砂桩与砂井的加固机理就不同，砂桩对软土的加固作用主要是挤密作用（特别是在黏性土中），因此砂桩的数量与直径应有充分的保证，对其平面分布的均匀性可以适当放宽标准，砂井的加固机理偏重于排水固结，因此在早期砂井加固基础上，又改进形成了袋装砂井技术，以保证砂井的均匀程度与连续性。同属深层密实法加固的粉喷桩与旋喷桩，粉喷桩更倾向于喷粉与软弱土形成复合地基，而旋喷桩则偏重于喷体的桩作用，因此在旋喷桩设计时就充分验证其作为桩基础的力学效果。

（3）加强基础学科的研究，给软土地基处理技术更有力的支持。目前国际上软土加固技术已得到较大的发展，但其理论基础还存在着不准确性与不确定性。例如，强夯法在多处工程施工中的应用及其实测效果证明，其加固效果可用，但其加固机理在土力学中还没有完全从理论方面得到证明，或部分还存在着模糊的概念；在挡护设计中经验公式的利用较多，其参数取值的不确定性还大量存在；作为土力学最基本理论的朗肯定理与库仑定理中不确定的因素也较多。所有这些都说明要想加快软土基础技术的开发与应用，必须加强其基础科学的研究。

（4）在实际处理软土地基时，往往不是采用一种形式的处理，多采用多种处理方式相结合，取其加固效果综合作用，能够起到事半功倍的效果。例如，在非渗水土中的路堤采用在路基面上铺设 60～80cm 厚的中粗砂垫层，而垫层内则铺设幅宽 4m 的土工膜，高填地段铺土工格栅加强路基强度；而在路堑地段则采用土工膜加固路基面，土钉墙加固边坡，完工至今，没有发生因软土地基加固不良而出现的问题。在某车站高填路基，最大填土高度 27m，填方总量 $51 \times 10^5 \mathrm{m}^3$，软基处理面积近 60000$\mathrm{m}^2$，在软基处理中，采用碎石桩、塑料排水板、中粗砂垫层与侧向约束桩联合进行软土地基的处理，路基填筑完成，没有发生沉降量超限及侧向挤出等不良现象。

施工技术人员应掌握所承担工程的地基处理目的、加固原理、技术要求和质量标准等。施工中应有专人负责质量控制和监测，并做好施工记录。当出现异常情况时，必须及时会同有关部门妥善解决。施工过程中应进行质量监理。施工结束后必须按国家有关规定进行工程质量检验和验收。

第 2 章 换填垫层法

I 基 础 理 论

2.1 换填垫层法的适用范围与作用机制

换填垫层法适用于淤泥、淤泥质土、湿陷性黄土、素填土、杂填土及暗河、暗塘等的浅层软弱地基及不均匀地基的处理。软弱土埋置不深,厚度又不是很大,其地基承载力和变形控制不能满足时,采用将部分软弱土挖除,填以较好的土料或其他材料而筑成换土垫层来处理地基,处理厚度不宜小于 0.5m,也不宜大于 3m。例如,地表软弱土层为饱和淤泥质黏土时,一般要求先进行挖除,挖除方法有挖土机挖掘法、推土机挖除法、人工挖除法等,当软土过于软弱而挖土机和推土机无法作业时,可采用水力挖塘机组挖除,也就是用高压水流对软黏土进行切割并冲成泥浆,然后用泥浆泵抽送到指定地点沉淀;之后,置换填充透水性良好、压缩性低、强度高、稳定性能较好的中砂、粗砂和砂砾等材料,分层填筑并压实。

地基加固深度一般在 2m 以内。换土垫层使用的材料可因地制宜,采用砂、砂卵石、碎石、灰土或素土、煤渣、矿渣以及其他性能稳定的材料。换土垫层可以扩散基础的上部荷载至下卧土层,又因为换填了透水性好的材料,软弱土层中的水可部分排出,加速软弱土的固结。垫层还可在换去膨胀土后消除地基胀缩性。

当软弱土层为饱和淤泥质黏土时,既彻底又简单的处理方法是采用换土垫层法。施工中遇到的绝大多数软弱地基,都是采用此种方法进行处理的,取得了良好的效果。若软弱土层层底不太深(一般不超过 2m),可将软弱土层全部挖除;如软弱土层较厚,可将其一定深度范围的土层挖除,然后换填压缩性低、强度高、稳定性能较好的中砂、粗砂和砂砾等,再分层压实。

换填垫层法处理地基的目的及作用有以下 5 个方面:

(1)提高浅层地基承载力。浅层地基承载力与基础下土层的抗剪强度有关,因为地基中的剪切破坏从基础底面开始,随应力增大而向纵深发展。故以抗剪强度较高的砂或其他填筑材料置换基础下软弱的土层,可显著地提高地基的承载力,避免地基破坏。

(2)减少沉降量。一般地基浅层部分的沉降量在总沉降量中所占的比例较大,如以密实砂或其他填筑材料代替上部软弱土层,可以减少这部分的沉降量。另外,垫层的应力扩散作用,使作用在下卧土层上的压力较少,这样也会相应减少下卧层土的沉降量。同时,可利用垫层和压实土层的应力扩散作用减少地基的不均匀沉降。

(3)加速软弱土层的排水固结。垫层材料的透水性较好(一般要求其渗透系数高于下卧层渗透系数两个数量级以上），垫层作为排水面可加快地基固结，提高地基承载力，避免地基发生塑性破坏。垫层或压实后土层的压缩性比天然软土层低而减少的地基沉降一般很有限，只有在下卧土层压缩性很低时才可显著减少地基沉降。值得注意的是，垫层和压实土层形成人工硬壳层，按照多层地基固结分析结果，即便硬壳层与下卧土层渗透系数相同，多层地基固结也比均质地基固结快，因此垫层具有自身渗透性好及硬壳层可加速地基固结的双重效果。

（4）防止冻胀。粗颗粒的垫层材料孔隙大，不易产生毛细现象，防止寒冷地区土中结冰所造成的冻胀。这时，砂垫层的底面满足当地冻结深度的要求。

（5）消除膨胀土的胀缩作用。

上述作用中以前三种为主要作用，并且在各类工程中，垫层所起的主要作用也有不同，如房屋建筑物基础下的砂垫层主要起换土作用，而在路堤及土坝等工程中，以排水固结为主要作用。目前，对于垫层表面压实法的研究工作重视不够，主要局限于土的压实性、应力扩散作用、加速固结作用以及减少地基沉降作用等。应通过进一步研究，全面深入地分析认识垫层法和表面压实法的加固机理，完善设计理论与方法。

深入研究工作应包括：①压实土的强度特性和应力-应变关系特性的试验研究；②表面硬壳层的各向异性研究；③表面软弱土（夹）层改变成表面硬壳层后路堤与地基联合作用下的稳定性对比研究；④考虑表面硬壳层特性的路堤与地基联合作用下沉降、水平位移及孔隙水压力变化的有限元分析或简化分析法研究；⑤下卧层土质等条件对表面硬壳层作用的影响研究。

2.2　换填垫层法的设计与计算

垫层的设计不但要满足建筑物对地基变形及稳定的要求，而且应符合经济合理的原则。

垫层设计的主要内容是确定断面的合理厚度和宽度。对于垫层，既要求有足够的厚度来置换可能被剪切破坏的软弱土层，又要求有足够的宽度以防止垫层向两侧挤出。对于排水垫层来说，除要求有一定的厚度和宽度满足上述要求外，还要求形成一个排水面，促进软弱土层的固结，提高其强度，以满足上部荷载的要求。垫层的设计方法有多种，本书仅介绍一种符合规范的常用方法。

2.2.1　垫层厚度的确定

经过换填垫层法处理后，垫层底面处土的自重应力与附加应力之和不大于同一标高处软弱土层的容许承载力（图 2-1）。

换填垫层的厚度不宜小于 0.5m，也不宜大于 3m。具体而言，垫层的厚度 z 应根据需置换软弱土的深度或下卧土层的承载力确定，并符合下式要求：

$$p_z + p_{cz} \leqslant f_{az} \tag{2-1}$$

式中，p_z 为相应于荷载效应标准组合时，垫层底面处的附加应力（kPa）；p_{cz} 为垫层底面处土的自重应力（kPa）；f_{az} 为垫层底面处经深度修正后的地基承载力特征值（kPa）。

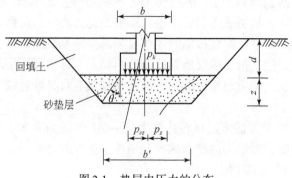

图 2-1　垫层内压力的分布

垫层底面处的附加压力值 p_z 可分别按式（2-2）和式（2-3）计算：
条形基础

$$p_z = \frac{b(p_k - p_c)}{b + 2z\tan\theta} \tag{2-2}$$

矩形基础

$$p_z = \frac{bl(p_k - p_c)}{(b + 2z\tan\theta)(l + 2z\tan\theta)} \tag{2-3}$$

式中，b 为矩形基础或条形基础底面的宽度（m）；l 为矩形基础底面的长度（m）；p_k 为相应于荷载效应标准组合时，基础底面处的平均应力（kPa）；p_c 为基础底面处土的自重应力（kPa）；z 为基础底面下垫层的厚度（m）；θ 为垫层的压力扩散角（°），无试验资料时，可按表 2-1 采用。

表 2-1　压力扩散角 θ　　　　　　　　　　　单位：（°）

z/b　　　　　　换填材料	中砂、粗砂、砾砂、圆砾、角砾、石屑、卵石、碎石、矿渣	粉质黏土、粉煤灰	灰土
0.25	20	6	28
≥0.50	30	23	

注：① 当 z/b<0.25 时，除灰土取 28°外，其余材料均取 θ=0°，必要时，宜由试验确定；
②　0.5<z/b<0.5 时，θ 值可内插求得。

2.2.2　垫层宽度的确定

垫层的底面宽度应满足应力扩散的要求，常用的经验方法是扩散角法。以条形基础为例，垫层底面的宽度应满足基础底面应力扩散的要求，砂垫层底面宽度 b' 应为

$$b' \geqslant b + 2z\tan\theta \tag{2-4}$$

式中，压力扩散角 θ，可按表 2-1 采用；当 z/b<0.25 时，仍按表 2-1 中 z/b=0.25 取值。垫层底宽确定后，再根据开挖基坑要求的坡度延伸至地面。或者说，垫层顶面宽度可从垫层底面两侧向上，按基坑开挖期间保持边坡稳定的本地区经验放坡确定坡角。垫层顶面超出基础底边不宜小于 300mm，整片垫层底面的宽度可根据施工的要求适当加宽。

砂垫层的设计断面除要满足应力扩散的要求外，还要根据垫层侧面土的容许承载力来确定，防止垫层向侧向四周挤动。如果垫层宽度不足，四周侧面土质又比较软弱时，垫层就有可能部分挤入侧面软弱土中，使基础沉降增大。关于砂垫层宽度计算，目前还缺乏更为可靠的理论方法，在实践中按各地经验确定。

砂垫层的设计断面确定后，垫层的变形由垫层自身的变形和下卧层变形组成，在垫层满足上述设计要求及压实标准条件下，垫层地基的变形可以仅考虑下卧层变形。比如，对于比较重要的建筑物还要求按分层总和法计算基础的沉降量，使建筑物基础的最终沉降值小于相应的最小容许值。

2.2.3 垫层压实标准

换填材料的压实标准按压实系数 λ_c 控制，压实系数 λ_c 为换填材料的控制干密度 ρ_d 与最大干密度 ρ_{dmax} 的比值，具体可按表 2-2 选用。

表 2-2 各种垫层的压实标准

施工方法	换填材料类别	压实系数 λ_c
碾压、振密或夯实	碎石、卵石	0.94 ~ 0.97
	砂夹石（其中碎石、卵石占全重的 30% ~ 50%）	
	土夹石（其中碎石、卵石占全重的 30% ~ 50%）	

换填材料的最大干密度宜采用击实试验确定，碎石或卵石的最大密度可取 $2.0 ~ 2.2t/m^3$。当采用轻型击实试验确定，碎石或卵石的最大干密度可取 $2.0 ~ 2.2t/m^3$；矿渣垫层的压实指标为最后两遍压实的压陷差小于 2mm。对于工程量较大的换填垫层，应按所选用的施工机械、换填材料及场地的土质条件进行现场试验，以确定压实效果。

2.3 换填垫层法的发展及研究

换土垫层法的工程操作比较简单，因而在我国有着比较悠久的历史。勤劳智慧的中国人在长期与自然抗争的生产实践过程中累积了极其丰富的经验。把灰土和三合土夯实作为建筑物和构筑物的垫层，在我国古建筑中的应用十分广泛。比如经历了数次地震洗礼仍然屹立一千多年的西安大雁塔，就用了黄土分层夯实作为垫层；陕西扶风塔的垫层也是采用经过拌和石灰然后分层夯实的黄土。现代的许多换填法都可以在这些古老的处理方法中找到影子。新中国成立后，为了满足国家建设的需要，我国从苏联引进了大量地基处理技术。不过由于当时国内对于地基处理加固机理的研究水平较低，加之缺乏实践经验，所以在地基处理过程中主要是参照苏联的规范和实践经验。尽管如此，还是有一定的盲目性。在这个时期，鉴于国内工民建发展水平以及机械化施工水平较低，所以最为广泛使用的地基处理方式就是换填法。

《建筑地基处理技术规范》(JGJ 79-2012) 中已经给出了换填垫层设计的规范步骤，不同的换填垫层厚度和宽度也就对应着垫层基底不同的附加压力值，同时基础的深度和宽度也会影响到地基承载力特征值的修正，最后经过不断地试算确定合理的垫层厚度和宽度，保证基底的地基承载力特征值大于基底的总压应力。提出各种常用材料压力扩散角 θ 以及垫层的压实标准和检测依据。于瑞文等（1997）提出大庆地区沼泽地带换填垫层比其他几种地基处理方案更加适用，表现在不需要采取冬期施工的相应技术措施，不受场地限制也不延误工期。

孟宪锋（2005）提出了换填垫层的施工原则以及砂石垫层和灰土垫层的具体施工要点，指出对于两种材料的换填垫层在检测时不仅要进行动力触探或者标准贯入试验，还要进行环刀取样。吴迈等（2007）根据《建筑地基处理技术规范》给出的设计原则，提出了一种更加简洁的换填垫层设计方法，忽略了基础深度地基承载力修正系数，并且忽略了土的加权重度的变化（即 $\gamma m = \gamma G$），并做垫层厚度 z 与压力扩散角 θ 的复杂分段函数，方便查询 θ 值，可以简化计算步骤，避免了垫层厚度的反复试算，减小计算工作量，并且通过一个算例对比本方法结果的准确性。

宋春节（2007）提出设计理论中换填垫层被当作结构基础的持力层，但是实际上在承载力验算时垫层下的软弱地基被当作持力层，理论与实际应用出现不一致。现行的换填垫层设计方法没有考虑到软弱持力层由于垫层的影响，已经与结构基础相分开，所以提出换填垫层与结构基础为一体的设计思路，在地基中将换填垫层与软弱地基区别开来。雷兵荣和张颖（2011）指出了换填垫层的适用范围、优缺点以及常用的材料，从具体的特殊情况分析解读换填垫层的相关技术指标和技术要求，提出设计时要充分考虑当地的具体情况，因地制宜地选择施工方法和换填材料。王萍萍和郝一鸣（2015）提出换填垫层材料是软基处理施工中关键的因素之一，垫层材料质量的好坏则会直接影响土层的施工效果，根据多年工程经验总结了换填垫层常用的几种材料，并且给出了相应的适用指标：软弱土类型、厚度和含水量等。

Ⅱ　互 动 讨 论

2.4　换填垫层与软弱下卧层地基承载力设计方法的异同

现行换填垫层法的设计思路是将换填垫层作为结构物基础的持力层，而实际在验算强度时所验算的是垫层下的软弱地基，理论与实际看似不一致。

但是，换填垫层与软弱下卧层的地基承载力设计方法相同，两种计算方法都必须满足式（2-1）。

对于软弱下卧层顶面处的附加应力 p_z 的计算有两种情况。

当 $E_{s1}/E_{s2} \geqslant 3$ 时，软弱下卧层顶面处的附加压力值与垫层底面处附加压力值的计算方法相同，均按式（2-2）和式（2-3）计算。

当 $E_{s1}/E_{s2} < 3$ 时，根据力学原理，利用应力分布理论计算 p_z：

条形基础

$$p_z = \frac{p_0}{\pi(2\beta + \sin 2\beta)} \tag{2-5}$$

$$\beta = \arctan(b/2z)$$

矩形基础

$$p_z = 4Kp_0 \tag{2-6}$$
$$\beta = 2z/b, \quad \alpha = 1/b \tag{2-7}$$

式中，$K = \dfrac{1}{2\pi}\left[\arcsin\left(\dfrac{\alpha}{\sqrt{(1+\beta^2)(\alpha^2+\beta^2)}} + \dfrac{\alpha\beta}{\sqrt{1+\alpha^2+\beta^2}} + \dfrac{1+\alpha^2+2\beta^2}{\sqrt{\alpha^2+(1+\alpha^2+\beta^2)\beta^2}}\right)\right]$；
p_0 为基础底面处的附加压力值。

2.5　换填垫层工程影响因素分析

换填垫层的影响因素较多，比如垫层的施工方法、分层铺填厚度、每层压实遍数、垫层材料等。

2.5.1　换填垫层材料比选

1. 素土垫层

素土垫层是采用素土作为垫层材料，素土土料中的有机质含量不得超过 5%，亦不得含有冻土或膨胀土，不得夹有砖、瓦和石块等渗水材料，碎石粒径不得大于 50mm。

例如，灰土垫层采用石灰和土的混合物作为素土垫层材料，石灰与土的体积比一般为 2：8 或 3：7。土料宜用黏性土及塑性指数大于 4 的粉土，不得含有松软杂质，并应过筛，其颗粒不得大于 15mm。石灰宜用新鲜的消石灰，其颗粒不得大于 5mm。

2. 粉煤灰垫层

粉煤灰是燃料电厂的工业废弃物，也是一种良好的地基处理材料资源，具有良好的物理、力学性能，能满足工程设计的技术要求。

其粒径组成类似于砂质粉土，工程特性主要包括自重轻、击实性能好等。

3. 干渣垫层

干渣亦称高炉重矿渣，简称矿渣。它是高炉冶炼生铁过程中所产生的固体废渣经自然冷却而成。

矿渣用于回填不仅可增加其应用途径，而且可缓解砂石资料紧缺的矛盾，因而具有显著的社会效益和经济效益。

其中，矿渣垫层适用于中、小型建筑工程，尤其适用于地坪和堆场等工程大面积地基处理和场地整平。易受酸性或碱性废水影响的地基不得用矿渣作垫层材料。

各类垫层适用范围见表 2-3。

表 2-3　换填垫层法的适用范围

垫层种类	适用范围
砂垫层（碎石、砂砾）	中小型建筑工程的滨、塘、沟等局部处理；软弱土和水下黄土处理（不适用于湿陷性黄土）；也可有条件用于膨胀土地基

续表

垫层种类	适用范围
素土垫层	中小型工程、大面积回填、湿陷性黄土
灰土垫层	中小型工程、膨胀土，尤其湿陷性黄土
粉煤灰垫层	厂房、机场、港区路线和堆场等大、中、小型大面积填筑
干渣矿渣垫层	中小型建筑工程，地坪、堆场等大面积地基处理和场地平整；铁路、道路路基处理

2.5.2 密实方法分析

垫层施工按照压密所采用的不同机械和工艺，一般分为机械碾压法、重锤夯实法和平板振动法，每种方法除了采用的机械设备有所不同外，施工工艺也不相同（表2-4）。

表2-4 垫层的分层铺填厚度及压实遍数

施工机械	虚铺厚度/mm	压实遍数	材料环境
平碾（8~12t）	200~300	6~8（矿渣10~12）	软弱土、素填土
羊足碾（5~16t）	200~350	8~16	软弱土
蛙式夯（200kg）	200~250	3~4	狭窄场地
重锤夯（30~40kN·m）	1200~1500	10	非饱和黏性土、湿陷性黄土或砂
振动碾（8~15t）	600~1500	6~8	砂土、湿陷性黄土、碎石土等

Ⅲ 实践工程指导

2.6 换填垫层施工要点

2.6.1 施工总体要求

（1）垫层施工应根据不同的换填材料选择施工机械。粉质黏土、灰土宜采用平碾、振动碾或羊足碾，中小型工程也可采用蛙式夯、柴油夯。砂石等宜用振动碾。粉煤灰宜采用平碾、振动碾、平板振动器、蛙式夯。矿渣宜采用平板振动器或平碾，也可采用振动碾。

（2）垫层的施工方法、分层铺填厚度、每层压实遍数等宜通过试验确定。除接触下卧软土层的垫层底部应根据施工机械设备及下卧层土质条件确定厚度外，一般情况下，垫层分层铺填以保证分层压实质量，应控制机械碾压速度。

（3）粉质黏土和灰土垫层土料的施工含水量宜控制在最优含水量 $w_{op}\pm2\%$ 的范围内，粉煤灰垫层的施工含水量宜控制在 $w_{op}\pm4\%$ 的范围内。最优含水量可通过击实试验确定，也可按当地经验取用。

（4）当垫层底部存在古井、古墓、洞穴、旧基础、暗塘等软硬不均的部位时，应根据建筑对不均匀沉降的要求予以处理，并经检验合格后，方可铺填垫层。

（5）基坑开挖时应避免坑底土层受扰动，可保留约 200mm 厚的土层暂不挖去，待铺填垫层前再挖至设计标高。严禁扰动垫层下的软弱土层，防止其被践踏、受冻或受水浸泡。在碎石或卵石垫层底部宜设置 150～300mm 厚的砂垫层或铺一层土工织物，以防止软弱土层表面的局部破坏，同时必须防止基坑边坡塌土混入垫层。

（6）换填垫层施工应注意基坑排水，除采用水撼法施工砂垫层外，不得在浸水条件下施工，必要时应采用降低地下水位的措施。

（7）垫层底面宜设在同一标高上，如深度不同，基坑底土应挖成阶梯或斜坡搭接，并按先深后浅的顺序进行垫层施工，搭接处应夯压密实。

（8）粉质黏土及灰土垫层分段施工时，不得在柱基、墙角及承重窗间墙下接缝。上下两层的缝距不得小于 500mm，接缝处应夯压密实。灰土应拌和均匀并应当日铺填夯压。灰土夯压密实后 3d 内不得受水浸泡。粉煤灰垫层铺填后宜当天压实，每层验收后应及时铺填上层或封层，防止干燥后松散起尘污染，同时应禁止车辆碾压通行。

（9）垫层竣工验收合格后，应及时进行基础施工与基坑回填。

（10）铺设土工合成材料时，下铺地基土层顶面应平整，防止土工合成材料被刺穿、顶破。铺设时应把土工合成材料张拉平直、绷紧，严禁有折皱；端头应固定或回折锚固；切忌曝晒或裸露；连结宜用搭接法、缝接法和胶结法，并均应保证主要受力方向的连结强度不低于所采用材料的抗拉强度。

2.6.2　砂和砂石垫层的施工要点

砂和砂石垫层是先挖去基坑下的部分或全部软弱土层或挖除全部性质不稳定的杂填土，然后将良好级配的砂或砂石分层回填夯实而成。适用于淤泥、淤泥质土、杂填土及暗河、暗塘。由于砂及砂石有透水性，因此不适用于湿陷性黄土地基。

砂和砂石垫层一方面因砂和砂石材料透水性大，软弱土层受压后，垫层可作为良好的排水面，可以使基础下面的孔隙水压力迅速消散，加速垫层下软弱土层的固结和提高其强度，避免地基土塑性破坏。另一方面，因其材料孔隙大，不易产生毛细现象，因此可以防止寒冷地区中结冰所造成的冻胀。砂垫层厚度控制在 1～2m 为宜，因为当厚度增大时，不但工程量增加，施工排水困难，而且不一定是经济合理的方案。

主要施工要点有：

（1）砂垫层施工中的关键是将砂加密到设计要求的密实度。加密的方法常用的有振动法（包括平振、插振、夯实）、水撼法、碾压法等。

（2）铺筑前，应先行验槽。浮土应清除，边坡必须稳定，防止塌土。基坑（槽）两侧附近如有低于地基的孔洞、沟、井和墓穴等，应在未做垫层前加以填实。

（3）开挖基坑铺设砂垫层时，必须避免扰动软弱土层的表面，否则坑底土的结构在施工时遭到破坏后，其强度就会显著降低，以至在建筑物荷载作用下，将产生很大的附加沉降。因此，基坑开挖后应及时回填，不应暴露过久或浸水，并防止践踏坑底。

（4）砂、砂石垫层底面宜铺设在同一标高上，如深度不同时，基坑地基土面应挖成踏步或斜坡搭接，各分层搭接位置应错开 0.5～1.0m 距离，搭接处应注意捣实，施工应按先深后浅的顺序进行。

（5）人工级配的砂石垫层，应将砂石拌和均匀后，再行铺填捣实。

（6）捣实砂石垫层时，应注意不要破坏基坑底面和侧面土的强度。因此，对基坑下灵敏度大的地基土，在垫层最下一层宜先铺设一层 15～20cm 的松砂，只用木夯实，不得使用振捣器，以免破坏基底土的结构。

（7）采用细砂作为垫层的填料时，应注意地下水的影响，且不宜使用平振法、插振法和水撼法。

（8）水撼法施工时，在基础两侧设置样桩，控制铺砂厚度，每层为 25cm。铺砂后，灌水与砂面齐平，然后用钢叉以 10cm 间距插入砂中每点摇撼十几次，直至该层全部结束。每铺一层，灌水摇撼一遍，直至设计标高。

2.6.3　灰土垫层和素土垫层的施工要点

灰土是一种我国传统的建筑用料。用灰土作为垫层，在我国已有千余年历史，积累了丰富的经验。灰土垫层是将基础底面下一定厚度内的软弱土层挖去，用一定体积比配合的灰土在最优含水量条件下分层回填夯实或压实。适用于 1～4m 厚的软弱土层。灰土的原材料是石灰和土，虽然材料普通，但却有复杂的作用机理。

因此，灰土垫层施工要注意以下要点：

（1）施工前必须先行验槽，如发现坑（槽）内有局部软弱土层或孔洞、沟、井和墓穴等，应挖除后用素填土或灰土分层填实。

（2）施工时，应将灰土拌和均匀，控制含水量，如土料水分过多或不足，应晾干或晒水润湿。一般可按经验在现场直接判断，其方法为手捏灰土成团，两指轻捏即碎，这时，灰土基本上接近最优含水量。

（3）分段施工时，不得在墙角、柱基及承重窗间墙下接缝。上下两层灰土的接缝距离不得小于 500mm。接缝处灰土应夯实。

（4）掌握分层虚铺厚度，必须按所使用夯实机具来确定。

（5）在地下水以下的基坑（槽）内施工时，应采取排水措施。夯实后的灰土，在三天内不得受水浸泡。

（6）灰土垫层修筑完毕，应及时修建基础和回填基坑，或作临时遮盖，防止日晒雨淋。被浸湿灰土，应在晾晒干后再夯实。

素土垫层的土料一般以黏性土为宜。填土必须在无水的基坑（槽）中进行。夯（压）实施工时，应使土的含水量接近于最优含水量（应通过室内击实试验确定），也可以采用 $w_{op} \pm 2\%$ 作为土的施工控制含水量。填土的夯（压）实应分层进行，每层的虚铺厚度应根据施工方法进行控制。填土夯（压）实后达到的干土重可按室内击实试验和现场测得的最大干土重度进行控制。另外，由于其材料为黏性土，与我国节约耕地的政策背道而驰，因此建议少用。

2.6.4　碎石屑垫层和矿渣垫层的施工要点

一般将软弱土层挖到需要深度，若垫层下卧层仍为淤泥或淤泥质土，且地下水位较高时，则将地下水抽干，全部用毛石混凝土先浇筑 20cm 厚，然后用 1∶1（体积比）碎石屑分层铺设和压实。碎石屑垫层具有足够的强度，变形模量大，稳定性好，而且垫层本身足可以起到排水层作用，并加速下部软弱土层的固结。碎石屑垫层尤其适用于地下水位较高的软土地区。江浙一带石料来源丰富，地下水位又较高，因此应用极为广泛。

矿渣垫层具有与碎石屑垫层相同的优点，设计与施工均同碎石屑垫层，且矿渣的利用已经成为我国环境保护、变废为宝的一项长期政策。

矿渣虽为很好的换填材料，但对有些矿渣性能并不了解，使用前必须经过结构稳定性试验，掌握其性能并满足设计要求后方可使用。我国目前用得不多，试验研究不够。但随着工业的发展，工业废渣的排放污染问题日趋严重，我们国家应该加大对工业废渣的研究利用，从根本上解决废渣污染和占用耕地的问题，符合可持续发展战略。换填法中，砂、石的料源最为丰富，工程实践中最为常用，并取得了良好的社会效益和经济效益。

碎石屑垫层或矿渣垫层施工，一般是将软弱土层挖至需要深度，先做砂垫层，用平板式振捣器振实。然后再将碎石或矿渣分层铺设和压实。压实方法可用碾压法或平振法。碾压法系采用重 60～100kN 压路机或拖拉机牵引重 50kN 平碾分层压实，每层铺设厚度 20～25cm，往返碾压 4 遍以上。平振法适用于小面积的施工，系用功率大于 1.5kW、频率为 2000 次/分以上的平板式振捣器往复振捣，每层铺设厚度 20～25cm，振捣时间不少于 60s，振捣遍数由试验确定，一般振 3～4 遍，做到交叉、错开、重叠。施工时，按铺设面积大小，以总的振捣时间来控制碎石或矿渣分层捣实的质量。

2.7　换填垫层法工程实例

2.7.1　工程概况

某机械学院动力馆为三层砖混结构，纵横双向条形基础，建在冲填土的暗浜范围内，经砂垫层换填处理，建成后 20 多年来，使用情况良好。基础平面与剖面图如图 2-2 所示。

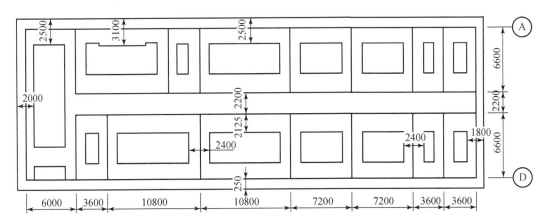

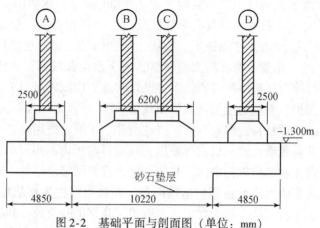

图 2-2　基础平面与剖面图（单位：mm）

2.7.2　工程地质条件

建造地点在黄浦江下游沿岸，原为池塘，吹填成平地，且砂性较重。但由于地下水位较高，塘底淤泥层黏性重，几乎不透水，致使冲填后 40 多年，仍不能充分固结。经勘察证实土质软弱不均匀（表 2-5），在基础平面外的灰色冲填土层上进行的两组载荷试验，荷载值为 50kPa 及 70kPa，此值代表 $N_{63.5}$>3 的较好地段，它比基础平面内的地基土承载力要大，故不宜作为天然地基持力层。

表 2-5　地基土分层及主要物理力学性质指标

土层名称	厚度/m	重度/(kN/m³)	C/kPa	φ/(°)	α_{1-2}	$N_{63.5}$	[R]/kPa
褐黄色冲填土	1.0						
灰色冲填土	2.3	35.6	8.8	22.5	0.029	<2	
塘底淤泥	0.5	43.9	8.8	16.0	0.061	≈0	
淤泥质亚黏土	7.0	34.2	8.8	21.0	0.043		98
淤泥质黏土	未穿	53.0	9.8	11.5	0.013		58.8

注：C 为黏聚力；φ 为内摩擦角；α_{1-2} 为竖向压力 100~200kPa 的压缩系数；$N_{63.5}$ 为标贯击数；[R] 为地基承载力容许值。

2.7.3　设计与施工概况

1. 设计方案比较

（1）如将基础直接置于淤泥质亚黏土层内，需挖 4m，因地下水位高，且浜底淤泥渗透性差，采用井点降水效果不佳，施工困难。

（2）不挖土，打 20cm×20cm 的钢筋混凝土短桩，桩长 5m×8m，单桩承载力只有 50~80kPa。因冲填土尚未完全固结，需架空室内地板，增加了造价。

（3）如采用表面压实法处理，可使地下水位高的砂性冲填土发生液化。

（4）用砂垫层置换部分冲填土，辅以井点降水，并适当降低基底压力。

最后设计采用第（4）种方案，并控制基底压力 74kPa。

2. 施工情况

（1）砂垫层材料为中砂，用平板式振捣器分层捣实，控制土的干重度大于 16kN/m³。

（2）沿建筑物四周布置井点，井管滤头进入淤泥质亚黏土层内，但因浜底淤泥的渗透性差，降水效果不好，补打井点，将滤头提高至填土层底。

（3）吊装三层楼板时停止井点抽水。

3. 效果及评价

（1）建筑物变形：实测沉降值为 20cm，纵向相对弯曲值为 0.0008，均未超过《地基基础设计规范》规定的容许沉降量和实测相对弯曲最大值。

（2）由于十字条形基础和砂垫层处理都起到了均匀传递和扩散压力的作用，还改善了暗浜内冲填土的排水固结条件。冲填土和淤泥在承受上部荷载后，孔隙水压力增大，并通过砂垫层排水，同时将应力传递给土粒。当颗粒间应力大于土的抗剪强度时，土粒发生相对运动，土层逐渐固结，强度随之提高。

（3）浜底淤泥的存在，致使井点降低效果受到限制，影响冲填土的固结和天然地基承载力的提高，并给地基处理带来不少困难。

2.7.4　结语

1. 换填垫层法在浅层软基处理中具有的优点

（1）施工工艺简单、工期短、成本低，与桩基相比可降低 20%～50% 的造价。

（2）处理效果显著，地基承载力能够得到保证，在这方面明显优于深层搅拌法、注浆法、预压法等其他软基处理方法。

（3）垫层土种类丰富，包括石场的碎石、砂、砾石、花岗岩残积砂质黏性土等。

（4）如对承载力有特殊要求，可在垫层土中拌以石灰粉或水泥粉，从而大大提高粒料间的胶结程度。

2. 换填垫层法在实际应用中要注意的问题

（1）换土的深度只适用于浅层土，一般开挖深度应不大于 3m，且施工土方量大，弃土多，干燥天气粉尘大，影响周围环境，宜做好弃土的处理问题。

（2）分层碾压质量应严格控制，否则地基的沉降量可能依然很大。

第3章 预压法

I 基础理论

3.1 预压法的适用范围和作用机制

3.1.1 预压法定义和适用范围

预压法是在建筑物建造之前，先在天然地基中设置砂井等竖向排水体，然后在场地进行加载预压或利用建筑物本身重量分级逐渐加载预压，使土体中的孔隙水排出、土体逐渐固结、地基发生沉降、压缩性逐渐降低、强度逐渐提高。待预压期间的沉降达到设计要求后，移去预压荷载再建造建筑物。预压法地基处理如图 3-1 所示。

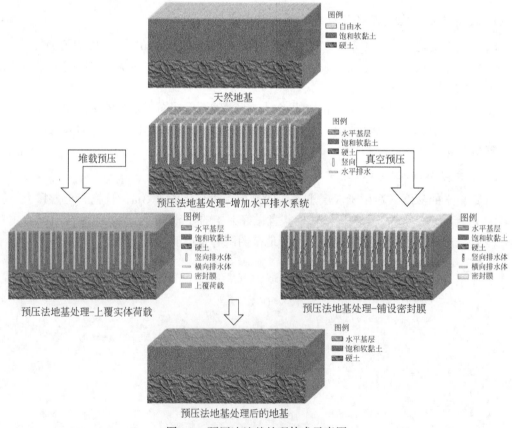

图 3-1 预压法地基处理技术示意图

预压法处理的地基主要可以解决两个问题：

（1）沉降问题：使地基处理的沉降在加载预压期间大部分或基本完成，避免建筑物在使用期间发生不利的沉降和沉降差。

（2）稳定问题：提高地基土的抗剪强度，从而提高地基的承载力和稳定性。

3.1.2　预压法分类

预压法是通过排水和加压两个系统来完成的。根据排水系统和加压系统的不同，排水固结法分为堆载预压法、真空预压法、强排水法、降低地下水位法、电渗法和联合法等，如图 3-2 所示。

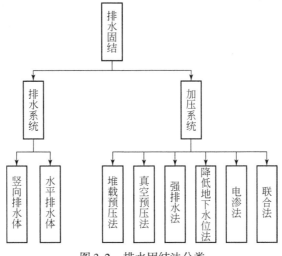

图 3-2　排水固结法分类

堆载预压法是在建筑物施工前，用其他荷重或堆土的手段对地基进行预压，从而提高地基承载能力，减少工后沉降量。为了加速地基承载能力的提高，缩短预压时间，常在地基打入砂井，然后进行堆载预压，这种方法称为砂井堆载预压法。常规真空预压法的真空度由加压系统一次性施加，真空预压期间保证荷载在 80kPa 以上。为了避免高黏粒含量的软土淤堵，可以采用分级真空预压法，在常规真空预压法的基础上改变加荷方式，分阶段逐级提高真空度，加固软土地基。强排水法是汤连生（专利 CN201710419978）发明的一种新型排水固结法，利用注气手段将竖向排水体中水分排干，利用地下水位压差结合其他手段对地基进行预压。

设置排水系统主要在于改变地基土原有的排水边界条件，增加孔隙水排出的途径，缩短排水距离。该系统由水平排水垫层和竖向排水体构成。当软土层较薄，或地基土的渗透性能较好而施工工期较长时，可仅在地面铺设一定厚度的砂垫层，然后加载，土层中的水竖向流入砂垫层而排出。当地基土深厚且透水性很差时，可在地基土中设置砂井、排水板等竖向排水体，地面连以排水砂垫层，构成排水系统。

加压系统使地基土的固结压力增加而产生固结。在地基处理设计时总是和排水系统联合考虑。近几年来，排水系统采用塑料排水板和袋装砂井较多，加压系统采用堆载预压和真空预压法较多，也有采用真空加堆载联合预压法。另外，预压法可与其他地基处理方法联合起来使用达到设计的目的。例如，真空预压使地基土强度提高后再设置砂石桩或 CFG 桩，往往可以取得良好的效果。

3.1.3　预压法适用范围

1. 堆载预压适用范围

（1）土体性质。适合于采用堆载预压法处理的土有饱和软黏土、可压缩粉土、有机质黏性土和泥炭土等。无机质黏土的次固结一般很小，这种地基土采用竖向排水体预压很有效。

（2）土的天然固结状态。在其他条件相同的前提下，超固结状态的土在堆载预压作用下土的强度和变形变化小，效果不明显；正常固结状态的土，效果其次；欠固结状态的土，堆载预压的效果会很明显。

（3）土的分布和厚度。如果土层的分布是成层和连续的，这将有利于排水固结的进行；尤其是透水性较好的土层，能较好地促进排水。土层薄比厚更容易促进排水固结，也正是为了解决深厚软土带来的弊病，更需要对地基进行处理。

（4）工程类型。就工程应用来说，这种方法比较适合大面积荷载，如堆场、路基、机场场道、码头、储油罐等地基的处理。堆载预压所用的压载材料，对于海堤、路堤为堤身建筑材料；对于围海造陆工程和码头堆场场地等则用砂土、石料或矿渣等作为临时压载物，预压完后移走。

2. 真空预压适用范围

一般来说，在承载力要求和工后沉降不是很高的情况下，真空预压在处理大面积软土地基上具有相当大的优势。真空联合堆载预压技术在处理高速公路软土地基上具有相当大的优势。随着真空预压加固软土地基机理研究的不断深入，相应设计水平和施工工艺的不断提高，其适用性会更广。

3.1.4　预压法作用机制

1. 预压法增加地基土密度的原理

饱和软土地基在压力作用下，孔隙水缓慢排出，孔隙体积慢慢减小，地基土产生固结变形，同时，随着超静孔隙水压力（以下简称为孔隙水压力或孔压）逐渐消散，有效应力逐渐增大，地基土的强度逐渐提高（图 3-3）。

土样天然固结压力为 σ'_0，孔隙比为 e_0，e-σ'_c 曲线中相应的点为 a 点，当压力增加 $\Delta\sigma'$，固结终了时，变为 c 点，孔隙比减小 Δe，曲线 abc 称为压缩曲线。抗剪强度与固结压力成比例地由 a 点提高到 c 点。如从 c 点卸除压力 $\Delta\sigma'$，则土样发生变形回弹，图 3-3 中为 cef 卸载回弹曲线，如从 f 点再加压 $\Delta\sigma'$，土样发生再压缩，沿虚线变化到 c' 点，其相应的强度包线如图 3-3 中 τ-σ'_c 曲线的 fgc 所示。由压缩曲线可清楚地看出，固结压力 σ'_0 同样增加 $\Delta\sigma'$，孔隙比减小值为 $\Delta e'$，$\Delta e'$ 比 Δe 小得多。这说明，如果在建筑场地预先加一个和上部结构物相同的压力进行预压，使土层固结（相当于压缩曲线上从 a 点变化到 c

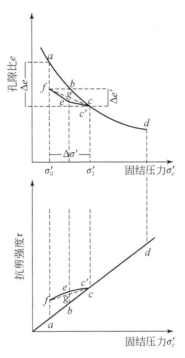

图 3-3 排水固结法增大地基土密度的原理

点），然后卸除压力（相当于在回弹曲线上由 c 点变化到 a 点），再建造建筑物（相当于再压缩曲线上从 f 点变化到 c' 点），这样，建筑物所引起的沉降即可大大减小。

2. 预压法排水固结的原理

受压地基土层排水固结的效果与其排水边界条件密切相关，如图 3-4 所示。排水边界条件，即地基土层厚度相对荷载宽度（或直径）来说比较小，这时土层中的孔隙水向上下面透水层排出而使土层发生固结，这称为竖向排水固结。根据固结理论，黏性土固结所需的时间和排水距离的平方成正比，也即土层越厚，固结延续的时间越长。为了加速土层的固结，最有效的方法是增加土层的排水途径，在地基土层中设置砂井、塑料排水板等竖向排水体，大大缩短排水距离。这时土层中的孔隙水主要从水平向的砂井或塑料排水板排出，少部分从竖向排出。竖向排水体缩短了排水距离，因而大大加速了地基的固结速率（或沉降速率），这一点无论从理论上还是工程上都得到了证实。

在荷载作用下，土层的固结过程就是孔隙水压力消散和有效应力增加的过程。假设地基土内某点的总应力为 σ，有效应力为 σ'，孔隙水压力为 u，则三者有以下关系：

$$\sigma' = \sigma - u \tag{3-1}$$

用填土等外加荷载对地基进行预压处理地基的方法，就是通过增加总应力 σ（即增加孔隙水压力 u），并使孔隙水压力 u 消散来排出地基土中的孔隙水，由此最后增加地基土的有效应力 σ'，从而达到预先减小土层的压缩性和提高土层的抗剪强度的方法。真空预压法是通过覆盖于地面的密封膜下抽真空使膜内外形成气压差，使黏土层产生固结压力。由此可见，预压法实质上就是预先对地基土施加荷载压力或减小孔隙水压力而达到处理地基

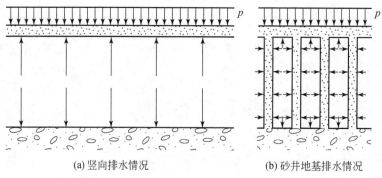

(a) 竖向排水情况　　　　　　　　　(b) 砂井地基排水情况

图 3-4　排水法的原理

的方法，即在建筑物建造以前，在建筑场地进行加载预压，使地基的固结沉降基本完成和提高地基土强度的方法。降低地下水位法和电渗排水法则是在总应力不变的情况下，通过减小孔隙水压力来排出地基土中的孔隙水，从而增加有效应力的方法。

3. 降低地下水位法的原理

降低地下水位法是指利用井点抽水降低地下水位以增加土的自重应力，达到预压加固的目的。降低地基中的地下水位，使地基中的软土承受了相当于地下水位下降高度水柱的重量而固结，使土的性质得到改善，地基发生附加沉降。

降低地下水位法最适用于砂性土或在软黏土层中存在砂或者粉土的情况。对于深厚的软黏土层，为加速其固结，往往设置砂井并采用井点法降低地下水位。当用真空装置降水时，地下水位大约能降 5～6m。需要更深的降水时，则需要高扬程的井点法。

常见的降水井点有单层轻型井点、多层轻型井点、喷射井点、电渗井点、管井井点、深井井点等。降水方法的选用与土层的渗透性关系很大，同时还要根据多种因素诸如地基土类型、透水层位置、厚度、水的补给源、井点布置形状、水位降深、粉粒及黏土的含量等进行综合判断后选定。

4. 电渗法的原理

在土中插入金属电极并通以直流电，由于直流电场作用，土中水分从阳极流向阴极，这种现象称为电渗。如将水在阴极排出而在阳极不补充水分，土就会固结，引起土层压缩。

40 余年来，电渗已作为一种实用的加固技术用于改进软弱细粒土的强度和变形性质。电渗施工时，水的流动速率随时间减小，当阳极相对于阴极的孔隙水压力降低所引起的水力梯度（导致水由阴极流向阳极）恰好同电场所产生的水力梯度（导致水由阳极流向阴极）相平衡时，水流便停止。在这种情况下，有效应力比加固前增加了一个 $\Delta\sigma'$ 值：

$$\Delta\sigma' = \frac{k_e}{k_h}\gamma_w \cdot V \qquad\qquad (3\text{-}2)$$

式中，k_e 为电渗渗透系数，其值约为 $8.64\times10^{-6} \sim 8.64\times10^{-4}\,\mathrm{m^2/(d\cdot V)}$，典型值约为 $4.32\times10^{-4}\,\mathrm{m^2/(d\cdot V)}$；$k_h$ 为水的渗导性（m/d）；γ_w 为水的重度（kN/m³）；V 为电压（V）。

土层的压缩量为：

$$s_c = \sum_{i=1}^{n} m_{vi} \cdot \Delta\sigma_{vi}' \cdot h_i \qquad (3-3)$$

式中，m_{vi} 为第 i 土层体积压缩系数；$\Delta\sigma_{vi}'$ 为第 i 土层的平均有效竖向应力增量；h_i 为第 i 土层的厚度。

电渗法应用于饱和粉土和粉质黏土，正常固结黏土以及孔隙水电解浓度低的情况下是经济和有效的。工程上可利用电渗法降低黏土中的含水量和地下水位来提高土坡和基坑边坡的稳定性；利用电渗法加速堆载预压饱和黏土地基的固结和提高强度等。

3.2 预压法的设计与计算

预压法的设计与计算，可参照图 3-5 的流程进行。

在设计与计算之前，应进行详细的场地岩土工程勘察和土工试验，以取得必要的设计资料：

（1）土层条件。通过适量的钻孔绘制地基土层剖面，采取足够数量的试样确定土层的类型和厚度、土的成层程度、土的透水性及透水层的埋藏条件、地下水位的埋深。

（2）固结试验结果。固结压力与孔隙比的关系（$e-p$ 及 $e-\lg p$ 关系曲线），固结系数。

（3）地基土的抗剪强度及其沿深度的变化。

（4）砂井及砂垫层所用砂料的粒度分布、含泥量等。

预压法的设计，应根据上部结构荷载的大小、地基土的性质及工期要求，较为合理地安排排水系统和加压系统，使地基快速排水固结，从而满足建筑物的沉降控制要求和地基承载力要求。

3.2.1 沉降量及残余沉降量计算

1. 沉降量计算

排水预压固结法加固处理软土地基的作用就是使地基在等于设计荷载的预压作用下完成预计发生沉降的绝大部分。因而在设计阶段要计算设计荷载（建筑物自重和外加荷载）作用下可能发生的总沉降量，通过地基加固措施在施工期可能完成的沉降量，预计工程投产后还可能发生的残余沉降量。

从理论上说，软土地基的总沉降由瞬时沉降量 S_d、固结沉降量 S_c、次固结沉降量 S_s 三部分组成。

瞬时沉降是指由于地基土质强度很低，初始受到荷载作用后地基产生塑性变形，所加物料陷入软土中和将土向侧面挤出，由此所产生的沉降。这部分沉降量很难通过理论计算出来，也很难测量出来，主要根据经验估算，根据土质、施工方法、施工速度等因素，考虑一个因侧向变形和物料陷入地基引起的附加沉降，即瞬时沉降 S_d 约为固结沉降量 S_c 的 20% ~ 40%。

固结沉降是指由于预压荷载等附加荷载作用使土孔隙中的水排走，土颗粒被挤紧密所发生的沉降。固结沉降量 S_c 用分层总和法计算。

次固结沉降指土骨架在持续荷载作用下发生蠕变所产生的变形，一般不作计算。但

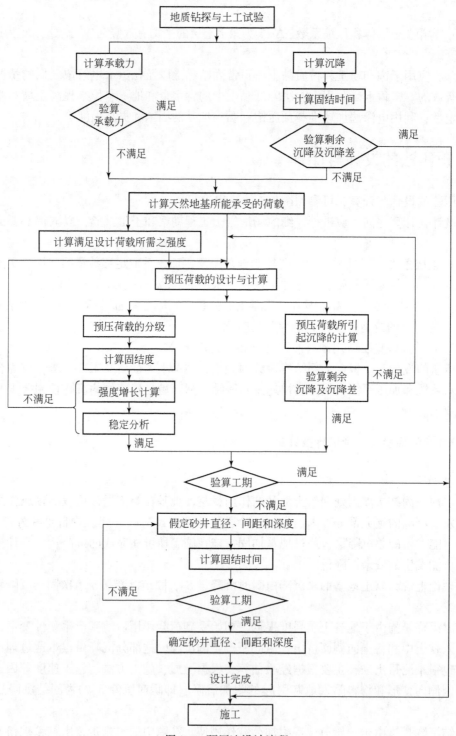

图 3-5　预压法设计流程

是，对于可塑性大的土和有机质土次固结沉降要占总沉降量的相当比例，不得不考虑。

总沉降量（也称最终沉降量）S_∞ 可按下式计算：

$$S_\infty = S_d + S_c + S_s \tag{3-4}$$

或

$$S_\infty = m_s \sum_{i=1}^{n} \frac{e_{0i} - e_{1i}}{1 + e_{0i}} h_i \tag{3-5}$$

式中，S_∞ 为地基的最终竖向沉降量设计值（cm）；m_s 为经验系数，对于堆载预压施工，正常固结饱和黏性土地基可取 1.1 ~ 1.4，荷载较大、地基较软时取高值，对于真空预压施工，可取 0.8 ~ 0.9，真空联合堆载预压法以真空预压为主时，可取 0.9，也可按地区经验选取；n 为计算压缩土层的分层数量；e_{0i} 为第 i 土层在平均自重压力设计值作用下压缩稳定时的孔隙比设计值，可取均值；e_{1i} 为第 i 土层在平均最终压力设计值作用下压缩稳定时的孔隙比设计值，可取均值；h_i 为第 i 土层厚度（cm），当土层厚度较大时宜划分若干小层。

2. 预压期间沉降量计算

预压期间沉降量可按预压期间固结度采用下式计算：

$$S_T = \overline{U}_z S_\infty \tag{3-6}$$

采用固结理论求得地基平均固结度 $\overline{U}_z$。根据固结理论，预压时间 T 越长，地基平均固结度 $\overline{U}_z$ 越大，预压期间沉降量 S_T 就越大，使用期间的沉降量 S 就越小。因此，根据工程沉降要求来确定预压期和预压荷载的大小就显得非常重要。

3. 残余沉降量（工后沉降量）计算

在计算出总沉降后，可算出设计使用荷载作用下的沉降，也可算出建筑物的残余沉降 S（或称建筑物的工后沉降），其计算式为

$$S = S_e + S_c + S_d + US_{cb} \tag{3-7}$$

式中，S_e 为预压卸载时的地基回弹量；S_{cb} 为设计使用要求荷载作用下的沉降量。

如果计算出的 S 超过设计规定，就要返回重新考虑预压的荷载量、预压分级、预压的时间，必要时返回重新布置排水系统。

3.2.2 固结度计算

根据太沙基一维固结理论，地基土固结所需时间 t 与最大排水距离 H 之间的关系如式（3-8）所示：

$$t = \frac{H^2 T_v}{C_v} \tag{3-8}$$

式中，T_v 为时间因子；C_v 为固结系数。

由式（3-8）可知，地基土固结速率与土体固结系数有关，也与最大排水距离有关，而且是二次方关系。因此，在地基中设置竖向排水系统可有效缩短最大排水距离 H，大大缩短地基土固结所需时间。

塑料排水板与砂井、袋装砂井都是排水预压法中竖向排水通道材料，作用相同，排水机理相同，其固结理论和设计方法也基本相同。因此，可将排水板换算成等效直径的砂井

对塑料板排水预压法进行设计和研究。

1. 理想井固结度计算

对于塑料排水板加固的地基，可采用太沙基（Redulic-Terzaghi）固结方程：

$$\frac{\partial u}{\partial t} = C_h\left(\frac{\partial^2 u}{\partial r^2} + \frac{1}{r}\frac{\partial u}{\partial r}\right) + C_v\frac{\partial^2 u}{\partial z^2} \tag{3-9}$$

式中，u 为孔隙水压力（超静孔隙水压力）；C_h 为水平向固结系数；C_v 为竖向固结系数。

根据边界条件直接求解，在数学上是十分困难的。纽曼（A. B. Newman）和卡锐罗（N. Carrilo）证明可用分离变量法求解：

$$\begin{cases} \dfrac{\partial u_r}{\partial t} = C_h\left(\dfrac{\partial^2 u_r}{\partial r^2} + \dfrac{1}{r}\dfrac{\partial u}{\partial r}\right) \\[2mm] \dfrac{\partial u_z}{\partial t} = C_v\dfrac{\partial u_z}{\partial z} \end{cases} \tag{3-10}$$

式中，u_r 为水平向固结超静水压力；u_z 为竖向固结超静水压力。

太沙基给出了瞬间加荷条件下，无垂直排水井地基竖向固结理论公式，条件为

初始条件：
$$u\big|_{z=0} = u_0 \tag{3-11}$$

边界条件：
$$\begin{cases} u\big|_{z=0} = 0 \\[2mm] \dfrac{\partial u}{\partial z}\Big|_{z=H} = 0 \end{cases} \tag{3-12}$$

式中，u_0 为初始孔隙水压力；H 为压缩层厚度（$z = H$ 时，下面为不透水层，即单面排水）。

$$u(z,\ t) = \sum_{m=1}^{\infty}\left(\frac{2}{H}\int_0^H u_0\sin\frac{Mz}{H}\mathrm{d}z\right)\sin\frac{Mz}{H}\mathrm{e}^{-M^2 T_v} \tag{3-13}$$

式中，$M = \dfrac{(2m-1)}{2}\pi$；T_v 为时间因素，$T_v = C_v t/H^2$。

若 u_0 在整个压缩层内为均匀分布，即为常量，则：

$$u(z,\ t) = u_0\sum_{m=1}^{\infty}\frac{2}{M}\sin\frac{Mz}{H}\mathrm{e}^{-M^2 T_v} \tag{3-14}$$

整个压缩层 t 时刻竖向平均孔隙水压力 $\bar{u}$，竖向平均固结度 $\overline{U}_v$，分别为

$$\bar{u}(t) = \frac{1}{H}\int_0^H u\mathrm{d}z = u_0\sum_{m=1}^{\infty}\frac{2}{M^2}\mathrm{e}^{-M^2 T_v} \tag{3-15}$$

$$\overline{U}_v(t) = \frac{u_0 - \bar{u}(t)}{u_0} = 1 - \sum_{m=1}^{\infty}\frac{2}{M^2}\mathrm{e}^{-M^2 T_v} \tag{3-16}$$

对于工程应用，取第一项即有足够的精度，即：$\overline{U}_v(t) = 1 - \dfrac{8}{\pi^2}\mathrm{e}^{\frac{\pi^2 T_V}{4}}$。

如图 3-6，巴隆（Barron，1948）最先给出了理想井在垂直应变两种边界条件下的水平向固结方程的解。当井径比 $d_e/d_w > 5$，时间因素 $T_h \geq 0.1$ 时，两种解答几乎有相同的平均度，此时：

$$U = \frac{u_0}{r_e^2 \cdot F(n)} \left[r_e^2 \ln\left(\frac{r}{r_w}\right) - \frac{(r^2 - r_w^2)}{2} \right] e^\lambda \tag{3-17}$$

式中，u 为超静孔隙水压力；r_e 为等效土柱的半径（$d_e/2$）；r_w 为排水井的半径（$d_w/2$）。

$$\lambda = -\frac{8T_h}{F(n)}; \quad T_h = \frac{C_h t}{d_e^2}; \quad n = d_e/d_w; \quad F(n) = \frac{n^2}{n^2-1}\ln(n) - \frac{3n^2-1}{4n^2} \tag{3-18}$$

因此仅考虑径向流动时的平均固结度为

$$\bar{u}_r(t) = 1 - e^{-\frac{8T_h}{F(n)}} \tag{3-19}$$

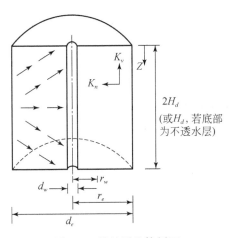

图 3-6 等效圆柱体剖面

2. 考虑涂抹与井阻影响的非理想井固结度理论

1）涂抹影响的考虑

理想井实际上是不存在的，打设排水井不可避免地会改变板周土的性质，其扰动的程度与打设机械、打设方式、土的特性（灵敏度、宏观结构）等因素有关。

若考虑涂抹的影响，在巴隆（Barron, 1948）、汉斯保（Hansbo）1979 年和 1981 年的分析中，都假定在板周有一涂抹扰动土环存在，其直径为 d_s，渗透系数为 K_s，且 $K_s < K_h$（不扰动土的渗透系数），如图 3-7（a）所示。在这新的边界条件下，土体的平均固结度仍可用式（3-19）表示，仅因子 $F_s(n)$ 稍加改变：

$$F_s(n) = \ln\left(\frac{n}{s}\right)\frac{n^2}{n^2-1} - \frac{3n^2-1}{4n^2} + \left[\frac{K_h}{K_s}\right]\ln(s) \tag{3-20}$$

式中，$S = \dfrac{d_s}{d_w}$；d_s 为涂抹区的直径。

因 $n = \dfrac{d_e}{d_w}$ 较大，所以可以看出涂抹扰动影响愈大，即 d_s 愈大，K_s 愈小，则 $F_s(n)$ 因子愈大，达到同样固结度，所需的时间也愈长。图 3-7（b）表示出了涂抹对固结的影响。

2）井阻影响的考虑

细长的排水板，在固结期间其通水能力受到影响，则整个固结过程将被推迟。Barron（1948）最先提出了等应变条件的解，对于同样边界条件 Hansbo 于 1981 年给出了类似的

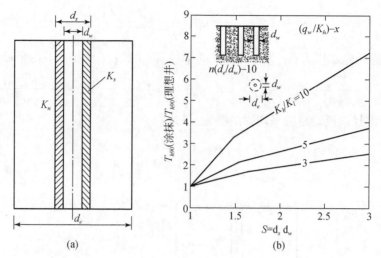

图 3-7　涂料扰动土环示意图（a）和涂料对固结速率的影响（b）

解。土体内某一深度处的固结度仍可用式（3-19）表示，但计算因子需改为

$$F = \ln\left(\frac{n}{s}\right) + \frac{K_h}{K_s}\ln(S) - \frac{3}{4} + F_r \tag{3-21}$$

式中，$F_r = \pi z(2l - z) \cdot \dfrac{K_h}{q_w}$ 为设计井阻的因子；l 为排水板特征长度；$q_w = A_w \cdot K_w$ 为排水井纵向通水量；z 为某点至排水面的距离。

王瑞春和谢康和（2001）则就井阻影响考虑了 $F_r = \pi G$ 的因子，其中 $G = \left(\dfrac{K_h}{K_w}\right)\left(\dfrac{l}{d_w}\right)^2 = \dfrac{\pi}{4}l^2\dfrac{K_h}{q_w}$ 的解与 Hansbo 的解，略有不同。

3）同时考虑涂抹及井阻影响

谢康和 1987 年给出了理论解。地基中任一深度 z 处径向排水平均固结度为

$$U_r = l - \sum_{m=0}^{\infty} \frac{2}{M}\sin\frac{Mz}{H}\mathrm{e}^{-\beta_r t} \tag{3-22}$$

地基径向排水平均固结度 $\overline{U}_r$（沿深度范围内 u_r 平均值）：

$$\overline{U}_r = l - \sum_{m=0}^{\infty} \frac{2}{M^2}\mathrm{e}^{-\beta_r t} \tag{3-23}$$

式中，$\beta_r = \dfrac{8C_h}{(F + D)d_e}$；$D = \dfrac{8G(n^2 - 1)}{M^2 \cdot n^2}$；

$$F = \left[\ln\left(\frac{n}{s}\right) + \frac{K_h}{K_s}\ln(S) - \frac{3}{4}\right]\frac{n^2}{n^2 - 1} + \frac{S^2}{n^2 - 1}\left(1 - \frac{K_h}{K_s}\right)\left(1 - \frac{S^2}{4n^2}\right) + \frac{K_h}{K_s} \cdot \frac{1}{n^2 - 1}\left(1 - \frac{1}{4n^2}\right) \tag{3-24}$$

$$G = \left(\frac{K_h}{K_w}\right)\left(\frac{l}{d_w}\right); \quad M = \frac{2m + 1}{2}\pi \quad (m = 1,\ 2,\ 3\cdots) \tag{3-25}$$

式中，G 为井阻因子；$n = d_e/d_w$ 为井径比；$S = r_s/r_w$ 为涂抹效应比。

对于竖向和径向排水组合情况，在一次瞬时加荷时有卡锐罗（N. Carrilo）定理：

$$\frac{u}{u_0} = \frac{u_s}{u_0} \cdot \frac{u_r}{u_0} \tag{3-26}$$

则有

$$U_{rs} = 1 - (1 - u_r)(1 - u_s) \tag{3-27}$$

为了简化计算，取其级数的首项作为近似式：

$$U_r = 1 - e^{-\beta_r}, \qquad U_z = 1 - \frac{8}{\pi^2} e^{\frac{\pi^2 T_v}{4}} \tag{3-28}$$

式中，$\beta_r = \dfrac{8C_h}{(F + \pi G)d_e^2}$，$T_v = \dfrac{C_v t}{H^2}$。

则

$$U_{rz} = 1 + e^{-\beta_r t}\left(\frac{8}{\pi^2} e^{-\frac{\pi^2 T_v}{4}}\right) = 1 - \frac{8}{\pi^2} e^{-\beta_{rz} t} \tag{3-29}$$

式中，$\beta_{rz} = \dfrac{\pi^2 C_v}{4H^2} + \dfrac{8C_h}{(F' + \pi G)d_v^2}$，$F' = \ln\left(\dfrac{n}{s}\right) + \dfrac{K_h}{K_s}\ln(S) - \dfrac{3}{4}$，$\beta = \dfrac{\pi^2 C_v}{4H^2} + \dfrac{8C_h}{(F + J + \pi G)d_e^2}$。$C_v$、$C_h$ 分别为竖向、径向固结系数；H 为竖向排水最长的渗透路径；d_e 为排水板的有效影响直径；t 为所求固结度的历时；P_t 为 t 时固结度的总荷载；R_n 为第 n 级加荷的速率，$R_n = (P_n - P_{n-1})/(t_n - t_{n-1})$；$t_n$、$t_{n-1}$ 为第 n 级等速加荷终点和始点的历时（从零点计起），当 $t_n \le t < t_{n-1}$ 时改为 t；d_w 为塑料排水板折算直径；J 为涂抹因子，$J = \ln S\left(\dfrac{K_h}{K_s} - 1\right)$；$G$ 为井阻因子，$G = \left(\dfrac{K_h}{K_w}\right)\left(\dfrac{l}{d_w}\right)^2$ 或 $G = \left(\dfrac{Q_h}{Q_w}\right)\dfrac{l}{4d_w}$；$F$ 为井径比因子，$F = \ln n' - \dfrac{3}{4}$；$n'$ 为井径比，$n' = \dfrac{d_e}{d_w}$；S 为涂抹比，$S = \dfrac{d_s}{d_w}$，d_s 为排水井涂抹层的直径；Q_w 为单位水力梯度作用下，排水板的通水能力；Q_h 为单位水力梯度作用下从地基土流入排水板内的流量；l 为排水板的打入深度；K_h、K_s、K_w 分别为地基土、涂抹层土和排水板渗透系数。

3. 分级加载下的固结度计算

结合上述固结理论，应用高木俊界法可得分级加载下的地基平均固结度的计算公式：

$$\bar{U} = \sum_{n=1}^{N} \frac{R_n}{P_t}\left[(t_n - t_{n-1}) - \frac{8}{\pi^2 \beta} e^{-\beta t}(e^{\beta t_n} - e^{\beta t_{n-1}})\right] \tag{3-30}$$

4. 塑料板未打穿软土地基时的固结度计算

若软黏土层较厚，塑料排水板未能打穿软土层，如图 3-8 所示；塑料排水板打设深度为 L，压缩层范围内软黏土层未设置塑料排水板区厚度为 H，在荷载作用下地基平均固结度可采用下述方法计算：塑料排水板区平均固结度采用式（3-27）计算 $\bar{U}_{rz}$；未设塑料排水板区平均固结度采用一维固结理论计算，计算时将塑料排水板底面视为排水面。整个软黏土层平均固结度 $\bar{U}$ 可采用下式计算：

$$\bar{U} = \lambda \bar{U}_{rz} + (1 - \lambda)\bar{U}_z \tag{3-31}$$

式中，$\bar{U}_z$ 为塑料板区平均固结度；$\bar{U}_{rz}$ 为未设置塑料板区平均固结度。

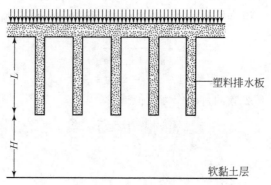

图 3-8　塑料排水板未打穿软土层情况

$$\overline{U}_z = 1 - \frac{8}{\pi^2}e^{-\frac{\pi^2 T_v}{4}} \tag{3-32}$$

式中，$T_v = \dfrac{C_v t}{H^2}$；λ 为塑料板深度与软土层总厚度之比值，其表达式为

$$\lambda = \frac{L}{L + H} \tag{3-33}$$

式中，L 为塑料板深度；H 为未设置塑料板区厚度。

5. 说明

井阻和涂抹作用对砂井地基（包括排水板）固结效果的影响是客观存在的。诚然，采用非理想井固结理论指导工程实践是合理的，有利于发展排水固结技术，有利于分析实际问题，然而按照规范采用理想井固结理论砂井地基设计也应该是可以的，它具有参数少，易于确定，易于应用，便于分析等优点。但是在实际工程中应用这一理论应该是有条件的，即：必须选用透水性良好的，通水量较大的排水板，使井阻因子 $G<0.1$，以减少井阻对固结效果的影响；尽量降低施工对地基扰动的影响，以降低涂抹对固结效果的影响，或者根据工程经验，按理想井理论计算的结果考虑一个折减系数（如 $0.85 \sim 0.95$）。

目前塑料排水板预压地基的固结计算有两类，根据研究，一类是不考虑施工扰动和涂抹作用的影响，按理想井进行设计计算，对于加固深度<15m 的塑料板排水地基，可按此设计计算；另一类，要考虑施工扰动和涂抹作用的影响，按非理想井进行设计计算，对于加固深度>15m 的塑料板排水地基，由于扰动和涂抹作用的影响较大，将会延迟地基的固结效果，必须按此情况进行固结计算。

6. 查表法进行固结计算

在土质条件与排水系统布置已确定时，固结度仅与固结时间因数有关，也就是仅与固结时间有关，制成 U_h–T_h 曲线，可以快速方便地计算固结度，如图 3-9 所示。

南京水利科学研究院林孔镭（1987）据国内工程的实践和研究，对竖向排水地基三向固结计算提出一种查图计算的方法。以塑料板排水预压加固地基为例，工程上通常要求预压加固后的固结度为 80%，塑料排水板的等效换算直径为 7cm，以此为基本条件，计算出不同固结系数、不同排水板布置（不同的有效影响直径 d_e）的固结时间 $t_{80\%}$，制成固结时间 $t_{80\%}$ 与有效影响直径 d_e 的关系图，如图 3-10（a）所示，以及计算出任意固结度与固结

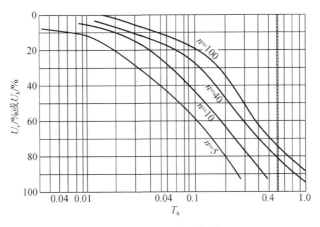

图 3-9 U_h-T_h 关系曲线

度为 80%时的固结时间的相关关系，制成固结度 U_h 与固结时间相关系数 B_1 的关系曲线，如图 3-10（b）所示，由图 3-10（a）查出任意 d_e 时的 $t_{80\%}$，再由图 3-10（b）查出任意固结度所对应的 B_1，即可得出达到任意固结度所需固结时间 $t = t_{80\%} \times B_1$。

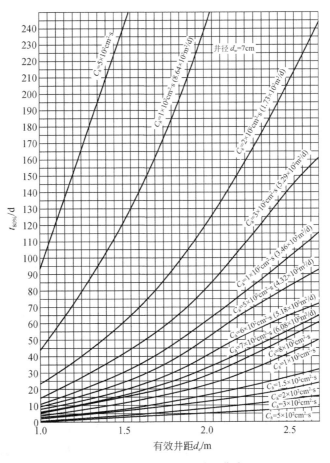

图 3-10（a）　　d_e-$t_{80\%}$ 关系曲线

如果要进行的是砂井地基的固结计算，也可应用图 3-10（a）和图 3-10（b），只要从图 3-11 上查出任意井径比 n（$n=d_e/d_w$）在不同间距时的固结时间相关系数 B_2，即可很方便地得出达到任意直径砂井、任意间距在任意要求固结度时的固结时间 $t = t_{80\%} \times B_1 \times B_2$。

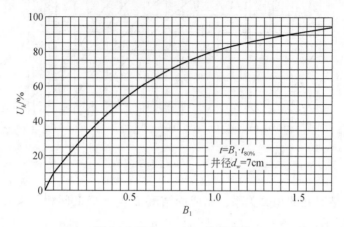

图 3-10（b）　　B_1–U_h关系曲线

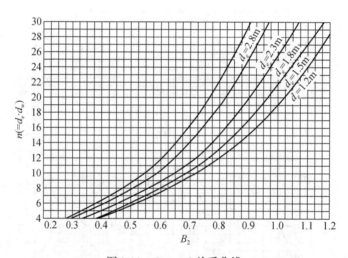

图 3-11　B_2–n–d_e关系曲线

3.2.3　承载力计算

处理后地基承载力可根据斯肯普顿（Skempton）极限荷载的半经验公式作为初步估算，即：

$$f = \frac{1}{K} 5 \cdot c_u \left(1 - 0.2\frac{B}{A}\right)\left(1 + 0.2\frac{D}{B}\right) + \gamma D \tag{3-34}$$

式中，K 为安全系数；D 为基础埋置深度（m）；A、B 分别为基础的长边和短边（m）；γ 为基础标高以上土的重度（kN/m³）；c_u 为处理后地基土的不排水抗剪强度（kPa）。

对饱和软黏土也可采用下式估算：

$$f = \frac{5.14c_u}{K} + \gamma D \tag{3-35}$$

对长条形填土，可根据 Fellenius 公式估算：

$$f = \frac{5.52c_u}{K} \tag{3-36}$$

采用排水预压处理后，地基土的不排水抗剪强度 c_u 要大于天然土的不排水抗剪强度值 c_{u0}。根据土的抗剪强度理论，强度增长与有效应力的增长呈正比关系，因此，排水预压处理后地基土的不排水抗剪强度 c_u 可采用下式估算：

$$c_u = c_{u0} + \Delta\sigma_z \cdot \overline{U_t}\tan\varphi_{cu} \tag{3-37}$$

式中，c_u 为 t 时刻土的抗剪长度（kPa）；c_{u0} 为地基土的天然抗剪强度（kPa）；$\Delta\sigma_z$ 为预压荷载引起的地基的附加竖向应力（kPa）；$\overline{U_t}$ 为地基土平均固结度；φ_{cu} 为由固结不排水剪切试验得到的内摩擦角（°）。

3.2.4 加压系统的设计

1. 等载预压法

等载预压即为预压荷载与拟建建筑物（永久）荷载相等的情况。假设地基土在如此荷载作用下的最终沉降量为 s_∞，预压时间 t 内产生（或被消除）的沉降为 s_t，如图 3-12 所示。

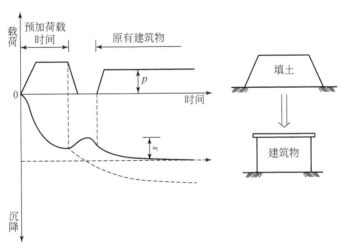

图 3-12 等载预压法

预压效果与预压时间成非线性的正比关系，预压时间越长，消除的沉降 s_t 越大，残留沉降 s_r 就越小。建筑物（永久）荷载作用下残留沉降 s_r 则为

$$s_r = s_\infty - s_t \tag{3-38}$$

由此可见，预压时间完全取决于拟建建筑物对地基变形沉降（残留沉降 s_r）容许程度。

2. 超载预压法

采用比建筑物重量大的荷载即超载预压，处理地基的效果既与预压时间 t 有关，又与超载 Δp 有关，见图 3-13。

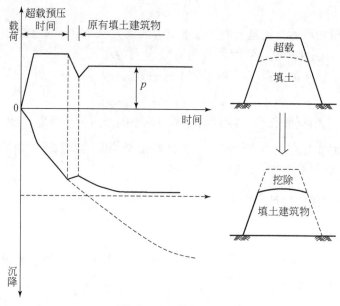

图 3-13　超载预压法

当预压时间相同时，超载 Δp 越大，预压消除的沉降 s_t 越多，残留沉降 s_r 就越小。因此，超载预压法的最大优点，除了可以大大缩短预压时间外，甚至可以达到残留沉降 $s_r \approx 0$ 的目的，亦即建筑物（永久）荷载在使用期间产生的沉降几乎为零。

超载预压法采用分级加载，进行预压要与地基土的强度增长速度相应，每级预压荷载不应超过前级荷载作用下地基强度增加后的允许承载力。对于正常压密土增长后的抗剪强度计算按式（3-39）计算。当有十字板强度指标时，τ_z 为深度 z 处的抗剪强度，可由下式计算：

$$\tau_z = \tau_0 + K_z \tag{3-39}$$

式中，τ_0 为地基表面天然强度；K_z 为十字板剪切试验的强度增长斜率。

3. 真空等载预压法

在承载力要求和工后沉降不是很高的情况下，真空预压在处理大面积软土地基上具有相当大的优势。真空联合堆载预压技术在处理高速公路软土地基上具有相当大的优势。随着真空预压加固软土地基机理研究的不断深入，相应设计水平和施工工艺的不断提高，其适用性会更广。

真空预压法和堆载、超载预压法的固结原理基本相同，但排水过程区别较大，前者以"吸"为主，辅助于"挤"，而后者仅依靠"挤"，真空（堆载）预压法软基处理的基本原理是通过安装一定的抽真空设备和利用一定的密封材料在加固区土体范围内形成一个负压水头，同时加载增加了土体内部孔隙水力，使影响土体工程性质的气、液相体沿着最佳设计路径尽快排出，从而达到加固土体的目的（可简称为内压外吸法）。

当真空泵工作时，在砂垫层中可以获得 70～90kPa 的真空度，同时膜下的软土中水压力也逐渐地降低，其降低的值

$$\Delta P = P_a - P_n \tag{3-40}$$

式中，P_a 为大气压；P_n 为膜下压力；ΔP 称为真空压力或地面压差。

4. 真空分级预压法

高含水率高黏粒含量的饱和软黏土，通过控制加载方式，分级进行真空预压加固，如图 3-14 所示。借助超孔隙水压力的消散特征，及时改变管内真空度，令每阶段土体都充分固结的同时，大大降低细颗粒淤堵排水板的工程隐患，提高土体后期固结效果。在分级真空加压的过程中，加载标志由孔隙水压力的监测数据判定。

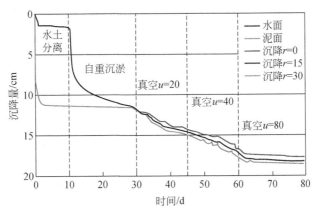

图 3-14　分级真空预压沉降图

5. 电渗法

电渗法与通常的加荷排水固结加固软土技术不同，它是采用在土体中插入电极施加低压直流电的方法，使土中的孔隙水在电场作用下由正极流向负极，从而实现土的排水固结，如图 3-15 所示。

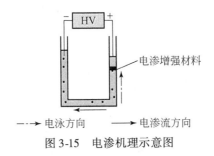

图 3-15　电渗机理示意图

电渗法用于渗透性小、加荷固结缓慢的淤泥、黏土效果最为显著，并特别适用于含水量极高，土体处于流塑泥浆状的条件，因而在尾矿泥浆、市政污泥、残渣浓缩处理等环保领域应用前景广阔。同时，由于该法无需加荷，对土体的扰动程度远小于其他各种加固方

法，因此也被应用于各种工程除险、加固土。

3.2.5 排水系统设计

1. 竖向排水体材料选择

竖向排水体可采用普通砂井、袋装砂井和塑料排水板，而塑料排水板应用最为广泛。若需要设置竖向排水体长度超过20m，建议采用普通砂井。

2. 竖向排水体深度设计

竖向排水体深度应根据土层的分布，地基中附加应力大小、施工期限和施工条件及地基稳定性等因素确定。

当软土层不厚、底部有透水层时，排水体应尽可能穿透软土层。当深厚的高压缩性土层间有砂层或砂透镜体时，排水体打至砂层或透镜体；而采用真空预压时，应尽可能避免排水体与砂层相连接，以免影响真空效果。

对以地基抗滑稳定性控制的工程，竖井深度至少应超过最危险滑动面2m；对以变形控制的建筑，竖井深度应根据在限定的预压时间内需完成的变形量确定。竖井宜穿透受压土层。

3. 竖向排水体平面布置设计

竖向排水体的直径和间距主要取决于土的固结性质和施工期限要求。排水体截面大小只要能及时排水固结，所以理论上排水体的直径可以很小，但施工过程中，直径过小难以操作，直径过大，成本较高。从原则上讲，缩短排水体间距比增加排水体直径效果更好，所以井径和井间距关系是"粗而稀"更好。

根据《建筑地基处理技术规范》（JGJ 79-2012），普通砂井直径可取 $300 \sim 500$mm，袋装砂井直径可取 $70 \sim 120$mm。塑料排水板的当量换算直径按下式计算：

$$d_p = \frac{z(b + \delta)}{\pi} \tag{3-41}$$

式中，d_p 为塑料排水板当量换算直径（mm）；b 为塑料排水板宽度（mm）；δ 为塑料排水带厚度（mm）。

竖向排水体的平面布置可采用等边三角形或正方形排列。正方形排列时，每个砂井影响范围为一个正方形，正三角形排列时的影响范围为一个正六边形。

竖井的有效排水直径 d_e 与间距 l 的关系为：

等边三角形排列时： $d_e = 1.05l \tag{3-42}$

正方形排列时： $d_e = 1.13l \tag{3-43}$

排水竖井的间距可根据地基土的固结特性和预定时间内所要求达到的固结度确定。设计时，竖井的间距可按井径比 n 选用（ $n = d_e/d_w$，d_w 为竖井直径，对塑料排水带可取 $d_w = d_p$ ）。塑料排水板或袋装砂井的间距可按 $n = 15 \sim 22$m 选用，普通砂井的间距可按 $n = 6 \sim 8$ 选用。

4. 地表排水垫层设计

为了使竖向排水体有良好的排水通道，在排水体顶部应铺设砂垫层，以连通各个排水体将水排到工程场地外。水平排水垫层应具有良好的透水性和连续性，水平排水垫层宜采用含泥量不大于 5% 的中砂或粗砂，厚度不宜小于 0.4m。砂料的渗透系数不宜小于 $5 \times 10^{-3} cm/s$，干密度不宜小于 $15kN/m^3$。水平排水垫层中应设置排水滤管，滤管横向间距宜为 6~7m，纵向间距宜为 30~40m。

近年来，有些地区中、粗砂紧缺或价格昂贵，汤连生等（专利 CN101220598）发明了一种钢丝弹簧管+管板连接器+排水板的水平方向排水系统取代以往真空预压施工中所使用的中粗砂垫层。此方法使用板管连接器将塑料排水板与软式弹簧透水管相连接，并保证接触部分的密封性，再将软式弹簧透水管与主管相连接，就形成了网络状水平排水通道。其可大大缩短施工工期，且真空度传递效果好，不需要使用砂垫层，节省施工材料，施工进度快，经济节约。已在许多地基处理场地投入使用，加固效果较好。

3.3 预压法的发展与研究

堆载预压法的改进过程，实质上是竖向排水体的改良过程。在竖向排水体的改进过程中，Moran 首先发明了砂井技术，并于 1926 年获得了专利。1934 年砂井排水法第一次应用在实际工程当中，当时美国在一项公路软土路基的加固工程中首次采用了这种固结排水方法。瑞典皇家地质学院 W. Kjellman 教授对地基竖向排水体的方式进行了不断改进，并于 1937 年第一次使用了排水板。但由于技术所限，当时他所采用的这种排水板为纸质，耐久性和透水性都很差，排水效果也很有限。20 世纪 60 年代末，作为砂井改良技术的袋装砂井广泛应用到了各种实际工程当中。与此同时，竖向排水板的材料也在进行着不断改良，现在我们常用的外部包裹聚合物滤膜（土工织物），内部为塑料芯板的塑料排水板就是在当时被发明出来的（图 3-16）。由于其与普通砂井相比具有很多的优点，因此塑料排水板在各类型软土地基处理的实际工程中得到了广泛应用。

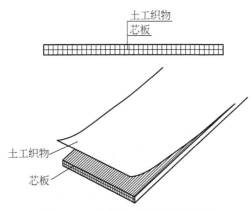

图 3-16 塑料排水板断面结构图

同样，Kjwllman 于 1952 年提出了真空预压加固软土地基方法，初步阐述了其机理，并进行了小型的现场试验研究，其模式与现在一般的真空预压加固软土地基的工法基本相同。

我国开始研究此项技术较早。1957 年，807 部队和哈尔滨军事工程学院在室内和室外做过真空预压试验，1959 年对真空预压加固淤泥地基的野外试验进行了总结；1959 年，天津大学开展了室内试验研究来探讨真空预压的规律性和效果，提出了"吹填土真空排水固结试验研究"的报告；1959 年南京科学研究所在天津做了"电渗真空砂井联合作业法"的试验研究，于 1960 年提出"电渗排水加速海淤泥软土固结试验报告"；1960 年同济大学和南京水利科学研究院在上钢一厂做了小型荷载试验，提出了"用真空预压法加固吹填土的试验小结"。在工程实践上，真空预压法加固软土地基的成功实践也有个别报道，如1958 年美国费城机场采用真空井点降水和排水砂井相结合的方法，完成了飞机跑道扩建工程的地基处理，整个机场真空度最高 50.7kPa。日本横滨市武丰火力发电厂也运用该法加固软土地基，膜下真空度达到 54kPa。20 世纪 70 年代日本东北地区的新干线上，采用真空预压加固第七号谷地的泥炭土和混有有机物的淤泥土地基，膜下真空度达到 63.7kPa。早期对真空预压的研究手段以室内试验和现场试验为主，主要目的是解决实际应用问题，使之能应用于工程实践。由于当时机械设备和材料方面的限制，早期的现场试验均不理想，大面积的使用也未能付诸实施。个别工程实践的成功主要是在一定程度上解决了机械设备和密封问题，这也为真空预压加固软土地基的技术发展积累了一定的经验。

20 世纪 80 年代初以来，以交通部第一航务工程局为主，天津大学、南京水利科学研究院土工所参加的联合攻关小组，对该项加固技术又重新进行了探索、研究。在工艺上采用射流泵代替真空泵，很好地解决了水气分流问题，膜下真空度稳定在 70.7kPa 左右，最大可达到 80kPa，从而使该项技术有了突破性进展。该法在天津新港软土地基处理中经历了由探索试验、中间试验，最后到生产应用的过程，逐步走向成熟和完善。与此同时，国内不少地方采用此项技术加固软土地基取得成功，真空预压加固软土地基技术逐渐得到推广应用。在国外，1982 年日本大阪南港在第二阶段的加固工程中，采用袋装砂井和排水纸板作为垂直排水通道，采用抽真空和抽水相结合的方法加固软土地基，由于较好地解决了抽真空设备和场地密封等关键问题，第一期加固工程膜下真空度达到 66.7kPa，第二期工程中管内真空度始终保持 84kPa，标志着该项技术的应用也达到了一个新的阶段，在这一阶段，研究人员和工程师们仍注重于解决真空预压技术的实际应用问题，在抽真空设备和密封技术上有了很大的改进，使该项技术在施工工艺上达到成熟，并开始大规模地应用于软土地基处理。

我国真空预压法加固技术目前在国际上处于领先地位。20 世纪 90 年代后期对真空（堆载）预压法在处理高速公路饱和淤泥质黏土软基中的应用进行了研究和总结，表明真空（堆载）预压法完全能够满足高速公路软基处理的要求。据统计，截至 1992 年，应用的面积达 210 万 m^2，其中一半是采用真空联合堆载的预压法。

如今，真空预压技术及真空联合堆载预压等抽真空相关的软土地基处理技术已广泛应用于港口堆场、仓库、机场、高速公路、市政设施、人工岛和堤坝边坡等工程，膜下真空度一般都能够达到 90kPa 以上，最大单块加载面积可达到 10 万 m^2，取得了良好的工程和经济效益。

针对软土真空预压后期固结效率较低的问题，我国真空预压技术又进行了改进。2006年至 2011 年，宋晶等（2011）反复进行了室内试验与现场试验，总结出高含水率高黏粒含量的饱和软黏土的固结特点，通过控制加载方式，令加固过程经历 10 天的水土分离、20 天自重沉淤、持续渐进式地真空预压等 3 个主要阶段。同时，建议采用分级真空预压法进行真空预压加固，也就是将渐进式地分级真空预压法作为核心工法，设置 20kPa、40kPa、80kPa 的真空度控制固结过程（图 3-17），借助超孔隙水压力的消散特征，及时改变管内真空度，令每阶段土体都充分固结的同时，大大降低细颗粒淤堵排水板的工程隐患。

图 3-17　真空预压

另外，电渗法是通过在插入土中的电极上施加直流电使得土体加速排水、固结，从而使得土体强度增强的一种地基处理方法。电渗法最早于 19 世纪初即被 Reuss 于实验室内发现，并于 20 世纪 30 年末，由 Cassagrande 首次将其成功应用于德国某铁路边坡工程中。电渗法在我国及世界范围内，开展研究时间较早，但限于电费昂贵、电极材料腐蚀等因素影响，广泛的工程实际应用相对较少。

针对电渗法处理地基技术加固机理研究方面，近年来，相关研究人员基于传统一维电渗固结理论，分别提出考虑电渗作用下电流的变化，电渗固结耦合堆载效应的二维电渗固结理论，并发展电场、渗流场以及应力场耦合的计算与分析模型。

II　互 动 讨 论

3.4　真空预压与堆载预压特点比较

（1）真空预压排水法是利用大气来加固软土地基的，因此和堆载预压排水法相比，它不需要大量的预压材料及实物，这是该法的一突出特点。对比堆载预压排水法，若因工程地基处理要求而需要用砂土超载（相当于工后建筑物的荷载）预压，真空预压排水法就显得更能节省大量费用。

（2）由于不需要大量（超载）预压材料及不断的填土施工，施工现场能保持文明整洁，不会产生降水施工现场的泥泞不堪，可减少施工干扰。

（3）由于真空预压排水法加固软土地基的过程中，作用于土体的总应力并没有增加，降低的仅仅是土中孔隙水压力，而孔隙水压力是中性应力，是一个球应力。所以软土地基土不会产生剪切变形，发生的只是收缩变形，不会产生挤出情况，仅有侧向收缩。因此，真空预压排水法无分级施加，可以一次快速施加 80kPa（相当于 4m 厚的填土）以上而不会引起地基失稳。而堆载预压排水法要经过较长时间的分级填土施荷。

（4）真空预压排水法在加固土体的过程中，在真空吸力的作用下易使土中的封闭气泡排出，从而使土的渗透性提高、固结过程加快。因此，并根据上述，真空预压排水法比起堆载预压排水法，不仅效果更好，而且工期大大缩短。

（5）真空预压法处理后的软土的强度增长是在等向固结过程中实现的，抗剪强度提高的同时不会伴随剪应力的增大，从而不会像堆载预压排水法一样产生剪切蠕动现象，也就不会导致抗剪强度的衰减，真空预压法处理后的软土的强度增长率，比同样情况下堆载预压排水法的要大。

（6）施工的可操作性。真空（堆载）预压法随着研究开发的不断深入，已获得了丰富的施工经验，并总结出了一套完整的施工工艺：①施工准备，清理场地，搭临；②铺设砂垫层，打设袋装砂井或排水板；③水平排水滤管的布设及安装；④铺、埋密封膜及布置密封膜保护设施；⑤真空设备的安装和真空试抽；⑥正常抽真空维护，高速公路路堤填筑（堆载）；⑦工程验收。真空（堆载）预压法的施工工艺虽比成熟的堆载、超载预压法来说要复杂一些，但就施工工艺本身所动用的施工机械、施工设备和施工人员而言并不十分复杂，在真空（堆载）预压法施工过程中只要做到责任感强，施工细心，把握好每道工序的要点，施工质量完全能够满足设计要求。

（7）效果的显著性。真空（堆载）预压法应用于高速公路软基处理经济效益显著。一些高速公路在设计方案的比较过程中引入静态和动态的经济比较，静态计算处理每平方米（深度以 12m 计）软基路段，粉喷桩约为 150 ~ 350 元；砂桩或碎石桩约为 120 ~ 220元；堆载、超载预压法约为 60 ~ 120 元；真空（堆载）预压法约为 110 ~ 180 元。粉喷桩和砂桩费用较大，真空（堆载）预压法费用适中。众所周知，堆载、超载预压法的施工技术间隙为 6 ~ 12 个月，且路堤的填筑还要受到路基稳定性的限制，相反真空（堆载）预压法不但不存在施工技术间隙，而且路堤的填筑可连续进行，可见真空（堆载）预压法的动态经济效益是相当可观的。有报道真空（堆载）预压法是确保上海沪青平高速公路能按计划工期顺利完成的"秘密"武器。高速公路建设中很多工程研究表明，真空（堆载）预压法质量都能满足设计要求。

3.5　预压法存在的问题

通过对前人堆载预压法固结机理及软土地基沉降量预测研究成果的总结，堆载预压法加固软土地基的沉降量预测方面仍存在如下几个方面的问题：

（1）软土固结沉降的后期，软土的沉降速率逐渐变小，沉降差与沉降量的比值较小，沉降曲线的变化量不明显，这就使得用各种线性方法预测软土固结沉降量的效果不够理想，如何使预测方法能够更好地反映软土实际的固结沉降量，是目前有待进一步研究的问题。

（2）由于现场的软土地基沉降量监测数据容易受外界环境的影响，故实测的沉降量是在软土固结及外界影响因素的共同作用下产生的。只有尽量减小外界环境的影响，才能更好地对软土固结沉降进行预测。去除外界的影响是软土固结沉降预测的必要步骤和前提条件。

（3）对于现场监测数据，如何剔除外界非正常因素影响所产生的误差，使其更加接近客观实际，是数据处理中的关键问题。在众多的数据处理方法中，哪一种方法针对软土地基沉降计算和预测分析能够更有效地发挥作用，达到最好的数据处理效果，需要进行深入的研究和探讨。

（4）一般认为，软土固结预测随着预测时间的延长，误差越来越大。实际工程中，不仅需要对最终沉降量进行预测，有时需要对某一时间段的沉降量进行预测。而不同的线性预测方法的短期、中期乃至长期预测值的误差到底有多大，是否可满足工程的要求，目前仍处于探讨阶段。

（5）不同地区软土由于沉积历史和沉积环境的不同，土的结构和物理力学性质也是不同的，甚至相差甚远，具有明显的区域性。此外，不同成相的软土具有的结构性也不完全相同。因此，对于不同地区和成相软土固结沉降预测方法的评价不可一概而论。不同的预测方法对于不同地区的适用性还有待进一步研究。

（6）在进行设计计算时，将膜下真空度等效为压力后，由于真空预压加固面积较大，按角点法计算土层附加应力时，平均附加应力系数 α 变化不大，因此附加应力沿深度方向基本没有衰减，这与真空度沿排水体深度方向逐渐衰减的规律不符，从而导致计算沉降和实测沉降之间的差异较大。国内学者对真空度沿深度方向的衰减规律进行了大量研究。由于影响因素较多，不同学者研究得到的规律不同，真空度衰减速率最小为 2.0 kPa/m，最大为 6.3 kPa/m。

（7）密封工作是真空预压地基处理工程中的一项关键工作，对加固效果影响巨大。在加固过程中应重视加强密封效果的监测和检测工作，出现情况应及时采取措施补救，确保软基加固区的密封效果良好。真空预压工程施工过程中的密封质量，直接决定了膜下真空度的强度与稳定度，从而在很大程度上决定了软基加固工程的效果。水平铺膜、压膜沟、黏土密封墙、膜上覆水等密封技术在实际工程中的成功应用，各工程可结合本身工况选择合适的密封技术，提高真空预压的成功率。

Ⅲ　实践工程指导

3.6　预压法施工程序

3.6.1　堆载预压施工方法

堆载预压施工包括排水系统施工和堆载预压施工。

1. 排水系统施工

1) 水平排水垫层施工

水平排水垫层的作用是使预压过程中从土体进入垫层的渗流水迅速排出，使土层的固结作用能正常进行，防止土颗粒堵塞排水系统。因而垫层的质量将直接关系到加固效果和预压时间的长短。

(1) 垫层材料。

垫层材料应采用透水性好的砂料，其渗透系数一般不低于 10^{-3} cm/s，同时能起到一定的反滤作用。通常采用级配良好的中粗砂，颗粒粒径在 0.074 ~ 0.84mm 范围内为宜，含泥量不大于 3%；一般不宜采用粉、细砂。可采用连通砂井的砂沟来代替整片砂垫层，排水盲沟的材料一般采用粒径为 3 ~ 5cm 的碎石或砾石。

(2) 垫层施工。

水平排水砂垫层的施工与换填土法中的砂垫层施工方法相同，目前有四种施工方法：①当地基表层有一定厚度的硬壳层，其承载力较好，能承载通常的运输机械时，一般采用机械分堆摊铺法，即先堆成若干砂堆，然后用机械或人工摊平；②当硬壳层承载力不足时，一般采用顺序推进摊铺法，即从一端向另一端摊铺；③当软土地基表面很软，如新沉积或新吹填不久的超软地基，首先要改善地基表面的持力条件，使其能承载施工人员或轻型运输工具。处理措施一般采用：地基表面铺荆笆；表层铺设塑料编织网或尼龙编织网，编织网上再铺砂垫层；表面铺设土工聚合物，土工聚合物上再铺排水垫层；④尽管对超软地基表面采取了加强措施，但持力条件仍然很差，一般在不能承载轻型机械的情况下，通常要用人工或轻便机械顺序推进铺设。

无论采用何种施工方法，都应避免对软土表层的过大扰动，以免造成砂和淤泥混合，影响垫层的排水效果。

2) 竖向排水体施工

竖向排水体在工程中的应用主要有普通砂井、袋装砂井和塑料排水板。施工方法各不相同。

砂井施工一般先在地基中成孔，再在孔内灌砂形成砂井。表 3-1 为砂井成孔和灌砂方法。应尽量选用对周围土扰动小且施工效率高的方法。

表 3-1 砂井成孔和灌砂方法

类型	成孔方法		灌砂方法	
使用套管	管端封闭	冲击打入 振动打入	用压缩空气	静力提拔套管 振动提拔套管
		静力压入	用饱和砂	静力提拔套管
	管端敞口	射水排土 螺旋钻排土	浸水自然下沉	静力提拔套管
不适用套管	旋转、射水 冲击、射水		用饱和砂	

袋装砂井是普通砂井的改良和发展。其用具有一定伸缩性和抗拉强度的编织袋装满砂子，基本保证砂井的连续性，施工速度快，工程造价低。

塑料排水板通过专用插板机将其插入软土，形成竖向排水通道，目前工程中主要采用此种排水体。

2. 预压荷载施工

1）利用建筑物自重加压

利用建筑物本身重量对地基加压是一种经济而有效的方法。此方法一般应用于以地基稳定性为控制条件，能适应较大变形的建筑物，如路堤、土坝、贮矿场等。对于路堤、土坝等建筑物，由于填土高、荷载大，地基的强度不能满足快速填筑的要求，工程上都采用严格控制加荷速率、逐层填筑的方法以确保地基的稳定性。

利用建筑物自重预压处理地基，应在设计时给建筑物预留沉降高度，保证建筑物预压后，标高满足要求。

2）堆载预压

堆载预压的材料一般以散料为主，如石料、砂、砖等。大面积施工时通常采用自卸汽车与推土机联合作业。对超软地基的堆载预压，第一级荷载宜用轻型机械或人工作业。

施工时应注意以下几点：①堆载面积应足够大，堆载的顶面积不小于建筑物底面积。堆载的底面积也应适当扩大，以保证建筑物范围内的地基得到均匀加固；②堆载要求严格控制加荷速率，保证在各级荷载下地基的稳定性，同时要避免部分堆载过高而引起地基的局部破坏；③对超软黏性土地基，荷载的大小、施工工艺更要精心设计，以避免对土的扰动和破坏。

3.6.2 真空预压施工方法

真空预压加固软基涉及的施工内容有：场地平整及预抬高处理、水平排水系统设置、竖向排水系统设置、密封系统设置、抽真空设备设置及运行维护和现场问题的处理等。主要施工设备有：射流泵、发电设备、塑料排水板插板机械和挖沟机械等。材料：竖向排水体材料、砂料、管材、密封膜（聚乙烯和聚氯乙烯膜）和出膜装置等。施工工艺图如图 3-18 所示。

1. 场地平整

施工前对场地进行平整，这样做的目的有两个：其一，平整后的场地便于后续塑料排水板的打设施工和砂垫层的铺设，同时亦方便准确量测施工沉降量，也可节省价格较贵的砂垫层用砂；其二，经加固，场地一般中部沉降较大，而四周或两边较小，中部预先填高一些，在加固中原地面中部与周边的高差会减少，到加固后期也不致中部太低而周边太高，有利于滤管和主管中水的排出。当然，如果真空预压联合水载，这时场地平整度越低越好，场地坡度太大，四周围堰处水载高度就难以达到设计要求。另外，也要看主管和滤管的布置，坡度与水平排水方向也是相关的。

2. 竖向排水体布置

应当按照预先设计好的垂直排水通道的种类、技术指标选择垂直排水通道，按设计的

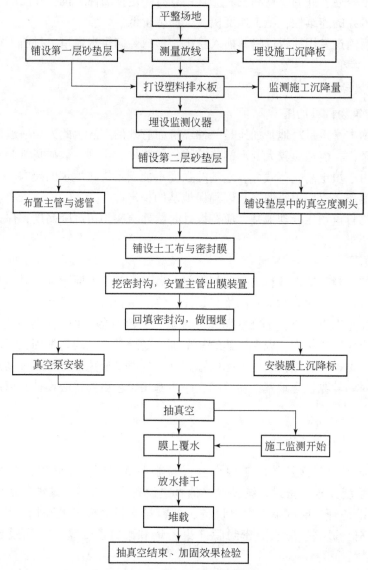

图 3-18 真空预压工艺流程图

打设间距、深度进行施工。目前，真空预压处理软基时的竖向排水体大多选择塑料排水板，国内通常使用的塑料排水板是 SPB-l、SPB-1B、SPB-1C 型塑料排水板，其断面为 100mm ×(4 ~ 6) mm。在选择排水板时，应根据加固土层厚度及工程的性质，选择相应规格的塑料排水板。考虑到我国塑料排水板生产的实际情况，要严格执行对排水板的验收检验制度，以保证所用排水板的质量。塑料排水板应完全满足中华人民共和国行业标准《塑料排水板质量检验标准》(JTJ–T257–1996)，以及《塑料排水板施工规程》(JTJ–T256–1996) 的要求，其核心是纵向通水量和滤膜的强度。

塑料排水板由于所用材料不同，断面结构型式各异。根据结构型式，可归纳为两大类，即多孔质单一结构型和复合结构型。

塑料排水板的施工需要专门的插板器械，所以其施工质量很大程度上取决于施工机械的性能，有时也会成为制约工期的重要因素。打设袋装砂井和塑料排水板的机器设备可以相互通用。目前国内很少有定型产品，大部分是施工单位自己制造或改装而成的。主要有三大类，履带式单管或双管插板机、门架式插板机以及由挖掘机或吊机改装而成的。由于多数在软弱地基上施工，因此要求行走装置具有：①机械移位迅速，对位准确；②整机稳定性好，施工安全；③对地基土扰动小，接地压力小等性能。当软基承载力太小不足以让插板机在其上行走时，可以在软基上布设钢板以减小压强。

插板时，必须使用套管，套管的驱动方式可以用振动也可以用静压，但在边坡上插板时，为保持边坡的稳定，只能采用静压的方式。插板时除了保证平面位置准确外，最重要的是要保证排水板的插设深度，控制排水板的回带量小于《塑料排水板施工规程》（JTJ-T256-1996）的规定。当发现排水板的回带量超过50cm，应就近重新补插。为保证插板质量，应规定在每台插板机上必须安装排水板打设自动检测记录仪，没有安装的不许施工。

塑料排水板需要专门的机械插设，图3-19为我国常用的几种插板机示意图。

塑料排水板的完整施工工艺为：①按设计分区放各区边界线，分区测量定出板位并做好标记；②插板机定位于标记处；③安装管靴并将排水板与桩尖连接贴紧管靴并对准桩位；④打设排水板至设计标高；⑤拔出导管剪断排水板；⑥检查并记录板位等打设情况；⑦移动打设机至下一板位。

在施工时应注意以下几点：

①塑料排水板外层土工织物在取出和打设工程中应避免损坏，防止淤泥进入芯板堵塞出水孔，影响排水效果。

②桩尖和导管靴要配套，避免错缝，防止淤泥在打设过程中进入导管，增大对塑料板的阻力。

③严格控制排水板的间距和深度。排水板的回带长度不超过500mm，发现回带严重的，须在邻近板位处补打。排水板的垂直偏差不得大于±1.5%。

④打入地基的塑料排水板宜为整板，长度不足时须按要求进行搭接：先将排水板的滤布剥开，让芯体对插搭接（搭接长度不小于200mm），并将滤布包好、裹紧后，用细铁丝或塑料绳穿孔牢固，亦可用相同连接强度的大号钉书钉钉接；一根排水板只能有一个接头。

3. 抽真空系统

当采用真空预压时，荷载不需要分级，可一次加足预压荷载。根据工程实践经验，真空预压所能达到的真空压力（真空膜内外的压力差）一般可达0.09MPa以上。

真空预压要分区进行，每分区面积视加固面积大小而定，一般为10000～50000m²，国内最大可达100000m²。

抽真空系统由以下几部分组成：铺于排水砂垫层中间的抽真空滤管、干管、管路出膜器、止回阀、射流式抽真空泵（包括离心式水泵），每一台（套）射流式抽真空泵系统可处理1000～1500m²，每分区可设若干台（套）射流式抽真空泵系统。

1）主、滤管及其平面布置

抽真空滤管通常用3in（7.6cm）钢管或塑料管制成，管上开许多小孔，外绕细钢丝

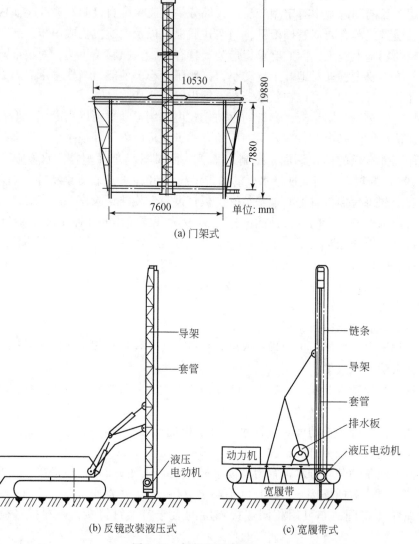

(a) 门架式

(b) 反镜改装液压式　　　(c) 宽履带式

图 3-19　插板机示意图

包无纺布滤膜，铺于排水砂垫层中间，并与4in（10.2cm）的干管相连，通过管路出膜器与密封膜外的抽真空管路连接到射流真空泵上。

　　对真空（堆载）预压法排水系统中吸水主、支滤管的平面布置要认真考虑，原则上要求均匀，方式可采用图3-20所示的单泵羽状、联泵网状或联泵循环羽状。滤管的间距视软基处理深度可在4~8m范围内选择，深度较大时取较小值。以往工程实践表明，吸水滤管采用单泵羽状的布置方式较难保证加固区内不同地段膜下真空度的均匀性，造成加固区内不同地段固结程度不一，工后沉降不均匀，不宜采用。联泵型的布置方式不仅能保证膜下真空度的均一性，而且可以降低工程造价。饱和淤泥黏土地层中存在透水性（$K \geqslant 1 \times 10^{-5}$cm/s）夹层或地表存在较厚（$\geqslant 3$m）的透水层时，设计中应该采取密封措施。

近年来，常用主管、滤管平面布置形式有如图 3-20 所示的几种。在这些布置形式中，从连接产生的局部真空压力损失来看，以羽毛状的为最小。至于每一个主、滤管系统与一台泵连接好，还是几台泵连在一起好，还没有定量分析结果，但大多数情况都是各成体系。也有在加固区内不设主管，全部做成滤管，并成循环系统，这样抽真空效率可能会差些，也会造成真空度分布的不均匀。

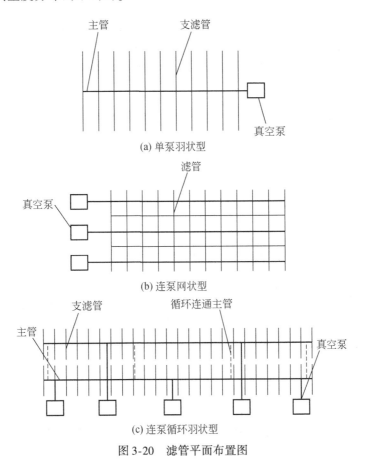

(a) 单泵羽状型

(b) 连泵网状型

(c) 连泵循环羽状型

图 3-20　滤管平面布置图

一般滤管的间距 4 ~ 6m，主管的间距 12 ~ 16m，当然泵的台数再多的话，主管的间距可缩小到 8 ~ 10m（主要指独立系统）。

2）主管出膜装置

所谓"出膜装置"是指膜下的主管与膜外的抽真空装置相连接的一种装置。该装置使整个膜内、膜外抽真空系统形成一个有机整体，使管路系统连续、通畅，同时又不使薄膜漏气。结构如图 3-21 所示，它是在主管的出口部位连结一个带有法兰盘的弯曲钢管，该法兰盘上焊有 4 个固定的螺杆，实施时先在膜内法兰盘上放置一个密封橡胶圈，将密封膜穿过固定的螺杆置于法兰盘上，再将膜外的垫圈和有 4 孔的膜外法兰盘（其上焊有 65cm长的一节弯管）置于膜上，加上螺栓拧紧，这样就形成了主管的出膜装置，再通过钢丝螺纹橡胶软管就把抽真空装置与膜下的管路系统联系起来，形成一个抽气系统。

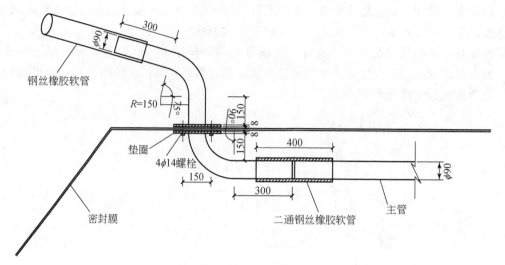

图 3-21   主管出膜装置

4. 密封系统

密封系统是真空预压法成功与否的关键，因此在运用本加固方法时，应特别关注密封问题。密封系统包括密封膜、密封沟、密封墙等诸多方面。

1）密封膜的布设

密封膜应具备重量轻、强度大、韧性好、抗老化、耐腐蚀等基本特性。目前国内使用的膜大都是由聚乙烯或聚氯乙烯制成。这两种膜现在已经有了国家标准。

现场所用薄膜一般在工厂预先进行加工，将条状薄膜通过热粘的方法拼接成大块。现在工厂的粘结工艺都能满足施工的要求，拼接处强度高、气密性好，能拼成几千平方米的一块。

2）密封沟

加固区周边的密封方式有好几种，如挖密封沟将膜埋于沟中；也有长距离平铺膜等方式，但大多数工程采用的是挖密封沟。

密封沟是指在加固区四周挖一定深度用于埋设密封膜的沟槽，沟的深度在 1.2～1.5m 范围内。当被加固土的表层黏粒含量较高、渗透性较差时，可以取小值，沟可挖浅一些；反之，沟要挖深一些。沟的宽度主要根据挖掘方式和铺膜决定，如用机器挖掘沟可以挖窄一些，一般最小为 60cm。

挖沟时要注意土层中的织物根系和动物的孔洞，若发现孔洞，则沟的深度相应得挖深些。

沟挖好后将膜放入沟中，应注意将膜放至沟底，然后分层回填。尤其注意第一层的填筑，一定要用土把膜压好，使膜能紧贴沟壁和沟底，在每一层填土上给予压实。应特别注意有真空度测头和孔压测头导线引出的地方，既要密封好，又不能将导线弄断。

密封沟工作量不大，但直接关系到密封效果的好坏，并且该项工作具有隐蔽性，有问题也不易查出，因此应认真、细致、严格地去做好这一工作。

3）密封墙

在被加固的地层表面以下不太深（一般 3 ~ 5m）的地方，有一层厚度不大的透水层或强透水层（如粉细砂或砂层）存在，在运用真空预压法加固软基时应考虑对该透水层进行密封处理。

密封墙的布置一般有如下几种方法：

钢板桩法，以钢板切断透水层在水平方向上的联系，有时在钢板桩周围再灌注一些黏土液或膨润土液。

灌浆法，即在加固区四周按一定间距打设灌浆孔，压力灌注黏土浆或水泥黏土浆，以填充透水层颗粒间的孔隙，形成挡水帷幕，封堵透水层在水平方向上的渗透路径。

深层搅拌法，也是在加固区四周打一圈黏土搅拌桩或水泥黏土搅拌桩，桩体互相搭接，形成隔水帷幕，把透水层切断，以保证加固区的气密性。

高压旋喷法，在软基中钻孔内喷射水泥浆与被搅动的砂砾土颗粒混合凝结硬化而建成的地下连续墙，从而阻断透水层。

所用这些方法的一个基本目的就是切断透水层在水平方向上的联系，把加固区内外部分分隔开来。这些方法各有千秋，工程环境不同，采用的方法也不同。接下来着重介绍一种经济有效的密封墙施工工艺——勾拌法。

勾拌法是汤连生发明的一种施工工艺（专利 CN101008178A），采用勾机开挖和搅拌原位软土，与此同时倒入水泥和泥粉并注水，使其混合均匀，以此来加固地基土，并增强土体的防渗止水性能，形成密封系统。泥粉、水泥和水形成设计配合比的泥浆，在施工中具有护壁作用，施工结束后也可提高墙体位置地基土强度。

其施工工艺包括以下步骤：

（1）由配合比计算公式计算确定水、土、泥粉或砂及水泥配合比。

（2）设计勾机行进路线，然后勾机开挖软基，若土层由大量开山石抛填而成，则在施工时需要倾倒泥粉和水泥，泥粉和水泥用量由配合比公式决定。对于粒径大于或等于 30cm 的石块，需用勾拌斗将其挖出；对于上部为填土或吹填砂层，下覆淤泥质土层的地层，可根据填土和吹填砂的体积计算出所需泥灰的用量，在此种情况下，可将下覆淤泥质土层通过勾机的开挖和上部土层混合均匀；对于纯淤泥质土层，可在开挖的时候直接倾倒砂和水并搅拌。

（3）待搅拌土体固化后，土中孔隙被填满，形成增强土体的防渗止水性能的加固土体。

此方法工期短，造价低，经济节约，施工工序简单，并具有可充分利用原位软土、砂、砾石或块石、碎石的优点，其施工设备简易，止水和密封效果好。

3.6.3　强排水法施工方法

真空预压和堆载预压虽然在国内外得到了普遍的使用，但也存在一些问题，特别是真空预压法的预压荷载最多为 1 个大气压，堆载预压因堆载厚度限制荷载同样有限，而且加固周期长，一般真空预压法的前期施工加上抽真空以及工后处理，整个过程需耗时两到四个月；预压过程中，排水板容易淤堵，随着预压的不断进行，不能通过滤膜孔眼的土颗粒不断在排水板周围聚集，最后堵塞排水板；预压结束后，打设的排水板仍然是排水通道，加大工后沉降；竖向排水体中储水量小，也不具有使水或液体在其中循环流动的作用，更不具有将其中水或液体排空的功能（即无法利用地下水水头压差）。

如果排空竖向排水体中的水（最好能够迅速排空），则排水体内外压差（包括地下水水头压差和荷载压差）将会很大，能大幅提高软土排水固结效率及效果，这也是强排水法的原理。为此，汤连生发明了一种具循环排空功能圆柱式强排水管（专利 CN2017110805091）。

此方法主要有以下优点：①强排水管中，格栅的外表面包裹滤膜形成排水槽，格栅间距及格栅大小可根据工程需要改变，以适应不同的地质条件。同时强排水管内的管道亦可以作为排水管道，排水槽和排水管道可以通过连接装置连通达到循环功能；也可通过注气措施迅速排空储存在强排水管中液体。②利用注气泵注气将强排水管管道内的水排出后再进行抽真空处理，此时在管道内外水头压差及真空压力作用下，土层中的水分快速进入格栅中的排水槽，再从底端的通孔进入并储存在强排水管管道中。强排水法的施工步骤与真空预压法相似，但不需要密封膜、密封墙等密封措施，因此具有更好的经济效益。

强排水法一般和真空预压法联合使用，竖向排水体内形成全真空并叠加外围土中地下水水压，在土中形成可大于一个真空压力的压差荷载。刚性排水管也有一些局限性，如存在刚性的强排水管随着软土地基沉降而刺出地表等问题，为此，汤连生提供了一种全真空强排水装置（专利 CN201810313190.0）。该装置不仅可以应用于普通的柔性的塑料排水板作为竖向排水通道的地基排水固结，还可以用于深度远超过 10m 的深层地下水的降水。此方法是将普通排水板底部与真空生成器相连接，向进气管注入高压气体，气体从真空生成器的出气端高速排出，此时在真空生成器内形成真空负压，排水板中的水全部被清空而迅速进入真空生成器（图 3-22），并不断地经由出气管跟随高速气流一起被排出地表，这样地下水水压和真空生成器产生的负压共同形成的压差荷载使得地基土固结排出的水源源不断地进入排水板，排水板中的水持续被清空而进入真空生成器中，且不断地经由出气管随着高速气流一起被排出地表。其降水深度可远大于 10m，起固结作用的压差荷载可远大于一个真空压力，对地基排水固结效果极佳，其排水路径明确且与管中真空无冲突，排水板内始终保持清空状态，且排水板全长度范围内均处于高真空状态，土中水始终处于被排出状态，排水过程连续流畅，高效节能。

强排水法本质上是利用地下水位压差作为加压系统，联合其他方法效果更好，如汤连生提出了一种新型排水固结系统及方法（专利 CN107190727A），其综合了真空、水压、渗析等方法并且竖向排水体可封堵，是一种高效连贯的高压固结系统（图 3-22）。

排水固结法实际上是通过加载压力在地基中产生水头差，使土体中的水沿竖向排水体排出，并逐渐固结。竖向排水体中的普通排水板和袋装砂井，都只有单向导水的作用，在竖向排水体中储水量小，也不具有使水或液体在其中循环流动的作用，更不具有将其中水或液体排空的功能（即无法利用地下水水头压差）。如果排空竖向排水体中的水（最好能够迅速排空），则排水体内外压差（包括地下水水头压差和荷载压差）将会很大，能大幅提高软土排水固结效率及效果。为解决这一问题，汤连生发明了一种具循环排空功能圆柱式强排水管（专利 CN2017110805091），如图 3-23 所示。

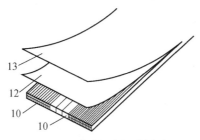

图 3-22 特制可循环排水板
10. 排水通道（通过上下连接装置可实现内部液体循环流动）；12. 渗析膜；13. 滤膜

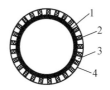

图 3-23 具循环排空功能圆柱式强排水管剖面图
1. PVC 管；2. 格栅；3. 排水槽；4. 滤膜

此项发明主要有以下创新点：①强排水管中，格栅的外表面包裹滤膜形成排水槽，格栅间距及格栅大小可根据工程需要改变，以适应不同的地质条件。同时强排水管内的管道亦可以作为排水管道，排水槽和排水管道可以通过连接装置连通达到循环功能；也可通过注气措施迅速排空储存在强排水管中的液体。②利用注气泵注气将强排水管管道内的水排出后再进行抽真空处理，此时在管道内外水头压差及真空压力作用下，土层中的水分快速进入格栅中的排水槽，再从底端的通孔进入并储存在强排水管管道中。③本发明提供的污泥处理装置与方法中，能够使渗析液体循环流动，渗析处理后可通过注气等方法将管中渗析液全部排空收集起来以便下次重复使用。

具体操作步骤如下：

S1. 将排水板打设入地基内；

S2. 启用真空泵，利用真空泵的抽真空作用使得地基中水分进入排水板的通道内，并最终被抽取至真空泵，再通过排水沟排出场区；

S3. 启用真空泵持续一段时间后关闭真空泵，然后启用注气增压设备向排水板内注气；

S4. 重复执行步骤 S2 和 S3；

S5. 通过步骤 S2～S4 的抽真空作用完成地基的初步固结，然后执行步骤 S6；

S6. 开启开关阀使盐液储存室接入注气管，盐液储存室内储存有盐液；

S7. 启用真空泵，利用真空泵的抽真空作用使得盐液储存室内存储的盐液进入排水板的中部管道内，并通过管道之间的连通作用循环进整个排水板中，利用渗析作用析出地基中的水分；此时通过真空泵的抽真空作用将排水板中的浓度降低后的盐液抽取出来；

S8. 重复执行步骤 S7，直至地基固结至设定的条件。

此方法主要有以下特点：①利用抽真空作用进行初步的固结之后，再利用盐液渗析的方法对污泥填埋地基、软土地基进行进一步的固结，渗析压力可达 1～5MPa。②增设注气增压设备，一方面使其在真空预压过程中对排水板进行注气，板内水分被挤出，然后再抽真空，此时排水板外地基土天然地下水水压力大于排水板内的负气压，形成排水板内外远大于 1 个大气压压差的有利现象，压差倍数可达传统真空预压的 M（$M = 1+$排水板打设深度$/10$）倍以上，土层（尤其是深部土层）中的水分更易更快排出；另一方面，当抽真空效果不明显时，注气不仅可以有效冲走堵塞在排水板滤膜上的土颗粒，避免排水板被堵塞，而且抽真空与注气来回反复进行可使得排水板周围的淤堵层胀缩而形成大量裂隙，从而可达到防淤堵效果，以保障后续的排水固结过程。③排水固结过程全部完成后，向排水板内的管道中注入过筛的水泥浆，水泥浆填充整个排水板，凝固后形成排水板桩，封堵排水通道，防止工后荷载作用下地下水沿排水板通道的继续渗出，达到降低工后沉降的效果，同时灌注进排水板的水泥浆液凝固后还可形成排水板桩，可有效提高地基强度。

3.7　排水法施工要点

真空预压法的施工要求有以下几点：

（1）在真空（堆载）施工应用中为确保其达到设计效果，施工要精心组织，杜绝一切可能影响抽真空密封效果的不利因素。①竖向排水体施工时不要穿透淤泥层，这完全不同于堆载、超载预压法的施工要求，一旦穿透淤泥层就和地下水连通，真空负压水对加固淤泥层所起作用很小，将严重影响真空（堆载）预压的效果。②真空抽气膜下真空度达到设计标准后，在堆载（路堤填筑）前施工维护人员要对密封膜进行地毯式的搜索，查找漏气点，一旦发现及时修补。另外，路基的首层材料应采用对密封膜破坏性小的填料。③在真空（堆载）预压法主要工程施工前，必须查明施工区内饱和软黏土层和密封沟深度范围内是否夹有透水层，一经发现必须采取必要的密封隔断措施。

（2）真空预压法也属于排水固结类的加固范围，其排水固结作用与加载预压作用是可以相叠加的，可以加速排水，在工期紧时可以使用该法加快软土固结的速度。适用于软土厚度大、工期紧的软土地基。其设备与材料损耗小，可以重复使用。

（3）使用的设备材料：真空源一般采用射流箱与离心泵组成，在加固施工中，一套真空装置应能担负 1000～1200m² 加固面积，覆膜采用聚乙烯或聚氯乙烯薄膜。

（4）施工注意事项：施工时应对加固区进行分块，目前国内单块加固面积可达 30 000m²，一般分块面积可根据工程地基的实际情况进行考虑，以不超过真空设备的能力为准；排水系统设置要密封，以防空气进入真空区内降低加固效果；真空覆膜处理要达到设计要求，接缝采用热合焊接，可平搭接，也可以立缝搭接，热合时根据塑料膜的材质、厚度确定热合温度、刀的压力和时间，使热合缝牢而不熔；由于覆膜的密封性是真空预压加固措施成败的关键，在铺设时一定要小心谨慎，避免划伤、刺破，膜下真空度值一般要求≥80kPa；经常检查加固的压力，当气压值超过要求值时，应及时检查原因，采取补救措施。

（5）质量控制：本加固法成败的关键为真空度保持，因此要严格控制覆膜的密封质量及边缘的密封土施工，保证不透气。经常检查真空度，当气压超过规定值时及时进行处理。

3.8　排水法施工监控与质量检验

3.8.1　现场观测内容

排水固结法加固地基属于半隐蔽工程,对施工过程进行监测,希望能及时发现加固过程中出现的问题,以便及时解决,并且可以通过对监测数据的分析了解工程的进展和加固的效果,以判断加固工程是否达到了预期的目的。

1. 孔隙水压力监测

在堆载排水预压加固软土地基中,一般要在不同深度埋设一些孔隙水压力测头,主要有两个作用,其一是控制填土速率,判断加固土体的整体稳定性,其二是根据测出的孔隙水压力随时间变化曲线,反算土的固结系数,从而推算该点不同时间的固结度,进而推算土体加固中强度的增长,以确定下一级施加荷载的大小和时刻,最终判定加固土体的加固效果和加固的终止时间。

在真空预压排水加固过程中,由于加固时不需要分级加荷,土体在加荷过程中也不会出现稳定问题,所以埋于淤泥中的孔隙水压力测头就只是了解土体中有效应力发展变化的情况和过程。

在堆载预压工程中,一般在场地中央、载物坡顶部及载物坡脚不同深度处设置孔隙水压力观测仪器,而真空预压工程只需在场内设置若干个测孔。测孔中测点布置垂直距离为 1~2m,不同土层也应设置测点,测孔的深度应大于待加固地基的深度。

真空预压工程建议的埋设位置在平面上应是垂直排水通道间距的几何形心上,在深度上与垂直排水通道中真空度测头的埋设深度相对应,这样便于比较所测得的各种数据。埋设方法最好采用先成孔,将钻孔钻到设计埋深高程之上 50cm 处,再用压入的方式通过钻杆将测头压到设计高程。

2. 沉降观测

表面沉降观测内容主要包括荷载作用范围内地基的总沉降,荷载外地面沉降或隆起,分层沉降以及沉降速率等。

利用实测沉降资料可推算出最终沉降量和由于侧向变形而引起的瞬时沉降量,从而求得固结沉降量以及沉降计算经验系数。另外,可根据沉降资料计算地基的平均固结度,然后求出地基的平均固结系数。通过分层沉降的观测资料可以分析和研究土层的压缩性,确定沉降计算中土层的压缩层深度。荷载外地面的沉降资料可用以分析沉降的影响范围以确定对邻近建筑物的可能影响。

堆载预压工程的地面沉降标应沿场地对称轴线上设置,场地中心、坡顶、坡脚和场外 10m 范围内均需设置地面沉降标,以掌握整个场地的沉降情况和场地周围地面隆起情况。

真空预压工程地面沉降标应在场内有规律地设置,各沉降标之间距离一般为 20~30m,边界内外适当加密。

深层沉降一般用磁环或沉降观测仪在场地中心设置一个测孔,孔中测点位于各土层的顶部。

3. 水平位移观测

本项监测主要是量测土体在加固过程当中的侧向（水平）位移情况，一方面是了解土体侧向移动量的大小，判断侧向位移对土体垂直变形的影响；另外也可了解土体侧向移动对邻近建筑物的影响。在堆载排水预压中，它主要是作为控制加荷速率、保证堆载能安全进行的一种监测手段。而在真空排水预压加固当中，被加固地基不存在稳定问题，地基土的侧向变形是朝向加固区，呈收缩趋势，这种收缩变形的结果会在加固区周围出现一些环状裂缝，自靠近加固区边缘逐渐向外发展。此外，真空排水预压的加固也会使邻近地区的地下水位有所下降，这也会引起周围地表面的垂直与水平变位，所有这些对加固区邻近的已有建筑物均会产生不利的影响，因此监测加固区外土体的侧向位移变化情况就很有必要了。

一般土体水平位移监测位置设在加固区长边的中轴线上，距离加固区边缘大于5m，如设一个观测孔则可在5~8m之间；如设两个，则可在5m，及8~15m各设一个观测孔，具体位置要看被加固土体的软硬，含水量高的土影响范围要大一些。

量测土体深部水平位移的仪器目前用得较多是国产活动应变式测斜仪和伺服加速度计式测斜仪。

4. 真空度观测

在一块加固面积上，膜下真空度测头最少放置五个，四个角上和中心各放一个。若面积较大，则一般平均每600~800m^{2}上放置一个。

抽气开始的头几天，每隔2h测读一次，以便能准确地测出真空压力的上升过程和有利于检查密封情况；当真空压力达到设计要求之后，可每4~6h测读一次，夜里也需测读，并且每次都要做好记录，最后绘制成膜下真空度的时间过程线。

真空度观测主要有两个目的，其一是了解真空度沿垂直排水通道中的传递规律，了解真空度在垂直排水通道中的传递损失，从而判断真空荷载在垂直方向上的分布情况、影响深度，判断有效加固深度；其二，了解在淤泥中真空度随时间的发展过程，从而可以判断淤泥的加固效果，判断淤泥土的固结程度。

在预埋真空度测头时，无论何种通道都要事先将测头预置其中。首先按预先定好的深度在垂直排水通道上量好距离，可以是一个测头置于一根垂直排水通道内，也可以是几个测头同置于一根垂直排水通道的不同深度处。预置时注意不要把编织袋或土工膜弄破，连接测头的软管在垂直排水通道内要理顺，然后小心地从打设机具套管顶部自上往下放，放到孔口后再小心地将其打入地下。

在淤泥中预埋真空度测头时，一定要注意两点：第一，在平面位置上，淤泥中测头一定要处于垂直排水通道平面布置的几何形心上，对等边三角形布置的垂直排水通道来说，测头处于等边三角形中心处，对正方形布置的要设在对角线的交叉点上；第二，在垂直方向上，埋设时要尽可能使埋设钻杆处于铅垂线上，并且深度上要尽量与垂直排水通道的相应测头深度一致，因此埋设前地面孔口高程与经过换算的钻杆长度都要测量准确。

另外，对淤泥中真空度测头的埋设方式，一般先钻孔到离设计高程还有30~50cm时停止，然后用恰当的方式将测头放在孔底，再将测头压入淤泥中的设计位置。此时注意不要将软管拉断或与测头脱离，也要保护测头外的土工布或其他反滤层。最后，用泥球将钻孔封死。一般一个钻孔只能放置一个淤泥测头，不能在一个钻孔的不同深度分别放置淤泥测头，这是由埋设方法决定的。否则测量结果会有误差，严重时会发生整个钻孔串通的情况。

5. 地下水位观测

真空预压加固软黏土地基时，进行地下水位观测有两种情况：一是观测孔设在加固区外，主要了解加固当中加固区对周围地下水位的影响；二是观测孔设在加固区膜下，以了解区内地下水位的变化规律，为分析加固效果和设计计算提供依据。

加固区外的量测孔的埋设和观测与常规孔相同。加固区内的量测孔则有很大不同，观测管管口不能穿出膜外，否则管内水位与大气相通，这时测量结果反映的就不是膜下被加固土体的负压状态下的水位，而是大气状态下的地下水位。所以管口应埋于膜下，并将管口密封。此时量测就不能用常规的水位计测量，而要用电测的方式进行。

3.8.2 加固效果检验

1. 钻孔取土的室内试验分析

在加固区的同一地点，在加固前、后分别钻孔取土，在室内对土样进行试验分析，测定土性的变化，从而进行比较。测定的主要项目有含水量、密度、孔隙比、压缩性指标等。

由于排水预压的加固对象一般是软弱的淤泥或淤泥质黏土，其天然含水量高，强度低，所以钻孔取样应尽量避免扰动，并尽可能地采用薄壁取土器来取土，以保证取土质量。

在对以上项目的试验分析中，可以了解到土体加固前后物理力学特性的变化大小，可以间接知道土体强度与压缩性的改善程度。其中含水量与孔隙比的变化比较灵敏，压缩性次之，密度变化十分不灵敏。

2. 现场十字板剪切试验

对软黏土强度来说，现场十字板剪切试验是一项比较能灵敏反映软土强度的测试手段，它能比较准确直观地反映土体强度的变化，是判断土体强度增长最常用的方法。

一般测试时沿深度每米做一个测点，可以得到自地面向下沿深度的十字板强度变化曲线，加固前后就有两条曲线，从而可以比较加固效果。若以此推算整个加固土层的承载力时，可取整个深度十字板强度的小值平均值来计算。即先将上、下十字板强度计算算术平均值，然后将小于、等于平均值的数据再进行平均，以此乘以 3.14 来推算整个地层的平均允许承载力。所以这样推算是基于地基承载力计算公式和以往的经验，多项工程实践证明这样计算基本合理，稍偏于安全。

3. 现场大型平板荷载试验

这项试验主要直接了解地基承载力的增长情况，该项试验对上部结构面积较大的情况比较合适，平板面积可以是 1.0m×1.0m 或 2.0m×2.0m 或 3.0m×3.0m。

做实验的具体要求可参见有关规定，在运用荷载试验曲线来推求地基承载力时，其方法也有多种。

第4章 动 力 法

I 基 础 理 论

4.1 强夯法

强夯法处理地基是 20 世纪 60 年代末由法国 Menard 技术公司首先创用的。这种方法是将很重的锤（一般为 100~400kN）从高处自由落下（落距一般 6~40m）给地基以冲击力和振动，从而提高地基土的强度并降低其压缩性。此法在开始时仅用于加固砂土和碎石土地基。经过几十年来的应用与发展，它已适用于加固从砾石到黏性土的各类地基土，这主要是由于施工方法的改进和排水条件的改善。强夯法由于具有效果显著、设备简单、施工方便、适用范围广、经济易行和节省材料等优点，很快就传播到世界各地。目前已有几十个国家近千项工程采用此法加固地基。在我国，强夯法常用来加固碎石土、砂土、黏性土、杂填土、湿陷性黄土等各类地基。它不仅能提高地基的强度并降低其压缩性，而且还能改善其抵抗振动液化的能力和消除土的湿陷性。

4.1.1 基本原理

强夯法虽然在工程实践中已被证实是一种较好的方法，但目前还没有一套成熟的理论和设计计算方法，所以还需要不断地在实践中总结与提高。

关于强夯法加固地基的机理，目前国内外的看法还不一致。Menard 和 Broise（1975）、Gambin（1984）、潘千里等（1981）、钱征（1980）、高宏兴（1981）、张永钧（1993）、尚世佐（1983）、王钟琦和邓祥林（1983）从各个角度对强夯机理进行了研究，并提出了各自的看法。在第十届国际土力学和基础工程会议上（1981 年），Mitchell 还做了地基土加固——科技发展水平报告，其中包括强夯法。Mitchell 指出："当强夯法应用于非饱和土时，压密过程基本上同实验室中的击实法（普氏击实法）相同，在饱和无黏性土的情况下，可能会产生液化，压密过程同爆破和振动压密的过程相似。"他认为：强夯对饱和细颗粒土的效果尚不明确，成功和失败的例子均有报道。对于这类饱和细颗粒土，需要破坏土的结构，产生超孔隙水压力以及通过裂隙形成排水通道，孔隙水压力消散，土体才会被压密。颗粒较细的土达不到颗粒较粗的土那样的加固程度。软黏土层和泥炭土由于其柔性阻止了邻近的无黏性土的充分压密。

关于强夯机理，首先应该分为宏观机理与微观机理。其次，对饱和土与非饱和土应该加以区分，而在饱和土中，黏性土与无黏性土还应该加以区别。另外，对特殊土，如湿陷性黄土等，应该考虑它的特征。再次，在研究强夯机理时应该首先确定夯击总能量中真正用于加固地基的那一部分，而后再分析此部分能量对地基土的加固作用。范维垣等（1982）曾提出用"爆炸对比法"来确定用于加固地基的能量。

关于影响强夯法加固机理的因素，Leonards 曾指出，当地基中有黏性土层存在时，将减小有效击实深度，它既依赖于每锤的夯击能量，同时也依赖于各夯点的夯击顺序以及每一夯点的锤击数，而两者的效应用每单位加固面积上的夯击能量来衡量是合理的。强夯效果与每锤的夯击能量（即 Mh）以及每单位加固面积上承受的夯击能量紧密相连。Leonards 认为：似乎有一个夯击加固的上限值，其数值相当于静力触探比贯入阻力 $p_s = 15$MPa，或标贯值 $N_{63.5} = 30 \sim 40$。

Leon 认为，考虑到强夯法加固地基的方式，则加固作用应与土层在被处理过程中三种明显不同的机理有关，即：第一，加密作用，指空气或气体的排出；第二，固结作用，指的是水或流体的排出；第三，预加变形作用，指的是各种颗粒成分在结构上的重新排列，还包括颗粒组构或形态的改变。基于以上论点，Leon 认为强夯法应该叫作"动力预压处理法"，这样才能把上述三种机理都包括进去。显然，因为这种方法处理的对象（即地基），是非常复杂的，所以他认为不可能建立对各类地基具有普遍意义的理论。但对地基处理中经常遇到的几种类型的土，还是有些规律的。强夯法是在极短的时间内对地基土体施加一个巨大的冲击能量，加荷历时一般只有几十毫秒，对含水量较大的土层，可达100ms 左右。根据对山西潞城湿陷性黄土用高能量强夯加固地基时土体动应力的实测结果，锤底动应力最大值与土的坚硬程度有关，实测值为 $2 \sim 9$ MPa。夯击能的效率系数 η 值，一般为 $0.5 \sim 0.9$。这种突然释放的巨大能量，将转化为各种波形传到土体内。首先到达某指定范围的波是压缩波，它使土体受压或受拉，能引起瞬时的孔隙水汇集，因而使地基土的抗剪强度大为降低。根据计算压缩波的振动能量以 7% 传播出去。紧随压缩波之后的是剪切波，振动能量以 26% 传播出去，它会导致土体结构的破坏。另外还有瑞利波（面波），振动能量以 67% 传播出去，并能在夯击点附近造成地面隆起。以上这些波通过之后，土颗粒将趋于新的而且最终是更加稳定的状态。

Gambin（1984）认为，对饱和土而言，剪切波是使土体加密的波。现在，一般的看法是，地基经强夯后，其强度提高过程可分为：①夯击能量转化，同时伴随强制压缩或振密（包括气体的排出，孔隙水压力上升）；②土体液化或土体结构破坏（表现为土体强度降低或抗剪强度丧失）；③排水固结压密（表现为渗透性能改变，土体裂隙发展，土体强度提高）；④触变恢复并伴随固结压密（包括部分自由水又变成薄膜水，土的强度继续提高）。其中第一阶段是瞬时发生的。第四阶段是在强夯终止后很长时间才能达到的（可长达几个月以上）。中间两个阶段则介于前述二者之间。此外，Gambin 认为，强夯法与一般固结理论不同之处在于，前者应该将土体假设为非弹性、各向异性的、处于动态反应下的土体。此外应该区分饱和土与非饱和土。

总之，动力固结理论与静态固结理论相比，有如下的不同之处：①荷载与沉降的关系具有滞后效应；②由于土中气泡的存在，孔隙水具有压缩性；③土颗粒骨架的压缩模量在夯击过程中不断地改变，渗透系数亦随时间而变化。

另外，研究工作表明，强夯作用所导致的砂性土的液化，能够降低地基在未来地震作用下的液化势。就是说，经过几次强夯液化后，虽然地基土的密度增加不多，但却能减小在未来地震作用下发生液化的可能性。

4.1.2　适用范围

强夯法适用于处理碎石土、砂土、低饱和度的粉土和黏性土、湿陷性黄土、素填土和杂填土等地基。经过处理后的地基，提高了地基土的强度，又降低了其压缩性，同时还能改善其抗振动液化能力和消除土的湿陷性。所以强夯法还常用于处理可液化砂土地基和湿陷性土地基等。

对于工业废渣来说，采用强夯法处理的效果也是理想的。我国冶金、化学和电力等工业排放大量废渣，堆积如山，不仅占用大量土地，而且造成环境污染，工程实践证明，将质地坚硬、性能稳定、无腐蚀性和放射性危害的工业废渣作为地基或填料，采用强夯法处理，能取得较好的效果，从而解决了长期存在的废渣占地和环境污染问题，同时还为废渣利用开辟了新途径。

目前，应用强夯法处理的工程范围是很广的，有工业与民用建筑、仓库、油罐、贮仓、公路和铁路路基、飞机场跑道及码头等。总之，强夯法在某种程度上比其他加固方法更为广泛和更为有效。但对于饱和黏性土宜结合堆载预压法和垂直排水法使用。由于加固过程中产生孔隙水压力，这就使传递到各个地层土骨架的有效应力，在时间上可能需数周之久，而在黏性土中充分加固的时间可达三个月以上。另外还有一种"触变固化"的现象值得注意，它可能是一种化学凝固作用引起吸附水层的变化所致，再者土中的拉应力所产生的裂隙从夯击点向四周发展，并可变为排水的通道；还有，微气泡的压缩产生的"水锤"现象，也扩大了裂隙的发展。

强夯法施工中的振动和噪声会对环境造成一定的影响。对振动有特殊要求的建筑物或精密仪器设备等，当强夯施工振动有可能对其产生有害影响时，应采取隔振或防振措施。

4.1.3　施工工艺及施工要点

近年来，国际上开始采用信息化施工（ObserVation Control）。这种施工方法是在现场施工过程中进行一系列测试，将实测结果，利用电子计算机进行信息处理，对地基改良效果作出定量评价，然后反馈回来修正原设计。这样再按新方案进行强夯施工。如此进行，直至达到预定目标。从而可弥补由于设计阶段情况欠明，或设计人员将地基理想化、简单化后所带来的与实际情况不符的缺点，保证整个场地均匀性。例如，施工场地地基不均匀，但事前并未查明，以致按同一方案进行夯击，经现场实测，电子计算机进行信息处理，立即显示某部位地基改良效果不理想，这样当即可采取补夯措施，从而保证场地均匀性。信息化施工使工程的安全性、经济性及高效率融为一体，也被称为 RCC（Realtime Construction Control）。目前信息化施工尚不够完善，为了更迅速并尽可能多地得到地基改良效果的信息，正在改进检测手段及信息处理装置。强夯法施工程序框图如图 4-1 所示。

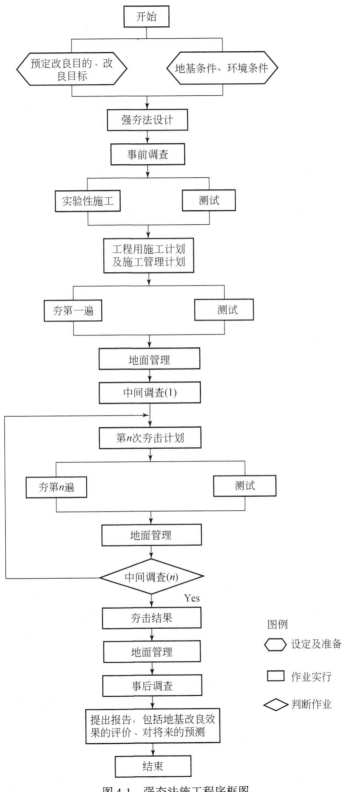

图 4-1 强夯法施工程序框图

（1）平整场地。

预先估计强夯后可能产生的平均地面变形，并以此确定地面高程，然后用推土机平整。

（2）铺垫层。

遇地表层为细粒土，且地下水位高的情况时，有时需在表层铺 0.5~2m 左右厚的砂、砂砾或碎石。这样做的目的是在地表形成硬层，可以用以支撑起重设备，确保机械通行、施工。又可加大地下水和表层面的距离，防止夯击效率降低。

（3）夯点放线定位。

宜用石灰或打小木桩的办法进行。其偏差不得大于 5cm。

（4）强夯施工。

当第一遍夯完后，用新土或坑壁的土将夯坑填平，再进行下一遍夯击，直到将计划的夯击遍数夯完为止。最后一遍为满夯（也称作"搭夯"），其落距约为 3~5m。

（5）现场记录。

强夯施工时应对每一夯实点的夯击能量、夯击次数和每次夯沉量等做好详细的现场记录。

（6）安全措施。

为了防止飞石伤人，现场工作人员应戴安全帽，另外在夯击时所有人员应退到安全线以外。

4.2　重锤夯实法

4.2.1　概述

我国目前将重量为 1.5~8.0t 的重锤从一定的高度自由落下处理地基的方法，叫重锤表面夯实法；而将很重的锤（8~40t）从高处自由落下处理地基的方法叫强夯法。影响重锤夯实（或强夯）填方路基的因素很多，主要为原填方路基土的本身特性（含水量、孔隙比等）、顶面基层硬度、填方高度、需要夯实的范围、夯锤自重、锤型、材质、单位面积夯击能、夯击次数、夯点间距布置以及夯击遍数和水压力消散间隙时间等。

但由于目前我国在用重锤夯实（或强夯）方法加强土基方面还没有一套适应各种土质的完整的理论依据，故仅可在以往一些经验法基础上加以估测，然后在实施前进行现场试夯，得出一些与项目相关的具体数据，来指导并完成该项目施工，为此这里仅作一些主要数据的估测介绍。

重锤表面夯实法利用重锤自由下落时的冲击能来夯实地下水位 0.8m 以上的浅层杂填土、湿陷性黄土、黏性土及松散砂土等地基，使表面形成一层较为均匀的硬壳层，以扩散和传递荷载至下卧土层，是浅层处理地基的有效方法。其加固深度可达 15m 左右。重锤夯实法使用的锤重，一般不宜小于 1.5t，落距应在 3~4m，有效夯实深度约为 11~12m。

运用重锤夯实（或强夯）法处理压实度不足的填方路基来提高路表弯沉指标，不但施工简单，速度快，而且费用低。与达到同样效果的几种处理方法相比，费用约是翻松复压路基的 1/3,是灰土桩挤密加固法的 1/2。

4.2.2 设计计算

1. 锤重与落距

夯锤重量 M 一般应根据夯击对象、运输条件和起重机吊装能力的大小而定,为此,一般民用建筑的层数,按表 4-1 所示的锤重进行参考选用。

表 4-1 锤重与夯击能参考表

建筑物层数	≤2	3~4	5~6	≤6~8
锤重 M/kN	50	80	100	120
夯击能 W/kN·m	≤1000	≥1000	≥1200	≥1800

落距 h 与夯击能 W 一般根据工程建(构)筑物对地基土所要求的加固影响深度来确定,使夯击能 W 达到最大夯击效果,一般情况下,砂质土平均能取 1000~1500kN·m;黏性土取 1500~3000kN·m。单位面积上的夯击能为

$$W = \frac{Mhn}{A} \tag{4-1}$$

式中,n 为夯击数;A 为加固总面积(m^2)。

单位面积夯击能的大小与路基土的本身特征有关,如顶面基层结构类型和厚度、路基土含水量、孔隙比、孔隙水压力等。单位面积夯击能过小,难以达到预期的夯击效果,单位面积夯击能过大,不仅浪费能源,成本增大,而且对原地面下饱和黏性土来说,强度反而会降低,低填方夯实时该现象更加明显。

2. 夯点布置及间距

两夯击点之间的间距,应根据上部建筑物的结构特征和构造、平面尺寸、地基土的性质、夯击遍数、加固深度及土中孔隙水压力的影响等因素来综合分析确定。一般夯击点按正方形网格布置(圆形贮罐可按梅花状网格布置)。其间距可按夯锤宽度(或直径)的 2~3 倍布点,工业厂房可按柱轴线,民用建筑可按承重墙间距作为夯击点。要求第一次夯击点的间距要取得大一些,这才能使夯击能传递到地层深处,如果在开始的夯击点太密,相邻夯击点的加固效应将在浅层处叠加而形成硬层,影响夯击能向深部传递。

3. 夯击次数

夯击次数是重锤夯实(或强夯)法设计中的一个重要参数。夯击次数一般通过现场试夯得到的夯击次数和夯沉量关系曲线确定,并控制最后两击的平均沉降量不大于 50mm。

4. 夯击遍数和间歇时间

为保证路基土的夯击效果,一般应采用两遍夯击,即第 1 遍为交错夯击式;第 2 遍为低能满夯式。两遍夯击之间应有一定的时间间隔,以利于路基土中超静孔隙水压力的消散,对渗透性好的路基土可连续夯击。低能满夯完成后,最好再用 18~21t 静压路机在最佳含水量情况下复压 1 遍,效果会更好。

5. 夯击范围

一般夯击范围为填方路基全宽或半宽，以保证将来夯坑填土时压路机碾压。若其边坡密度太差也需夯击时，边坡上夯击部位要筑成平台，以利重锤着落。

4.2.3　施工工艺及施工要点

(1) 夯锤材质、形状及锤底面积选择时，要根据锤重、土质等要求确定。同能级时，铸钢（铁）夯锤重心低，稳定性好，但在夯坑较深时，塌土覆盖锤顶易造成起锤困难；钢板壳填心混凝土夯锤可就地制作，成本较低，但重心高，冲击后晃动大，易起锤，易损坏。另外，在夯击高填方路基时，宜采用锥底圆形锤；夯击低填方路段时，宜选用平底圆形锤。

(2) 选择试夯段必须具有代表性。待孔隙水压力消散后，对试夯场地进行测试。根据夯前、夯后测试资料的对比、分析，找出一套经验参数，合理编制施工方案，指导下一阶段大范围施工。

(3) 应注意吊车、脱钩、夯锤机械装置本身、附近人员以及夯点周围建筑物或构造物的安全，并派专人负责施工过程中的监测。

(4) 重锤夯实（或强夯）法夯击的效果与路基土的含水量关系十分密切，只有在土的最佳含水量条件下才能得到最有效的夯实效果，施工时应注意场地含水量变化。一般黏性土含水量为 18%～20%，重黏土含水量为 20%～23% 时，夯击效果较好。

(5) 在夯击地下水位较高的低路堤时，最好结合路基两侧排水设计，人为地降低地下水位，以免造成在夯击影响深度范围内的地基土液化，反而降低承载能力。

(6) 应尽量避免雨季施工，同时要保证路基土夯击面高出地下水位 0.8m 以上，因为饱和土在瞬间冲击力作用下，水分不易排出，很难夯实，往往形成"弹簧土"。

(7) 由于饱和土的可压缩性差，重锤夯实（或强夯）法原则上不可对饱和状态下的土基进行处理，但施工中实际遇到时，可将砂、碎石、石块或煤矸石等抛入其表面进行强夯置换，形成短柱或密实的粒料层，不但承载力可以提高，而且可作为下卧软弱土的良好排水通道，但是费用会有增加，需与其他处理方法比较后选用实施。

(8) 严格控制好夯击能量，既不造成能量过高导致浪费或土基液化，也不要因总能量不足使处理达不到设计效果。

重锤夯实（或强夯）法施工的质量检验：重锤夯实（或强夯）法击实路基后，应按《公路工程质量检验评定标准》（JTJ071—98）检查重锤夯实（或强夯）施工过程中的各种测试数据和施工记录，以及施工后的质量检验报告，不符合设计要求的，应补夯或采取其他有效措施。

4.3　高真空击密法

"高真空击密法"是一种新型快速真空动力排水固结法，属快速排水、快速击密固结的工法，它是通过数遍高真空击密制造"压差"排水，并结合数遍合适的变能量击密，逐步达到降低土体的含水量，提高密实度、承载力，减少地基工后沉降和差异沉降的地基土处理工法。

4.3.1 基本原理

随着我国工程建设的高速发展，饱和细颗粒地基土的处理效果与造价越来越为工程界所关注。上海港湾软地基处理工程有限公司在 1999 年至 2003 年间，通过多项工程的试验研究，由徐士龙发明了高真空击密法软地基处理新工法。该工法是通过对需处理的软土体施加数遍高真空，并结合施加数遍相应的变能量击密，达到降低土体含水量，提高土体密实度和承载力，减少地基的工后沉降与差异沉降量的地基土处理工法。

传统的四种软地基处理工法即堆载预压法、真空预压法、强夯法、水泥搅拌桩法都各有优缺点，高真空击密法就是在总结了这几种方法的基础上发明创造的，是目前为止可控制性较高、造价较低的实用工法。由于是一种新近兴起的加固软土地基的工艺，目前国内外对这项地基处理技术的具体研究还不是很多，特别是还没有形成一套系统的研究理论。

不过高真空击密法通过近年来理论创新研究，现已基本形成了压力差排水、超固结硬壳层、下卧层不排水固结三大机理。高真空击密法通过人为在土层中制造"压差"（夯击产生的超孔隙水压力为"正压"，高真空产生的为"负压"），利用"压差"来快速消散超孔隙水压力，使软土中的水快速排出。由于采用高真空排水，使击密效果大大提高，从而使被处理土体形成一定厚度的超固结"硬壳层"。这个"硬壳层"起着非常关键的作用，由于"硬壳层"的存在，使得表层荷载有效扩散，减少了因荷载不均匀产生的不均匀沉降，此外，由于"硬壳层"下卧层不存在排水通道，工后沉降得到有效控制。

高真空击密法理论中渗流计算理论目前研究的相对较少，但通过渗流计算，可以分析高真空击密法夯击和排水的合理化，并可以进行方案优化，为高真空击密法在工程中的技术运用建立理论基础。

4.3.2 设计计算

（1）采用特制的高真空系统强制调整土体的含水量，控制需处理的土体逐步接近最优含水量；

（2）在需处理土体分遍逐步接近最优含水量的同时，采用特制的大型击密设备分遍击密需处理的土体，逐步接近最大密实度；

（3）根据处理土体的自振频率，可以随意调整击振频率；

（4）正确计算被处理土体超孔隙水压的消散时间，合理确定土体每遍击密的固结恢复时间，严防"弹簧土"的形成；

（5）根据不同的土体渗透系数、含水量，分层多遍强制调整各层土的真空度、真空气量、平衡参数；

（6）根据地基的处理深度要求，正确计算各层不同土体击密所需的击振能量，以确定合理的夯击次数与夯击能量。

4.3.3 我国地基处理技术的发展主流施工工艺

该工法施工过程主要由高真空强排水和击密两道工序组成。高真空强排水是由改进后的高真空井点对加固范围内的地基进行强排水，这种设备功率比常用轻型井点大很多，可产生较大排气量和较高的真空度，即使在渗透系数较低的黏土中，通过形成新的水头梯度，也能一定程度改善排水效果；击密主要有两种形式，一是锤击击密，即通常的强夯法，二是振动击密，主要有大功率、大能量的振动碾压设备随后实施。通过对上述两道工序的多遍有效循环，就可达到加固地基的目的。

这种工法特点如下：

（1）工期短：单位面积施工工期为 10～25d，是常规工法的 1/3～1/2；

（2）造价低：快速的同时，工程造价只是常规工艺的 40%～80%；

（3）质量可控：有效控制软土含水量、密实度、工前沉降和差异沉降，快速提高承载力，达到施工质量可控；

（4）可克服真空度沿塑料排水板深层衰减及塑料排水通道的存在工后沉降较大的缺陷，弥补了强夯法对饱和软土施工易形成"弹簧土"的缺陷；

（5）及时排出孔隙水压力，既有利于土层固结，又节约夯击能量。

这种工法创新点如下：

（1）在夯前采用高真空系统，合理控制施工参数，减小了饱和土的饱和度，使规范"饱和软土不宜强夯"成为过去；

（2）高真空结合合适的变能量动力击密，扩大了规范的真空井点在低渗透性土中排水的应用范围；

（3）由于数遍高真空抽水的作用，缩短了软黏土夯击间隔时间，软土强夯的间隔时间从规范"不小于 3～4 周"缩短为"5～10 天"，大大节约了工期；

（4）通过高真空击密，使浅层地基（大约 10m 以内）形成超固结硬壳层，改善地基的受力性能；由于深层软土不形成排水通道，深层软土工后沉降将明显减小；

（5）大面积加固，对地基有一定的降水预压作用，"高真空击密法"比较适用于大型港口道路、高速公路、厂房仓库、开发区等地的应用。

Ⅱ　互　动　讨　论

4.4　国内外强夯法实践与理论研究探讨

从收集到的有关强夯法的论文来看，国内在实践方面已从点到面。在理论研究工作方面，队伍也正在不断壮大，并且与实践互为补充。最近几年来，在国际会议上，我国学者不断发表有关强夯法的论文。现就以下几个方面予以阐述。

4.4.1　对加固深度的研究

强夯的加固深度（或影响深度）是大家关心的问题，如夯击能量的大小，土质的种类以及夯击工艺等均会影响有效加固深度，实际上影响有效加固深度的因素很多，除了锤重和落距以外，地基土性质，不同土层的厚度和埋藏顺序，地下水位以及其他强夯设计参数等都与有效加固深度有着密切的关系。

Menard 和 Broise（1975）提出的经验公式（4-2）中，对所谓的影响深度，没有严格的定义，而且这个公式并未全面考虑其他影响因素，近几年来国内外大量试验研究和工程实测资料表明，采用 Menard 公式估算有效加固深度将会得出偏大的结果。

近年来，国内外相继发表一些文章，建议对 Menard 公式进行修正，如美国 Leonards 建议对 Menard 公式计算值乘以 0.5 的修正系数。日本坂口旭等人根据能量守恒定律，提出了确定地基土在强夯作用下压实范围的简单方法。假定重量为 W 的锤，从高度为 H 处落下，在土中陷入 Δh，冲击能量为 E_0，效率为 η（包括振动回弹等损耗），则

$$E_0 = \eta WH \tag{4-2}$$

设地基的吸收能量为 E，冲击压力为 P_0，锤底面积为 A，则

$$E = \frac{1}{2}P_0 A \Delta h \tag{4-3}$$

令 $E = E_0$，则 $P_0 = 2\eta WH/A\Delta h$。

将 P_0 值看作静荷载，利用长方形荷载作用下弹性半无限体中应力与影响深度的关系，并用旁压试验获得地基土屈服强度，得到加固深度。由于此法将冲击压力看作静荷载来考虑，与实际情况有较大出入，加之效率系数 η 的确定具有很大的任意性，故此法在实用上尚存在问题。

国内一些学者对强夯加固深度进行了研究，并取得了一定的进展。

（1）有效加固深度约为 Menard 公式影响深度的 0.24 ~ 0.40 倍。在我国目前施工水平条件下（锤重 100kN，落距 7 ~ 15m），强夯有效加固深度只能为 3 ~ 6m。

（2）有效加固深度的经验公式：

$$D = 5.1022 + 0.0089WH + 0.009361E \tag{4-4}$$

式中，D 为有效加固深度（m）；W 为锤重（kN）；H 为落距（m）；E 为单位面积夯击能（kJ）。

（3）有效加固深度的修正式为：

$$D = K\sqrt{WH/10} \tag{4-5}$$

式中，K 为修正系数，根据上百个工程实例分析，K 的变动范围一般为 0.5 ~ 0.8，比如软土取用 0.5；黄土为 0.34 ~ 0.50；其他符号同前。

（4）砂土和轻亚黏土地基上进行了野外实测，实测结果与 Menard 公式估算值的对比见表 4-2。

表 4-2 实测值与估算值的比较

地基土类别	锤重 W/kN	落距 H/m	加固深度/m	
			估算值 $D = K\sqrt{WH/10}$	实测值
砂土	82.5	13	10.4	6
轻亚黏土	100	10	10	6

4.4.2 用强夯法加固回填土地基

回填土地基分布十分广泛，回填土种类也较繁多。近几年来在回填土地基上进行强夯

已积累了大量的经验。如钱征等（1980），对松散状态的亚黏土和砂土混合物的回填料，经强夯加固后，地基承载力大于 $400kN/m^2$。李广武对粉煤灰地基进行了强夯试验，承载力达到 $240kN/m^2$。左名麒和朱树森（1990）用强夯法处理了弃碴填石地基，夯后用旁压仪检验，发现夯后变形模量比夯前大 2 倍。杨广鉴对回填碎石细砂地基进行了强夯，发现变形模量由夯前的 10.2MPa 增加为 51MPa。徐至钧对在丘陵地区 4~12m 厚度的新填土进行了强夯，填土为亚黏土夹风化千枚岩块。夯后的 P-S 值 3m 以内由夯前的 0.44MPa 增加到 2.79MPa；深度 3~5m 范围由 0.417MPa 增加到 1.75MPa。

陕西省建筑科学研究院、铁道部第一设计院、杨广鉴、王陵肖、程源隆、陈东佐、范维垣等对黄土进行了系统的研究，取得了丰富的经验。以铁道部第一设计院在藏川铁路枢纽所进行的强夯试验为例。采用 100kN 夯锤，10m 落距，当夯击 10~15 次左右时，距地表 5m 内黄土湿陷性完全消失，5~8m 夯后的湿陷系数有明显减少。另一试验点将落距增大至 15~17m，并将夯击能加大一倍，10m 深度内的湿陷性完全消失。

4.4.3　用强夯法加固饱和软黏土地基

对饱和软黏土能否采用强夯法加固，在国内外是有争议的，有较成功的经验，也有失败的例子。但是也有人在饱和软黏土中设置排水通道再进行强夯，取得了一定的效果，但夯后再堆载预压仍有 30cm 多的沉降。笔者认为如对变形要求不高的构筑物地基，袋装砂井加强夯是可以使用的。

总之，对饱和软黏土进行强夯要持慎重态度。

4.4.4　宏微观理论研究工作

强夯的理论研究工作包括宏观及微观两个方面。

1. 宏观方面

由于强夯的冲击能量大，致使土体内部形成树枝状排水网路，因此，渗透规律不完全符合达西定律。

钱学德（1983）在进行强夯的孔隙水压力消散计算中，发现地基土的渗透系数随着时间逐渐减小，即

$$K = \left(2 - \sqrt[3]{\frac{t}{60} + 1}\right) K_i \tag{4-6}$$

式中，K_i 为孔隙水压力刚开始消散时的渗透系数；t 为时间（s）。

钱学德（1983）还以波的传播理论为基础，提出了强夯法理论计算的数学模式，并阐述了理论计算方法和步骤。

赵维炳等（1999）继钱学德之后对软黏土在设置砂井的条件下推导了强夯理论计算数学模式。

钱家欢和帅方生（1987）用加权余量法推导出瞬时弹性振动问题的边界方程，并将其应用于边界元求解强夯问题。求得了强夯时夯锤与地面的接触应力。并将计算结果绘制成平均夯击能-瞬时沉降量关系曲线，以供中小型工程施工时参考。

吴义祥（1986）在冲击式动静联合三轴仪上进行了湿陷性黄土的强夯模拟试验。最后

提出了一种确定夯后土层湿陷性消除深度计算的新方法。

2. 微观方面

陈东佐和任晓菲（1994）通过 X 光衍射和扫描电子显微镜试验，分析研究了山西潞城湿陷性黄土的全矿物成分及其强夯前后主要物理力学指标的变化规律后，提出了黄土湿陷是包括架空孔隙的存在和胶结程度差等在内的各种内因和外因共同作用的结果。通过微观结构的研究发现在加固效果最好的夯后土体中存在着旋涡状的微结构，这是强夯后土的工程力学性质得到显著改善的微观解释。

Ⅲ　实践工程指导

4.5　夯击能作用下的孔隙水监测

动力法地基施工一般要经过两遍或两遍以上的夯击，两遍夯击的间隔时间问题是不可回避和必须解决的重要问题。由于强夯作用能使地基土中原来相对稳定的孔隙水压力（即静孔隙水压力）发生变化，导致其短期内增大，这种变化的增量即为超静孔隙水压力，而这种超静孔隙水压力的存在会抑制夯击能量作用的传递和发挥，削弱地基土的加固效果，因而两遍夯击之间应有一定的间隔时间，以利于土中超静孔隙水压力的消散。两遍夯击之间的间隔时间取决于土中超静孔隙水压力的消散时间（或消散速度），所以监测夯击能作用下的孔隙水能确定强夯施工时两遍夯击间隔的合理时间，以使大面积强夯施工时既能最大限度地缩短施工周期，又能有效地保证处理效果。

4.5.1　孔隙水压力观测工作准备

孔隙水压力观测的准备工作内容主要包括观测仪器设备系统的准备（包括校准等）、孔隙水压力观测孔及孔中水压力传感器的布置等，因目前在这方面国内还没有正式版本的相关规范、规定，现只介绍我们实际中根据以往类似测试经验所采取的一般做法。

1. 孔隙水压力观测孔的布置

强夯施工前（一般在夯击前 1~3d），随机选择某一夯点，在距夯击点中心水平距离 $R+1.0\text{m}$ 和 $R+2.0\text{m}$（R 为夯锤直径）布置两个垂向预埋孔，各孔（一孔为一组）在地下水位以下、强夯影响深度范围以内分布 n 个传感器（图 4-2）。

2. 钻具和成孔要求

首先在预选观测孔位进行钻孔施工，钻孔设备一般采用 DPP-100 型车载钻机，成孔孔径不小于 100mm，孔深不小于强夯最大影响深度范围（一般控制在 11~13m），钻至预定深度后要对孔壁和孔底进行必要的清洗，以减少护壁对原土渗透性的影响。

3. 孔隙水压力传感器安置要求

在孔隙水压力传感器（又称孔隙水压力计）放入前，先向孔底投入适量的中粗砂，然后放置最下层的孔隙水压力传感器，通过传感器的输出电缆控制其埋设深度，当传感器到

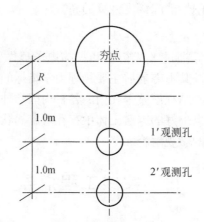

图 4-2　观测孔位量示意

达预定深度后，再向孔中投入适量的粗砂或中粗砂，以改善孔隙水与传感器的接触和渗透条件，利于形成有效的孔隙透水通道；此后，再依次进行上层传感器的埋设；最后再向孔中投入适量的黏性土，在孔中形成与周围土层类似的隔水层，避免孔隙水压力在孔中垂向的直接传递，确保接近实际孔隙水压力消散环境（图 4-3）。

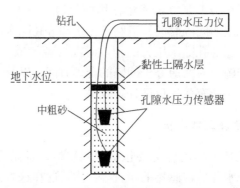

图 4-3　孔隙水压力测试原理示意图

　　孔中填土应分层压实，隔水层上部采用原土回填至地表。传感器信号线路应延伸到地表以上并编号、标识，以免测试时混淆。

4.5.2　测试仪器、设备及测试方法

　　进行孔隙水压力观测时，采用 DKY51-1 型孔隙水压力仪及配套孔隙水压力传感器。该测试系统测量范围 0～0.4MPa。

　　在孔隙水压力传感器埋入前，应对观测系统进行多次反复测定，验证其正常状态。埋设完成后，应立即对各观测点进行同期监测，此后每间隔 2～4h 再观测一次，持续监测时间不少于 24h。当连续三次读数不变时，即认为地下孔隙水压力已趋稳定，可开始进行强夯施工。此时的孔隙水压力值，即视为基本背景值（或称初始值）u_0。

　　待强夯施工完成一遍夯击后，土中即产生超静孔隙水压力，此时应立即开始孔隙水压

力的观测。观测时间间隔一般按夯后 0、0.25、0.5、0.5、1、2、4、4、……、4h 进行。每次实测的孔隙水压力值记为 u_i，则土中的超静孔隙水压力 Δu_i 为:

$$\Delta u_i = u_i - u_0 \tag{4-7}$$

当 $\Delta u_i \leq 5kPa$，或 $(\Delta u_1 - \Delta u_i)/\Delta u_1$，为 5%～10% 时（渗透性好的砂土类取低值），即认为土中的超静孔隙水压力已趋于消散，此时方可终止观测，亦可开始进行下一遍强夯施工。

4.6 工程实例

4.6.1 工程概况

某某大道工程位于福建省漳州招商局经济技术开发区，线路经店地、白沙两个村庄，且穿越店地村南侧大片虾塘、鱼塘。某某大道路基已于两年前施工完成，并铺筑沥青贯入式临时路面开放交通。但由于前期路基施工阶段的特殊原因，未对下卧深层淤泥进行有效处治，路堤直接在原始地面上分层碾压填筑形成，填筑高度 4～8m。由于近期道路两侧开发力度加大，故需对上部后续正式沥青混凝土路面及综合管网进行施工。

4.6.2 工程地质条件

地质钻探结果显示，某某大道沿线均被第四系地层所覆盖（图 4-4），按地质年代及成因分类主要为上覆第四系人工填土层（Q_4）、第四系海相沉积层（Q_4）、第四系冲洪积层（Q_3）、残积层（Q）。另外，从土工试验结果看，人工填土层经过压实处理，基本完成自重固结；淤泥层经上部填土前期堆载预压后，绝大部分地段已经变相为淤泥质土，但仍属软土，不宜直接作为路基及管线基础下卧层。

4.6.3 处治方案选择

通常，深层软基会引起路基的不均匀沉降，造成上部路面及管网破坏。要想避免破坏现象发生，需对现有路基进行相应评估与处治。

项目实施初期，对于深层软基处治曾考虑过一些常规方法，如采用塑料排水板结合堆载预压、水泥搅拌桩、CFG 桩等。但考虑到表层密实且路基填筑材料为开山碎石土，石料含量高、粒径大，以上方法施工困难。另外，开挖路堤进行深层软基处治后再重新填筑既费工又费时，也不太现实。为此，在咨询国内多位业内专家后，拟在原有路基上采用强夯法施工形成相当厚度的硬壳保护层，借此减少荷载对下部深层软基的影响，延缓不均匀沉降的发生，降低破坏程度。

4.6.4 设计参数确定

1. 有效加固深度

目前，强夯法的有效加固深度主要采用 Menard 经验公式估算:

$$D = K\sqrt{W \cdot H/10} \tag{4-8}$$

时代成因	层底高程/m	层底深度/m	分层厚度/m	柱状图	岩土名称及其特征
Q_4^{ml}					回填碎土：褐黄色，稍密；主要由黏粒、砂砾、碎石组成，碎石含量约30%~60%，块径2~8cm，系人工新近堆填而成，经过压实处理
	0.04	5.40	5.40		
	-2.06	7.50	2.10		素填土：褐黄色，褐灰色，土质较密；主要由黏性土回填组成，局部含少量碎石，回填时间大于10年，已基本完成自重固结
Q_4^m					淤泥：灰色，灰黑色，饱和，软塑；主要由黏粉粒组成，并含有少量的中细砂及有机质，具腥臭味，干强度中，韧性差，切面光滑，摇震无反应
	-5.96	11.40	3.90		
Q_4^{al+pl}	-7.66	13.10	1.70		中砂：灰黄色，褐黄色，稍密，饱和；主要由中砂石英颗粒组成，呈亚圆形，级配一般，含泥量约10%~20%
Q^{el}	-9.36	14.80	1.70		残积砂质黏性土：褐黄色，稍湿，可塑-硬塑；由花岗岩风化残积而成，含砾约10%~20%，土质较均匀，黏性稍差

图 4-4　地质勘察柱状图

式中，W 为锤重（t）；H 为落距（m）；K 为影响深度折减系数，一般取 0.35~0.8；D 为有效加固深度（m）。

有效加固深度是反映处理效果的重要参数，系指强夯加固土体后，强度和变形等指标能满足设计要求的土层范围。强夯法有效加固深度也可按地基土的类型和单击夯击能的大小，参考表4-3来确定。

表4-3　强夯法有效加固深度参考值

单击夯击能/(kN·m)	碎石土、砂土等/(kN·m)	粉土、黏性土、湿陷性黄土等/m
1000	5.0~6.0	4.0~5.0
2000	6.0~7.0	5.0~6.0
3000	7.0~8.0	6.0~7.0
4000	8.0~9.0	7.0~8.0
5000	9.0~9.5	8.0~8.5
6000	9.5~10.0	8.5~9.5

例如，某某大道表层土为土夹石类填料，为了避免夯击能传递过深而扰动下卧软基，需快速在浅层一定范围内形成硬壳保护层。根据某某大道的实际情况，当有效加固深度达到 7 ~ 8 m 时即可在原路基表层形成硬壳层而不扰动下卧软土层。

2. 夯击能量

夯击能量是表征每击能量大小的参数，一般与地基土类别、结构类型、荷载大小、要求处理深度有关，其计算公式如下：

$$E = Mgh \tag{4-9}$$

式中，E 为单击夯击能（kN·m）；M 为质量（kg）；g 为重力加速度（9.8 m/s）；h 为高度（m）。具体施工中，夯击能量是由有效加固深度确定的，在相同单击夯击能下，重锤低落距要比轻锤高落距的加固效果好，故在起吊能力许可的情况下，宜采用较重的夯锤。

例如，根据某某大道地基土的类别及处理深度，采用的夯锤为圆柱形锤，锤重 20t，夯击能量点夯采用 3000kN·m，满夯采用 1000kN·m。

3. 夯击遍数

根据地基土的不同性质，国内一般取夯击遍数为 2 ~ 3 遍，前几遍高能量点夯使土体达到加固深度，最后低能量满夯使松动的表层土夯实，让其表层土平整、密实。

例如，根据某某大道地基土性质，某某大道夯击遍数采用点夯 2 遍，低能满夯 1 遍。

4. 夯点布置及夯点间距

夯击点可按方形或梅花形布置。夯击点的间距一般根据地基土性质和要求处理的深度而定，以保证夯击能量传递到深处并不使相邻夯坑土柱产生辐射裂隙为原则。强夯时，第 1 遍夯击点间距可取夯锤直径的 2.5 ~ 3.5 倍，第 2 遍夯击点位于第 1 遍夯击点之间，以后各遍夯击点间距可适当减小。

当土质差、处治厚度较深时，应适当增加夯实遍数，增大夯点间距，以达到加固目的；当软土层较薄而有砂类土夹层或土夹石填土时，可适当减小夯距。需特别指出，夯击地基时，夯坑周围会产生辐射裂缝，这些裂缝是软土中孔隙水排出的通道，选用较小夯距时会使已形成的土体裂缝闭合，不利于孔隙水消散。同时，夯点间距过小易造成相邻夯点的加固效果在浅层叠加，而形成上部密实层，影响能量向深层传递。夯距过小还容易造成夯击时上部土体向已夯成的夯坑中挤出，引起坑壁坍塌、夯锤歪斜，从而影响夯实效果，故夯点间距的合理选择与强夯效果的关系密切。

某某大道表层土为土夹石类填料，为了避免夯击能传递过深而扰动下卧软基，需快速在浅层一定范围内形成硬壳保护层，故宜采用稍小的夯点间距。本工程夯点采用了正方形布置（图 4-5）。夯锤直径 2.3 m，每遍夯点间的间距为 7m，不同遍数夯点间距为 3.5 m，点夯采用跳夯的方式。

4.6.5 强夯法加固效果检测

由于某某大道表层第四系人工填土层为前期分层碾压施工完成，密实度较高，正常强夯施工未出现偏锤、卡锤等问题，强夯施工在短期内较为顺利地完成。

为了检验强夯的加固及处理效果，仍需进行试验检测。强夯效果检测一般有平板载荷

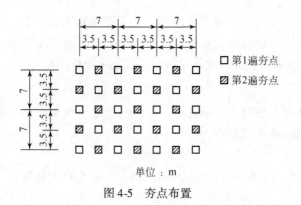

单位：m

图 4-5　夯点布置

试验、标准贯入试验、土工取样试验和触探原位测试试验等。本工程主要采用浅层平板载荷试验对强夯效果进行检验。

1. 平板载荷试验

平板载荷试验是现场采用刚性承载压板，根据慢速维持荷载法，用千斤顶分 9 级加荷，压板埋置深度为设计基础底下约 0.1 m 处，在荷载板上对称安置 4 个百分表以观察地基土沉降量及各级荷载的相对稳定情况。

2. 试验描述及结果分析

浅层平板载荷试验按《建筑地基基础设计规范》（GB50007—2002）的有关规定进行。载荷板由工字钢和厚钢板组成，具有一定刚度。试验时，由安装在载荷板中心位置上的液压千斤顶逐级加荷，加载量由与千斤顶联装的油压传感器测读，千斤顶所需反力由混凝土块堆重平台承担，荷载板沉降由对称方向安装的 4 个位移传感器测读，测试数据均由分析仪自动采集。

某某大道共对 5 个点试验土层分别进行了浅层平板载荷试验。5 个点地基土试验载荷板面积均为 1.5m×1.5m，试验加荷方式均为慢速维持荷载法，各检测点每级试验荷载增量均为 63 kN，最大试验荷载均加至 630 kN。各点地基土在最大试验荷载作用下，荷载板总沉降量均小于 60 mm。各点浅层平板载荷试验结果见表 4-4。

由表 4-4 可知，经过强夯后的地基土承载力特征值均超过 140 kPa。强夯施工完成后地基承载力能够满足设计要求，硬壳层在一定程度上能够减小上部荷载对下卧软基的影响。

表 4-4　各点浅层平板载荷试验结果

试验编号	设计标高/m	最大试验荷载/kN	最大试验荷载载荷板沉降量/mm	残余变形/mm	地基土承载力特征值/kPa	地基土承载力特征值下载荷板沉降/mm
1	5.97	630	10.03	7.70	140	4.74
2	5.775	630	8.24	6.70	140	4.61
3	6.532	630	10.23	8.47	140	5.80
4	6.127	630	8.02	5.99	140	4.70
5	6.15	630	6.79	5.07	140	3.43

4.6.6 结论与建议

（1）强夯法处理下卧软弱地基时具有工期短、施工便捷、设备简单和节省材料等优点。采用该法进行地基处治可使表层土得到加固，形成一个硬壳层，可提高地基承载力，有效改善路基的受力状态。

（2）某某大道静载荷试验表明，各试验点的地基承载力特征值均有效提高，形成的硬壳层在一定程度上能够减小上部荷载对下卧软基的影响。

第5章 单液硅化法和碱液法

I 基 础 理 论

5.1 单液硅化法和碱液法适用范围和作用机制

5.1.1 基本概念

1. 单液硅化法

单液硅化法是硅化加固法的一种，是指将硅酸钠溶液 $Na_2O \cdot nSiO_2$（俗称水玻璃）灌入土中来加固土的方法。经加固后的土可提高水的稳定性，消除黄土的湿陷性，提高土的强度。

2. 碱液法

碱液法是把具有一定浓度的 $NaOH$ 溶液经加热到 $90 \sim 100°C$，通过有孔铁管在其自重作用下灌入土中，利用 $NaOH$ 溶液来加固黏性土的方法。

5.1.2 适用范围

（1）单液硅化法和碱液法适用于处理地下水位以上渗透系数为 $0.10 \sim 2.00m/d$ 的湿陷性黄土等地基。在自重湿陷性黄土场地，当采用碱液法时．应通过试验确定其适用性。

（2）对于下列建（构）筑物，宜采用单液硅化法或碱液法：①沉降不均匀的既有建（构）筑物和设备基础；②地基受水浸湿引起湿陷，需要立即阻止湿陷继续发展的建（构）筑物或设备基础；③拟建的设备基础和构筑物；采用单液硅化法或碱液法，对拟建的设备基础和构筑物的地基进行加固；主体工程尚未施工，在灌注溶液过程中，不致产生附加沉降，也无其他不良后果；经加固后的地基，土的湿陷性消除，承载力明显提高。

（3）对酸性土和已渗入沥青、油脂及石油化合物的地基土，不宜采用单液硅化法和碱液法。

酸性土和土中已渗入油脂或有机质含量较多的土，阻碍溶液与土接触，不产生化学反应，无加固作用或加固效果不佳。

5.1.3 一般规定

采用单液硅化法或碱液法加固湿陷性黄土地基，应于施工前在拟加固的建（构）筑物附近进行单孔或多孔灌注溶液试验，确定灌注溶液的速度、时间、数量或压力等参数。进行单孔或多孔灌注溶液试验，主要在于确定设计、施工所需的有关参数以及单液硅化法与碱液法的加固效果。

灌注溶液试验结束后，隔 7～10d，应在试验范围的加固深度内量测加固土的半径，并取土样进行室内试验，测定加固土的压缩性和湿陷性等指标。必要时，应进行浸水载荷试验或其他原位测试，以确定加固土的承载力和湿陷性。

5.1.4　加固机理

1. 单液硅化法

单液硅化法将硅酸钠溶液 $Na_2O \cdot nSiO_2$（俗称水玻璃）灌入土中，当溶液和含有大量水溶性盐类的土相互作用时，产生硅胶将土颗粒胶结，提高水的稳定性，消除黄土的湿陷性，提高土的强度。

2. 碱液法

碱液法利用 NaOH 溶液来加固黏性土，使土颗粒表面相互融合黏结。对于钙质饱和的黏性土（如湿陷性黄土）能获得较好的效果，对软土需同时使用氯化钙溶液。这是因为氢氧化钠溶液注入土中后，土粒表层会逐渐发生膨胀和软化，进而发生表面的相互融合和胶结（钠铝硅酸盐类胶结），但这种融合胶结是非水稳性的，只有在土粒周围存在有 $Ca(OH)_2$ 和 $Mg(OH)_2$ 的条件下，才能使这种胶结结构成为强度高且具有水硬性的钙铝硅酸盐络合物。这些络合物的生成将使土粒牢固胶结，强度大大提高，并且具有充分的水稳性。

由于黄土中钙、镁离子含量一般都较高（属于钙、镁离子饱和土），故采用单液加固已足够。如钙、镁离子含量较低，则需考虑采用碱液与氯化钙溶液的双液法加固。为了提高碱液加固黄土的早期强度，也可适当注入一定量的氯化钙溶液。

5.2　单液硅化法和碱液法的设计与计算

5.2.1　单液硅化法的设计

1. 灌注溶液工艺及其特点

单液硅化法按其灌注溶液的工艺，可分为压力灌注和溶液自渗两种。

（1）压力灌注溶液的速度快，扩散范围大。灌注溶液过程中，溶液与土接触初期，尚未产生化学反应，在自重湿陷性严重的场地，采用此法加固既有建筑物地基，附加沉降可达 30cm 以上，对既有建筑物显然是不允许的，故规定压力灌注可用于加固自重湿陷性场地上拟建的设备基础和构筑物的地基，也可用于加固非自重湿陷性黄土场地上既有建筑物和设备基础的地基。因为非自重湿陷性黄土有一定的湿陷起始压力，基底附加应力不大于湿陷起始压力或虽大于湿陷起始压力但数值不大时，不致出现附加沉降。该方法已为大量工程实践和试验研究资料所证明。

（2）溶液自渗工艺是在 20 世纪 80 年代初发展起来的，在现场通过大量的试验研究，采用溶液自渗加固了大厚度自重湿陷性黄土场地上既有建筑物和设备基础的地基，控制了建筑物的不均匀沉降及裂缝继续发展，并恢复了建筑物的使用功能。溶液自渗的速度慢，扩散范围小，溶液与土接触初期，对既有建筑物和设备基础的附加沉降很小（10 ~ 20mm），不超过建筑物地基的允许变形值。溶液自渗的灌注孔可用钻机或洛阳铲成孔，不需要用灌注管和加压等设备，成本相对较低，含水量不大于 20%、饱和度不大于 60% 的地基土，采用溶液自渗较合适。

2. 加固溶液用量

单液硅化法应由浓度为 10% ~ 15% 的硅酸钠（$Na_2O \cdot nSiO_2$）溶液，掺入 2.5% 氯化钠组成。其相对密度宜为 1.13 ~ 1.15，并不应小于 1.10。

加固湿陷性黄土的溶液用量，可按下式估算：

$$Q = V \bar{n} d_{Nl} \alpha \tag{5-1}$$

式中，Q 为硅酸钠溶液的用量（m^3）；V 为拟加固湿陷性黄土的体积（m^3）；n 为地基加固前，土的平均孔隙率；d_{Nl} 为灌注时，硅酸钠溶液的相对密度；α 为溶液填充孔隙的系数，可取 0.60 ~ 0.80。

硅酸钠溶液的模数值宜为 2.5 ~ 3.3，其杂质含量不应大于 2%。

3. 稀释加水量

当硅酸钠溶液的浓度大于加固湿陷性黄土所要求的浓度时，应将其加水稀释，加水量可按下式估算：

$$Q' = \frac{d_N - d_{Nl}}{d_{Nl} - 1} \times q \tag{5-2}$$

式中，Q' 为拟稀释硅酸钠溶液的加水量（t）；d_N 为稀释前，硅酸钠溶液的相对密度；q 为拟稀释硅酸钠溶液的质量（t）。

4. 灌注孔的布置

采用单液硅化法加固湿陷性黄土地基，灌注孔的布置应符合下列要求：

（1）灌注孔的间距：压力灌注宜为 0.80 ~ 1.20m；溶液自渗宜为 0.40 ~ 0.60m；

（2）加固拟建的设备基础和建（构）筑物的地基，应在基础底面下按等边三角形满堂布置，超出基础底面外缘的宽度，每边不得小于 1m；

（3）加固既有建（构）筑物和设备基础的地基，应沿基础侧向布置，每侧不宜少于两排；

（4）当基础底面宽度大于 3m 时，除应在基础每侧布置两排灌注孔外，必要时，可在基础两侧布置斜向基础底面中心以下的灌注孔或在其台阶上布置穿透基础的灌注孔，以加固基础底面下的土层；

（5）加固既有建（构）筑物和设备基础的地基，不可能直接在基础底面下布置灌注孔，而只能在基础侧向（或周边）布置灌注孔，因此基础底面下的土层难以达到加固要求，对基础侧向地基土进行加固，可以防止侧向挤出，减小地基的竖向变形，每侧布置一排灌注孔加固土体很难连成整体，故本条规定每侧布置灌注孔不宜少于两排。

5.2.2　碱液法的设计

1. 加固溶液的选定

当 100g 干土中可溶性和交换性钙镁离子含量大于 10meq/g 时，可采用单液法，即只灌注氢氧化钠一种溶液加固；否则，应采用双液法，即需采用氢氧化钠溶液与氯化钙溶液轮番灌注加固。

2. 加固深度

碱液加固地基的深度应根据场地的湿陷类型、地基湿陷等级和湿陷性黄土层厚度，并结合建筑物类别与湿陷事故的严重程度等综合因素确定。加固深度宜为 2~5m。

对非自重湿陷性黄土地基，加固深度可为基础宽度的 1.5~2.0 倍。

对 Ⅱ 级自重湿陷性黄土地基，加固深度可为基础宽度的 2.0~3.0 倍。

3. 加固土层厚度

碱液加固土层的厚度，可按下式估算：

$$h = l + r \tag{5-3}$$

式中，l 为灌注孔长度，从注液管底部到灌注孔底部的距离（m）；r 为有效加固半径（m）。

4. 加固半径

每一灌注孔加固后形成的加固土体可近似为圆柱体，这圆柱体的平均半径即为有效加固半径。灌液过程中，水分渗透距离远较加固范围大。在灌注孔四周，溶液温度高，浓度也相对较大；溶液往四周渗透中，溶液的浓度和温度都逐渐降低，故加固体强度也相应由高到低。试验结果表明，无侧限抗压强度与距离关系曲线近似为一抛物线，在加固柱体外缘。由于土的含水量增高，其强度比未加固的天然土还低。灌液试验中一般可取加固后无侧限抗压强度高于天然土无侧限抗压强度平均值 50% 以上的土体为有效加固体，其值大约为 100~150kPa。有效加固体的平均半径即为有效加固半径。

从理论上讲，有效加固半径随溶液灌注量的增大而无限增大，但实际上，当溶液灌注超过某一定数量后，加固体积并不与灌注量成正比，这是因为外渗范围过大时，外围碱液浓度大大降低，起不到加固作用。因此存在一个较经济合理的加固半径。

碱液加固地基的半径 r，宜通过现场试验确定。有效加固半径与碱液灌注量之间，可按下式估算：

$$r = 0.6 \sqrt{\frac{V}{nl \times 10^3}} \tag{5-4}$$

式中，V 为每孔碱液灌注量（L），试验前可根据加固要求达到的有效加固半径进行估算；n 为拟加固土的天然孔隙率。当无试验条件或工程量较小时，r 可取 0.40~0.50m。

5. 孔距

当采用碱液加固既有建（构）筑物的地基时，灌注孔的平面布置，可沿条形基础两侧或单独基础周边各布置一排。当地基湿陷较严重时，孔距可取 0.7~0.9m，当地基湿陷较轻时，孔距可适当加大至 1.2~2.5m。

6. 碱液灌注量

每孔碱液灌注量可按下式估算：

$$V = \alpha\beta\pi r^2 (l+r) n \qquad\qquad (5-5)$$

式中，α 为碱液充填系数，可取 0.6 ~ 0.8；β 为工作条件系数，考虑碱液流失影响，可取 1.1。

Ⅱ　实践工程指导

5.3　施工要点及检验

5.3.1　灌注溶液试验

采用单液硅化法或碱液法加固湿陷性黄土地基，应于施工前在拟加固的建（构）筑物附近进行单孔或多孔灌注溶液试验，确定灌注溶液的速度、时间、数量或压力等参数。

（1）在基础侧向，将设计布置的灌注孔分批或全部打（或钻）至设计深度。

（2）将配好的硅酸钠溶液注满各灌注孔，溶液面宜高出基础底面标高 0.50m，使溶液自行渗入土中。

（3）在溶液自渗过程中，每隔 2 ~ 3h，向孔内添加一次溶液，防止孔内溶液渗干。

灌注溶液试验结束后，隔 7 ~ 10d，应在试验范围的加固深度内量测加固土的半径，并取土样进行室内试验，测定加固土的压缩性和湿陷性等指标。必要时，应进行浸水载荷试验或其他原位测试，以确定加固土的承载力和湿陷性。

5.3.2　灌注孔的设计施工与检验

灌注孔可用洛阳铲、螺旋钻成孔或用带有尖端的钢管打入土中成孔，孔径为 60 ~ 100mm，孔中填入粒径为 20 ~ 40mm 的石子，直到注液管下端标高处，再将内径 20mm 的注液管插入孔中，管底以上 300mm 高度内填入粒径为 2 ~ 5mm 的小石子，其上用 2∶8 灰土填入并夯实。

灌注孔直径的大小主要与溶液的渗透量有关，如土质疏松，由于溶液渗透快，则孔径宜小，如孔径过大，在加固过程中，大量溶液将渗入灌注孔下部，形成上小下大的蒜头形加固体。如土的渗透性弱，而孔径较小，就将使溶液渗入缓慢，灌注时间延长，溶液由于在输液管中停留时间长，热量散失，将使加固体早期强度偏低，影响加固效果。

5.4　工程实例

5.4.1　加固场区岩土工程条件

加固场区位于豫西三门峡市黄河南岸Ⅲ级阶地中部，为第四系上更新统风积及中更新统冲–洪积成因类型的黄土状土。依据勘察资料，加固深度范围主要有两层土（①层填土已清除）：②层黄土状粉质黏土和③层黄土状粉土，一般加固深度<10.0 m。地基土湿陷等级为自重 Ⅱ ~ Ⅲ级，通过对 23 个代表性建筑场地共计 449 个土样统计，给出加固深度范围内地基土的主要物理力学性质指标，见表 5-1。

表 5-1 · 场区加固范围内地基土主要物理力学指标表

岩土编号	岩土名称	统计个数	统计项目	天然含水量 ω/%	重力密度 γ/(KN·m⁻³)	干重度 γ_d/(KN·m⁻³)	天然孔隙比 e	孔隙度 n/%	饱和度 S_γ/%	液限 ω_1/%	塑限 ω_p/%	湿陷系数 δ_s
②	黄土状粉质黏土	127	最大值	22.0	17.7	14.8	0.984	49.6	69.6	27.5	17.4	0.078
			最小值	14.5	15.9	13.5	0.809	44.7	41.8	23.5	15.3	0.015
			平均值	17.5	16.6	14.2	0.897	47.2	52.8	24.8	16.0	0.042
			标准差	2.162	0.735	0.495	0.064	1.774	8.637	1.109	0.587	0.021
			变异系数	0.123	0.044	0.035	0.071	0.038	0.164	0.045	0.037	0.504
③	黄土状粉土	312	最大值	32.5	17.8	13.6	1.234	55.2	85.7	29.1	18.2	0.080
			最小值	13.9	14.0	12.1	0.966	49.1	33.2	24.0	15.6	0.001
			平均值	21.1	15.6	12.9	1.096	52.2	52.2	26.8	17.0	0.036
			标准差	5.169	0.913	0.395	0.070	1.610	14.020	1.337	0.668	0.020
			变异系数	0.245	0.059	0.031	0.063	0.031	0.269	0.050	0.039	0.554

5.4.2　单液硅化灌浆设计与计算

1. 加固湿陷性黄土的机理

单液硅化是由浓度低、黏滞度小的硅酸钠溶液掺入 1.5% ~ 2.5% 的氯化钠组成，当溶液注入土后，经一定时间，钠离子与土中水溶性盐类中的钙离子（主要为 $CaSO_4$）产生下列化学反应：

$$Na_2O \cdot n (SiO_2) + Ca^{2+} + H_2O \rightarrow 2Na^+ + Ca(OH)_2 \cdot SiO_2$$
$$Na_2O \cdot n (SiO_2) + Mg^{2+} + H_2O \rightarrow 2Na^+ + Mg(OH)_2 \cdot SiO_2$$

硅酸钠溶液水解后呈碱性，其溶液中的 Na^+ 与地基中的 Ca^{2+} 发生置换反应，析出硅酸盐凝胶使土体得以加固。由于黄土本身属 Ca^{2+}、Mg^{2+} 饱和土，当溶液进入土中后，Na^+ 与土（胶粒）表面的 Ca^{2+}、Mg^{2+} 和黄土中的水溶性盐类的 Ca^{2+}、Mg^{2+} 产生互换反应，即在土颗粒表面形成硅酸凝胶藻膜，最初硅胶薄膜的厚度只有几微米，因而不妨碍溶液注入土中，但相隔 4 ~ 5h 后，由于硅胶形成的作用很强烈，土中的毛细管网很快被堵塞，土的渗透性即减小，随着胶膜逐渐增厚和硬化，土的强度亦随着时间增长而提高，溶液入土 15 天左右，土的强度增长速度最快，从而增强土粒间的联结、堵塞土颗粒间隙使土具有抗水性、稳固性、非湿陷性和弱透水性。并提高其抗压和抗剪强度。将硅化加固的黄土长期浸泡在水里，其强度无明显变化。

2. 灌注孔的布置

灌注孔的布置应使欲加固的土体在平面及深度范围内形成整体，灌注孔的平面距离与土的渗透系数、灌注溶液的压力、时间及溶液的黏滞度等因素有关，一般可通过单孔灌注试验确定。通过对 23 个代表性建筑场地灌注试验经验，正常情况下，灌注孔径为 50 ～ 70mm，单孔的加固半径为 0.25 ～ 0.40m，灌注孔宜按正三角形或梅花形布置，超出基础底面的宽度，每边不应小于 0.5 m，灌注孔之间距离为 1.73r（r 为土的加固半径），排距为 1.5r，局部地层可根据地基土的主要物理力学性质指标进行微调。加固既有建筑物地基，灌注孔的布置宜根据基础形式、基底面积和单孔的加固半径确定。对条形基础一般沿其两侧布置 1 ～ 2 排竖向灌注孔，对面积较大的独立基础，在其周围除布置 1 ～ 2 排竖向灌注孔外，还应在基础内设置穿透基础的竖向灌注孔，或在靠近基础边缘布置斜向基础中心的灌注孔，以使溶液直接注入基础底面以下的土层中。

3. 溶液用量的计算

硅化加固土的溶液用量与土的孔隙率、饱和度及土粒表面等因素有关，土的孔隙率愈大或土的颗粒愈细，土的表面积愈大，吸收溶液能力愈强。单液硅化加固黄土，需要的溶液用量可按下式计算：

$$Q = vnd_1a \tag{5-6}$$

式中，v 为欲加固土的体积（m^3）；n 为加固前土的平均孔隙率（%）；a 为溶液填充孔隙的系数，一般为 0.6 ～ 0.8；d_1 为硅酸钠溶液稀释后的密度，一般为 1.13 ～ 1.15kg/L。

当硅酸钠溶液的浓度大于拟加固地基土要求的浓度时，应将其加水稀释，硅酸钠的加水量按下式计算：

$$g = [(d - d_1)/(d_1 - 1)] \cdot N \tag{5-7}$$

式中，d 为硅酸钠溶液稀释前的密度，一般为 1.45 ～ 1.53 kg/L；d_1 为硅酸钠溶液稀释后的密度（kg/L）；N 为硅酸钠溶液稀释前的数量（L）。

5.4.3　施工工艺

1. 工艺流程

单液硅化加固湿陷性黄土地基，施工工艺可分为压力灌注和溶液自渗两种。由于溶液自渗施工工期长，大都在两个月以上，新建工程一般不采用。在此仅介绍压力灌注施工工艺。压力灌注成孔及灌注溶液自上向下分层进行，加固豫西湿陷性黄土地基一般分两层（如果加固深度<5.0 m 可不分层），即先施工第一加固层，将带孔的金属灌注管送入第一加固层，随即利用灌注设备将配好的溶液压入该土层中。第二加固层待第一加固层施工完毕后重复上述步骤。

灌浆工艺流程为：设备安装→灌浆孔定位→成孔→验孔→安装灌浆管→安装灌浆堵塞→浆液配制→灌浆→封孔。

2. 成孔及灌浆设备

成孔设备视加固深度、地层及场区条件情况决定采用钻机或人工洛阳铲。灌浆泵采用普通低压、小流量泥浆泵或清水泵，推荐用 BW-160 型泥浆泵，灌注管采用 1 in（25.5mm）镀锌金属花管。

3. 封孔

封孔采用体积比为 1∶9（水泥∶土）水泥土拌和均匀后夯填捣实至孔口。

5.4.4　质量控制

1. 成孔质量

（1）必须采用干钻工艺成孔，严禁采用水或泥浆等冲洗液固壁。

（2）灌浆孔的孔位、顺序、孔深、孔径和孔斜按施工图纸要求进行。孔位误差<50 mm。

（3）钻机安装应平整稳固，在钻进过程中要测斜，孔斜<1%，发现钻孔偏斜超过规定时应及时纠偏。钻孔结束后，孔口要堵盖，防止落物。

2. 灌浆

1）灌浆分段

一般灌浆段长度不宜超过 4.0 m 或不能超过 10 个孔。注浆管距孔底不得大于 10 cm，灌浆堵塞应塞在非加固深度段的段底以上 15 cm 处，以防漏灌。

2）灌浆方法

灌浆方式采用灌、停循环间歇方法。为了保证灌浆质量，如果加固深度>5.0 m，必须分层灌注，自上向下分层交替、间隔灌注作业。

3）灌浆材料

采用硅化法加固地基，一般使用的液体水玻璃（即硅酸钠），其颜色多为透明或稍许混浊，不溶于水的杂质含量不宜超过 2%，硅酸钠的模数 M 值可按下式计算：

$M = \left[SiO_2 （\%） / Na_2O （\%） \right] \times 1.032$，$M$ 值愈大，说明硅酸钠中含 SiO_2 的成分愈多，因为硅化加固主要是由 SiO_2 对土的胶结作用，所以硅酸钠的模数值直接影响加固土的强度。试验研究证明，M 值为 1 的纯偏硅酸钠加固土的强度很小，不宜用于加固地基；M 值在 2.6 ~ 3.3 范围内，加固土的强度可达 300 ~ 1000 kPa，满足工程要求；M 值在 3.3 以上时，随着 M 值增大，加固土的强度反而降低，说明 SiO_2 含量过多对土的强度有不良影响。因此，采用硅化法加固地基，硅酸钠的模数值宜为 2.6 ~ 3.3。

4）制浆要求

配溶液时，先将拟稀释的硅酸钠溶液送入金属或木制的容器内，然后加入计算加水量及 1.5% ~ 2.5% 氯化钠，搅拌均匀，浆液高速搅拌的时间<30s，普通搅拌的时间<5 min，并用密度计测其浓度，稀释后的硅酸钠溶液密度一般为 1.13 ~ 1.15 kg/L，如果地基土含水量平均值>22%，可适当提高密度至 1.18 ~ 1.25 kg/L。符合要求后即可使用。

5）灌浆参数

施工中及时收集施工过程中的反馈信息，根据变化情况，及时调整灌浆压力、速度、时间参数，以达到最优效果。由于湿陷性黄土渗透系数较小，一般为 0.5 ~ 2.0 m/d，浆液渗透较困难，如果压力过大，加固土体易形成劈裂通道，不但造成浆液大量流失浪费，而且浆液不能均匀渗透被加固土体，不符合本法加固机理，更达不到单液硅化加固目的；压力过小,浆液渗透缓慢且影响加固效果。因此灌浆压力、速度等参数的调控是灌浆成败的决定性因素。具体操作步骤方法如下:初始灌注时采用 30～50 L/min 泵量,泵压调整到 100 kPa 左右,当孔压瞬时达到 250 kPa 以上时,立即停止灌注并关闭止回阀,通过孔内压力使浆液均匀渗透,当压力表显示孔内压力降到 20 kPa 以下时,开泵继续灌注,如此循环当达到理论计算吃浆量即可停止。局部出现窜浆和冒浆时应立即停灌封堵,然后跳打间隔灌注。

5.4.5　质量检查

灌浆结束 10 天后,在加固范围内采用动力触探和探井取样方法,对加固效果进行检测,以确定加固土承载力和湿陷性消除情况。

5.4.6　结语

(1)单液硅化灌浆加固法需用水玻璃和氯化钙等工业原料,成本较高,其优点是能使土的强度得到很大提高。但对于酸性土和已渗入石油产品、树脂和油类的地基土,不宜采用硅化法加固。

(2)湿陷性黄土的孔隙率很高,常达其总体积的 45%～50%,地下水位以上的天然含水量较小,孔隙内一般无自由水,溶液入土后不致稀释,有利于采用单液硅化加固湿陷性黄土地基,并能获得较好的加固效果。

(3)随着城市建设规模的发展和建筑物密度的不断增大,单液硅化灌浆加固法的使用越来越多,作用愈强。

第6章 复合地基

I 基础理论

6.1 复合地基的类型与特点

6.1.1 复合地基的分类

在复合地基中，增强体的作用是主要的。根据地基中增强体的方向可分为竖向增强体复合地基和水平增强体复合地基两类。竖向增强体复合地基习惯称为桩体复合地基。根据增强体的刚度、强度（图6-1）可将复合地基分为柔性增强体复合地基、半刚性增强体复合地基和刚性增强体复合地基三类。土工织物或格栅或膜、金属板等柔性增强体多用于水平增强体复合地基，而砂碎石桩、钢渣及废料桩等散体材料形成的柔性增强体仅用于竖向增强体复合地基。

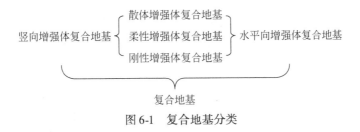

图6-1 复合地基分类

6.1.2 复合地基分类方法

竖向增强体性质不同，形成的复合地基荷载传递特性也不同，因此可以根据荷载传递特性对复合地基进行分类。

1. 桩体相对刚度定义

研究表明，桩体刚度的大小对荷载传递规律有较大的影响。散体材料桩在荷载作用下，桩体发生鼓胀变形，依靠桩周围地基土提供的被动土压力维持桩体平衡，承受上部荷载的作用。桩体破坏模式一般为鼓胀破坏。柔性桩和刚性桩在荷载作用下，依靠桩周摩擦力和桩端端阻力把作用在桩体上的荷载传递给地基土。

桩体刚度大小是相对地基土体的刚度比较而言，也与桩体长径比有关。严格地说，应该采用桩体与地基土体的相对刚度概念，以下简称为桩体相对刚度。

若桩体的弹性模量为 E，桩周地基土的剪切模量为 G_s，可定义桩的柔性指数：

$$\lambda_p = E / G_s \tag{6-1}$$

桩体长度为 L，桩体半径为 r，则桩的长径比为：

$$\lambda_d = L / r \tag{6-2}$$

王启铜等（1992）建议，桩体相对刚度定义如下：

$$K = \lambda_p^{1/2} / \lambda_d = (E / G_s)^{1/2} / (L/r) = (2E (1+v_s) / E_s)^{1/2} \cdot r/L \tag{6-3}$$

式中，E_s、v_s 分别为桩周地基土的弹性模量和泊松比。

段继伟（1994，1995）考虑临界桩长的影响，建议桩土相对刚度 K 用下式表示：

$$K = (\xi E / 2G_s)^{1/2} \cdot r/l \tag{6-4}$$

式中，$\xi = \ln (2.5l (1 - v_s) /r)$；当桩长小于临界桩长 l_0 时，l 为桩长，当桩长大于 l_0 时，取 $l = l_0$。

桩的临界桩长概念可以从荷载传递和地基变形两个方面来分析。地基中一根可压缩桩，当桩长增加到某一数值时，存在着某一深度，在这个深度以下桩侧摩阻力近似为零。也就是说，当桩超过该深度时，桩长再增加，不能提高桩的竖向承载力。从变形考虑也存在极限桩长，达到极限桩长后，增加桩长，基本上不能再减少沉降量。从承载力和变形角度分析桩长都存在极限值，可将极限桩长称为临界桩长。临界桩长值与桩土刚度比有关，根据段继伟（1994，1995）的研究，临界桩长取值范围为：

若　　　　　　　$E_p / E_s = 10 \sim 50$，$l_0 = (8 \sim 20) \, d$ \qquad (6-5)

若　　　　　　　$E_p / E_s = 50 \sim 100$，$l_0 = (20 \sim 25) \, d$ \qquad (6-6)

若　　　　　　　$E_p / E_s = 100 \sim 200$，$l_0 = (25 \sim 33) \, d$ \qquad (6-7)

式中，d 为桩径。

上述结论是将土体视为弹性体分析的，显然临界桩长的影响因素除桩土模量比外，还与桩的长径比、强度发挥以及桩间距等因素有关。

2. 桩体相对刚度和荷载传递

桩侧摩擦力的发挥依靠在荷载作用下桩与桩周围地基土之间相对位移趋势或产生相对位移。若桩与周围地基土间不存在相对位移或相对位移趋势，则桩侧摩擦力等于零。桩端端阻力的发挥则依靠桩端向下移动或存在位移趋势，否则端阻力等于零。

理论上，绝对刚性的桩，在荷载作用下，如果桩体顶端产生位移 δ，则桩底端的位移也等于 δ [图 6-2 (a)]。桩周各处摩擦力和桩端端阻力均得到发挥。若考虑地基土是均质的，且初始应力场也是均匀的，不考虑其随深度的变化，则桩侧摩擦力沿深度方向分布是均匀的。而且桩侧摩擦力和桩端端阻力是同步发挥的 [图 6-2 (b)]。

现场测试桩资料表明，桩侧摩擦力和桩端端阻力并不是同步发挥的，桩侧摩擦力的发挥早于桩端端阻力的发挥。其原因是实际工程用桩都不是理论上的绝对刚性桩，在荷载作用下桩体本身发生压缩，桩底端位移小于桩顶端位移。若桩体相对刚度较小，在荷载作用下，桩体本身的压缩量等于桩顶端的位移量，桩底端相对于周围地基土体没有位移产生而且无位移趋势，则桩端端阻力等于零。

对于桩体相对刚度较小的柔性桩，桩体四周桩土之间相对位移自上而下是逐步减小的。考虑地基土是均质的，且初始应力场是均匀的，则桩侧摩擦力也是自上而下逐步发展的，如图 6-3 (a) 所示。随着荷载的增大，柔性桩桩侧摩擦力首先在桩上端达到极限摩擦

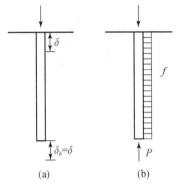

图 6-2 理想刚性桩

力，然后逐步向下发展，如图 6-3（b）所示。由于土体常呈加工软化性状，以及扰动减小土体强度，桩侧摩擦力的分布也可能如图 6-3（c）所示。

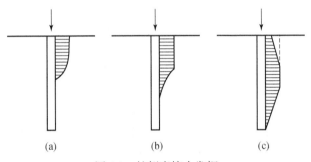

图 6-3 桩侧摩擦力发挥

若桩长较长，或荷载较小，则在桩身某点以下部分，桩体不发生压缩，而且桩四周桩与土之间无相对位移趋势，此时，该桩段处桩侧摩擦力等于零，桩端端阻力也等于零，如图 6-3（b）所示。

段继伟（1994，1995）根据增强体与土相对刚度 K 的关系，建议柔性增强体和刚性增强体的分类标准为：当 $K \leqslant 1.0$ 时为柔性增强体；当 $K > 1.0$ 时为刚性增强体。刚性增强体与柔性增强体没有严格的界限，这种分类是否合适有待于进一步验证。为了深入研究复合地基的承载力和沉降计算理论，对复合地基进行合理分类是十分必要的。

6.1.3 复合地基的特点

复合地基有两个基本特点：①加固区是由基体和增强体两部分组成，是非均质和各向异性的；②在荷载作用下，基体和增强体共同承担荷载，前一特征使其区别于均质地基，后一特征使其区别于浅基础或摩擦桩桩基础。从某种意义上讲，桩体复合地基置换率为 0 或 1 时，即为均质地基或双层地基（图 6-4）。桩体复合地基不考虑桩周围地基土直接承担荷载的作用，或桩周围地基土强度发挥为零时，复合地基基本上等同于经典的摩擦桩桩基础。在这种意义上说，均质地基和摩擦桩桩基础是复合地基的两种特殊情况（图 6-5）。

在荷载作用下，增强体与基体通过变形协调共同承担荷载作用是形成复合地基的基本

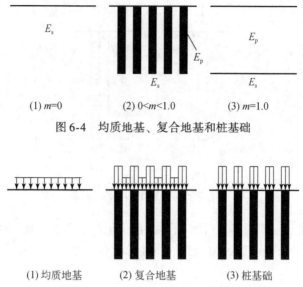

(1) $m=0$　　　　(2) $0<m<1.0$　　　　(3) $m=1.0$

图 6-4　均质地基、复合地基和桩基础

(1) 均质地基　　　　(2) 复合地基　　　　(3) 桩基础

图 6-5　均质地基、复合地基和双层地基

条件。在基础承台荷载作用下，开始增强体和周围地基土中应力大小大致按两者的模量比分配，随着基体蠕变，基体土中应力可能进一步向增强体转移。特别是当基体土体中超孔隙水压力消散，土体固结后周围地基土承担的荷载更小。

　　以往对均质地基和桩基础的承载力和变形计算理论研究较多，而对双层地基和复合地基计算理论研究较少。特别是对复合地基承载力和变形计算理论研究还很不够。复合地基理论正处于发展之中，还不成熟。甚至对复合地基的定义，在岩土工程界和学术界尚缺乏统一的认识。加强复合地基理论和实践的研究是现代土木工程发展的要求。

6.2　复合地基的发展及研究

　　复合地基是指天然地基在地基处理过程中部分土体得到增强或被置换，或在天然地基中设置加筋材料，加固区由增强体和周围地基土（天然地基土体被影响后形成的基体）两部分组成的人工地基。复合地基是在地基处理中由两种刚度和强度均不相同的材料（增强体和周围地基土）组成的，在刚性基础作用下，通过垫层协调增强体和周围地基土的压缩变形和剪切变形共同承担上部荷载。

　　一般，在如下两种情况下可考虑采用复合地基：①天然地基承载力满足建（构）筑物要求，但沉降过大；②天然地基承载力与沉降均不能满足建（构）筑物要求，采用适量桩补充天然地基承载力不足，同时将沉降减少至沉降限定值以内。

　　复合地基属于地基范畴，简单说它是在天然地基中设置一定比例的增强体，由一种或多种不同于原土层的材料与之结合在一起，或由增强体和土体复合构成，在充分发挥土体承载力的条件下，共同承受建筑物的荷载。增强体是由强度和模量相对原土高的材料组成。根据地基中增强体的方向可分为竖向增强体复合地基和水平向增强体复合地基两类。

习惯上将纵向增强体称作桩，例如碎石桩，水泥土桩，水泥粉煤灰碎石桩等。与天然地基相比，复合地基可提高承载力，减小沉降，具有良好的技术经济效果，在工程中获得了广泛的应用。本章着重阐述竖向增强体复合地基。

随着地基处理技术的发展，复合地基技术在土木工程中得到了越来越广泛的应用。复合地基的概念由散体材料桩复合地基逐步扩展到柔性桩复合地基。随着减少沉降桩和桩筏基础的应用研究，以及土工合成材料在地基处理中的广泛应用，人们将复合地基概念进一步拓宽，提出刚性桩复合地基和水平向增强体复合地基的概念。目前复合地基已与浅基础、桩基础一道成为建筑工程中常见的三种地基基础型式。

复合地基技术在 19 世纪 30 年代起源于欧洲，当时为了处理松散的砂土地基，出现了砂桩加固法，但由于长期没有合适的设计理论和先进的施工工艺，它的发展曾一度受到影响。第二次世界大战后，苏联和日本在这方面的研究取得了较大成就。振动打桩机的出现，使砂桩施工效率和质量有较大的提高，处理深度可达到 30m 左右。目前，在工程实践中广泛应用的主要有：砂桩复合地基、碎石桩复合地基、石灰桩复合地基、水泥土桩复合地基、低强度桩复合地基等。

砂桩于 20 世纪 50 年代引进我国，在交通、水利、建筑中获得了广泛的应用，如青藏铁路路基加固、官厅水库大坝基础加固及上海宝钢公司原材料堆场地基加固。

在 20 世纪 50 年代以前，石灰桩处理地基，绝大多数为浅层处理，随着建设规模的扩大，开始将其用于深层地基的处理。天津市从 1953 年开始用石灰桩加固了一批软土地基，对石灰桩的应用范围、承载力估算、施工机具及操作步骤进行了初步总结，取得了一定的经验。20 世纪 70 年代以后浙江、江苏、湖北、陕西等省先后有采用此法对软弱地基进行处理的工程实例。

碎石桩最早始于 1835 年的法国。直至 1936 年，由德国 S. 史蒂尔曼（S. Sreuerman）提出用振动水冲法挤密砂土地基。20 世纪 50 年代末，振冲法开始用于加固黏性土地基。我国于 20 世纪 70 年代中期引进振冲法加固技术，四十多年来在大坝、道路、桥涵、大型厂房及工业与民用建筑地基上广泛应用。国内一般认为，当天然地基土的不排水抗剪强度大于 20kPa 时，采用振冲碎石桩能产生较好的加固效果。但是，在人口稠密地区和没有排污泥场地时使用受到一定限制。为了克服振冲施工排污泥缺点，各国都在研究干法振冲。从 20 世纪 80 年代开始，一些单位纷纷开发了锤击碎石桩、振挤碎石桩和干振碎石桩等，强夯碎石桩亦有应用。

水泥土桩复合地基的常用植入方法包括深层搅拌法和高压喷射注浆法。高压喷射注浆法是在静压注浆法的基础上，应用了高压水射流切割技术而发展起来的。日本从 20 世纪 60 年代末开始就致力于此项研究，并开发出了纯喷射注浆和搅拌注浆两大并列体系。我国是继日本之后，研究开发和应用此法较早的国家。1972 年开始研究，1975 年首先在铁道部门进行试验和应用。至今，我国已有上百项工程应用了高压喷射注浆法，所研究成功的大颗粒地层动水条件下的高压喷射注浆防渗新工艺和淤泥地层高喷灌浆新技术，均处于世界前列，解决了一些工程中的技术难题，拓宽了该项技术的应用范围。该方法已成为我国常用的施工方法之一，列入了我国国家标准《地基与基础工程施工及验收规范》和国家行业标准《建筑地基处理技术规范》和部分省市的地基处理规范中。

水泥浆搅拌法是美国在第二次世界大战后研制成功的。1953 年日本引进该方法,1974 年研制成水泥搅拌固化法。我国于 1978 年对这种方法进行研究,1979 年在天津塘沽新港进行工程试验,1980 年在上海宝山钢铁总厂,利用水泥搅拌桩处理软土地基取得了成功,并通过了技术鉴定。国外使用水泥土搅拌法加固的土质有新吹填的超软土、泥炭土和淤泥质土等饱和软土。加固场所从陆地软土到海底软土,加固深度达 60m。国内目前采用水泥土搅拌法加固的土质有淤泥、淤泥质土、地基承载力不大于 120kPa 的黏性土和粉性土等地基。

粉喷桩法加固软土地基是水泥搅拌桩复合地基的一种主要形式。1967 年瑞典科吉德鲍斯(Kjeld Paus)提出使用石灰搅拌桩加固 15m 深度范围内软土地基的设想,并于 1971 年现场制成一根用生石灰和软土搅拌制成的桩。这标志着粉喷桩技术的产生。粉喷技术在软土地基加固中具有造价低、适用范围广及效果好等优点,因此得到迅速推广。

中国建筑科学研究院地基所在 20 世纪 80 年代末期研究开发了水泥粉煤灰碎石桩(cement fly-ash gravel pile,简称 CFG 桩),它是由水泥、粉煤灰、碎石、石屑或砂加水拌和形成的高黏结强度桩,是建设部“七五”计划课题,于 1988 年立项进行试验研究,并应用于工程实践。它和双灰低强度混凝土桩复合地基及水泥碎石桩复合地基都是国内外新开发的地基处理技术。它主要用来加固粉质黏土、非饱和黏土、饱和软黏土及淤泥质土。这些复合地基的出现,大大拓宽了地基处理的应用领域,同时粉煤灰等工业废料的综合利用,也有效降低了地基处理的费用。该技术已在全国广泛推广应用,特别是近几十年来,CFG 桩复合地基技术在高层建筑地基中广泛应用,现已成为应用最普遍的地基处理技术之一。

近年来地基处理中另一个引人注目的发展是大桩距(一般超过 5 ~ 6 倍桩径)的较短钢筋混凝土疏桩复合地基的出现。疏桩基础是一种介于传统概念上的桩基与复合地基之间的一种新的地基基础形式,属于变形控制设计理论范畴,反映了桩土共同作用的最新研究成果。采用合理的布桩率的疏桩基础不仅工程造价低,而且建筑物沉降也能控制在允许的范围内。疏桩基础设计理论的逐步完善,将使疏桩基础复合地基的应用越来越广。

值得注意的是,复合地基不同桩型联合使用越来越受到重视。对于松散填土可利用碎石桩等振、挤密效应初步加固桩间土,再利用高黏结强度桩联合形成复合地基;对于可液化地基,利用振冲或干振挤密碎石桩消除地基土的液化,再利用 CFG 桩复合地基等获取更高的承载力;对基底下存在局部软土进行补强时,尽管用 CFG 桩或其他桩型能够获得满足设计要求的承载力,但局部软土可能导致建筑物不均匀变形,此时利用诸如水泥土桩、石灰桩等在局部软弱区补强,可使整个建筑物的沉降变形均匀。

6.2.1　复合地基理论的研究现状

1962 年,国外首次使用复合地基一词,现在复合地基理论已经成为许多地基处理方法进行理论分析的基础,其中以碎石桩、水泥搅拌桩最具有代表性。近年来,复合地基理论也逐渐被引入 CFG 桩的理论分析中。

碎石桩单桩承载力的计算,分为 Hughes-WitheerS 方法、Wong 方法及 Brauns 方法,其中以 Brauns 方法应用得最为广泛。Brauns 在计算中采用了以下三个假设：①极限平衡区位于桩顶附近，滑移面呈漏斗形；②假定基础是刚性的，桩体与桩周土之间的摩擦阻力为零；③不计地基土和桩体的自重。盛崇文将 Brauns 理论推广到复合地基满堂加固的情况。林孔锚根据桩体的三种破坏形式，分别计算了碎石桩复合地基的承载力，并在沉降计算中提出了双层地基原理。

    1979 年 Goughnour 和 Bayuk 提出的排水砂井理论，适用于复合地基的沉降计算。1983 年 Goughnour 提出碎石桩复合地基沉降量的计算理论中，考虑了弹性和塑性两种情况。当基础荷载小，桩与土处于弹性状态，可用弹性分析法求取复合地基的沉降量。当基础载荷大时，桩体发生侧向凸出，须用塑性分析方法求解。两者都计算完毕后，取其最大值。1986 年盛崇文提出按分层总和法计算碎石桩复合地基的沉降量。

    1989 年郭蔚东等应用应力剪胀理论对碎石桩复合地基的桩土应力比和沉降进行了计算，并与实际工程、国外有关理论解做了广泛的比较。陆贻杰、周国均利用三维有限元，对荷载作用下水泥搅拌桩复合地基的应力传递、变形分布及荷载变化对其性状的影响作出了定量分析。1992 年韩杰、叶书麟运用有限元法，对碎石桩复合地基的应力分布、孔隙水压力、固结度及变形进行了分析。姜前针对碎石桩应力分布与均匀介质中应力分布不相同这一现象，提出了考虑置换率和载荷板尺寸影响的碎石桩变形模量计算公式。1993 年杨有海以 Brauns 理论为基础，分析了拉力破坏和黏着破坏条件下加筋碎石桩的承载力。

    1991 年林琼通过室内模型试验，研究了水泥搅拌桩复合地基的承载力。当水泥掺入量小于等于 10% 时，复合地基承载力与桩长无关，呈现柔性桩的特性；当水泥的掺入量大于等于 20% 后，复合地基的承载力随桩长的增加而增加；当水泥的掺入量为 10% ~ 30% 时，对复合地基的承载力影响很大，其特性类似于刚性桩。1993 年陈竹昌、王建华对水泥搅拌桩的沉降及组成、桩侧摩阻力的发挥程度进行了分析，并提出了刚性桩与柔性桩的判别标准。刚性桩的承载力及沉降主要取决于桩周土和桩端土的性能，而受桩身压缩变形的影响较小；柔性桩的承载力及沉降不仅与桩周土、桩端土的性能有关，而且受桩身压缩变形的影响很大。即使强度很大的混凝土桩，其刚性的大小也与长细比有关，当桩较短即长细比小于 30 时，属于刚性桩；当桩很长即长细比大于 70 时，表现为柔性桩。

    1994 年段继伟通过现场足尺试验，研究了水泥搅拌桩的荷载传递规律，认为桩体的变形、轴力、侧摩阻力主要集中在临界深度这部分桩体上，超过临界深度以后，桩体的变形、轴力、侧摩阻力发挥较小。1993 年吴春林等针对 CFG 桩复合地基，提出了计算承载力的简易方法，并与试验结果进行了对比验证。张雁、黄强对水泥搅拌桩、CFG 桩等半刚性桩复合地基的基本性状进行了分析与总结，并与桩基础、碎石桩复合地基的特性进行了比较。浙江大学龚晓南提出了双灰低强度混凝土桩复合地基的概念，并从材料学的角度进行了大量的试验研究和数值分析。1997 年王盛源等在广东省新会天马港进行了大粒径碎石桩现场大型综合试验，为珠江三角洲地区的超软弱深厚软基加固提供了有效的方法。本次试验以 $\phi150cm$，$\phi100cm$ 为基础，进行了六组碎石桩大型直剪试验、现场滑坡试验和五组大型载荷试验，提出了复合地基应用的两个必要指标：承载力和强度，在国内首次确定了复合地基的强度指标。1997 年李立新等运用了半刚性碎石桩复合地基的概念，同年李立新等运用混沌非线性理论，对软土地基的变形与承载力进行了分析。

梁伟平（1997）针对粉喷桩复合地基事故很大一部分是由于桩身强度不够引起的这种情况，以上海宝山钢铁总厂粒化高炉矿渣及水泥的混合物作为固化剂，对加固土的强度影响因素进行了试验并作出分析。金宗川（1997）通过改变垫层厚度对石灰桩单桩复合地基进行了模型试验，根据试验资料分析了桩土荷载的传递特性、桩土应力变化规律及桩土应力比随深度变化等工作性状，并就其在工程设计及实践中的应用进行了分析。蒋军等（1998）采用极限分析法，研究了二向受力复合土体的极限承载力，给出了被加固土体内摩擦角不等于零时的解析解。应用此方法分析了含有砂芯粉土复合土体的强度，并与试验结果进行了比较。

复合地基理论的发展远远落后于复合地基工程实践，应加强复合地基基础理论研究，建立合理的理论体系，加强设计单位、施工单位和科研、教学单位的合作，系统开展复合地基基础理论研究。

要将理论分析、现场测试和工程实录反分析结合起来，通过对各类复合地基应力场和位移场的分析，了解各类复合地基的荷载传递机理。

基础理论研究重点要搞清下述问题：复合地基的分类准则，柔性桩和刚性桩复合地基的判别准则，散体材料桩复合地基、柔性桩复合地基和刚性桩复合地基荷载传递机理；散体材料桩和柔性桩临界桩长的影响因素及确定方法；根据各类复合地基荷载传递机理发展复合地基承载力和沉降计算理论。

6.2.2　复合地基研究的发展趋势

近些年来，复合地基技术在房屋（包括高层建筑）、高等级公路、铁路、堆场、机场、堤坝等土木工程建设中得到广泛应用。复合地基技术的推广应用产生了良好的社会效益和经济效益。然而在推广过程中也产生了一些问题。在以后的研究中应该加强对这些问题的研究。只有这样，才能更好地为工程建设服务。

第一，从实践－理论－再实践的角度看，实践先于理论是一般规律，但重视理论研究，用理论指导实践也是很重要的。应该加强复合地基设计计算理论的研究。如各类复合地基荷载传递机理，荷载作用下应力场、位移场的分布特性；各类复合地基承载力、沉降计算方法及计算参数的确定；复合地基的优化设计理论；动力荷载作用下复合地基的性状分析等。

第二，按沉降量控制的复合桩基是一个有较广泛应用范围的专门技术领域，为完善其设计方法并使其能够得到进一步普遍应用，应该对实际工程进行测试内容完备的原型观测，有计划地积累并及时分析已建成建筑物的实测沉降资料，在此基础上修改设计方法的有关参数，探索更为简化的方法，以减少沉降计算的工作量。

第三，综合运用两种以上的地基处理方法所形成的组合型桩复合地基，得到较高的地基承载力，且减少沉降，具有较好的经济效益和社会效益。对于这种组合型复合地基应该加强设计计算理论的研究。

第四，对于复合地基的数值计算分析应当是计算机技术、数值方法和地基基础工程基本理论三者研究成果的结晶。针对各类复合地基的承载力和沉降计算，国内外学者都提出一些新的计算方法，对于这些方法的验证工作不容忽视。值得一提的是将软土的结构性引入到复合地基沉降计算研究中。

目前关于软土的结构性研究重点已从定性考虑转为定量化分析，定量地揭示土结构性及其变化的力学效果要比定性地显示土结构性的形象特征显得更为重要。沈珠江（1996）指出，土的结构性模型的建立将是 21 世纪土力学领域的核心问题，那么考虑结构性的影响，结合桩土共同工作时所表现出非线性性状，正确地选择计算模型和参数将会提高计算的精度。经过几十年的努力，各种新的计算理论、新的地基处理方法、新的施工机械等的出现为我们开展复合地基研究奠定了坚实的基础。今后，将宏观力学与微观力学相结合，充分考虑土结构性的影响将是复合地基研究的一个方向。

6.2.3　复合地基设计思想

复合地基设计包括方案选择（桩型的合理选用）、承载力验算和变形验算三项相互耦合的工作。

复合地基方案选择的实质是，根据设计要求的承载力和变形限制，提高地基承载力值和地基土的性状（减小地基变形沉降量），选择适宜的施工设备、施工工艺和桩体材料。

通常，复合地基承载力增幅值 Δf 表示为：

$$\Delta f = f_{spk} - f_{ak} \tag{6-8}$$

式中，f_{ak} 是天然地基土的承载力特征值；f_{spk} 是复合地基承载力特征值。复合地基承载力和变形沉降量的计算方法见下述。

地基处理后承载力的提高值，来源于地基增强或置换形成增强体提高承载力幅值的置换分量 Δf_z 和周围地基土挤密后提高承载力幅值的挤密分量 Δf_j 两部分，即：

$$\Delta f = \Delta f_z + \Delta f_j \tag{6-9}$$

式中，Δf_z 是施工时所采用的施工设备和施工工艺对增强体桩间土产生挤（振）密，造成增强体间土孔隙比减小，承载力提高；Δf_j 是由于增强体的模量比增强体周围天然地基土的模量高，增强体的置换作用产生的承载力提高分量。地基处理后承载力的提高值不仅与增强体材料的性状，而且与地基土质、施工设备和工艺等，密切相关。

实际工程中，可把土质分为三种：①挤（振）密效果好的土，如松散粉细砂、粉土；②不可挤（振）密土，如饱和软黏土；③可挤（振）密土，但挤（振）密效果不显著，如一般的黏土。

施工设备和施工工艺可分为两类：①对周围地基土能产生挤（振）密效果的设备和工艺，如振动沉管大桩机成桩工艺；②对周围地基土不产生挤（振）密效果的设备和工艺，如长螺钻或洛阳铲成孔制桩工艺。

一个合理的地基处理设计方案需要综合考虑土质、增强体材料、设备与工艺及周围环境进行综合选择。这需要靠工程技术人员的素质。

6.3　复合地基的应力应变特性

6.3.1　附加应力

根据桩的柔性指数大小划分，不同刚度单桩复合地基桩身竖向应力的分布特征不同，如图 6-6 所示。

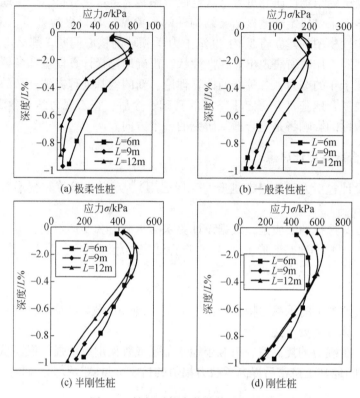

图 6-6　桩长对桩身荷载传递的影响

1）极柔性桩

如图 6-6（a）所示，桩身应力随深度急速衰减，桩长的变化对桩身应力曲线影响很小，表明极柔性桩的桩长对桩顶荷载及桩身应力分布的影响可以忽略，也就是说，极柔性桩的桩长效用极其微弱，仅依靠增加桩长来提高桩顶荷载分配难以实现。

2）一般柔性桩

桩身应力在较浅处急速衰减，当桩长增加到某一值时，衰减速度变缓，随着桩长的进一步增加，桩长则对桩身应力分布有了一定的影响。若桩长较小（如 6m），桩身附加应力分布类似于半刚性桩桩身应力分布特点，如图 6-6（b）所示；当桩长较大时（12m），又类似于图 6-6（a）中所示极柔性桩桩身应力分布特点。

3）半刚性桩

半刚性桩复合地基桩身应力的衰减渐趋于均匀，桩长对此类桩桩身荷载的分配虽有所影响，但并不显著。桩体应力衰减不像柔性桩那样呈曲线关系，而是几乎呈直线向下衰减，此类桩最显著的特点就是衰减曲线无上凸的趋势。如图 6-6（c）所示。

4）刚性桩

刚性桩复合地基桩身应力分布基本上为直线衰减，这说明桩身应力衰减沿桩身已基本均匀，这是刚性桩桩侧摩阻力基本上能够均匀发挥的结果。尽管下卧层土体强度远小于桩体本身刚度，刚性桩也能发挥其桩长效用。如图 6-6（d）所示。

6.3.2 桩土应力比

1. 一般规律

复合地基纵向增强体（如碎石桩）与土体之间的应力分布与变形协调过程、桩土相互作用、整个地基的工作原理与破坏形式等各方面的深入研究，对于发展复合地基处理技术非常重要。

不同桩土模量比的复合地基承台下桩、土反力的分布如图 6-7（虚线区域为桩体）所示。由于承台刚度极大，可视做刚性基础，其对地基土体具有架越作用，因此基底压力向承台边缘集中；同时，由于桩体刚度相对较大，所以桩体上也出现应力集中现象。从而导致基底压力分布很不均匀。

对于极柔性桩复合地基，如图 6-7（a）所示，由于桩土模量比较小，桩体上应力集中现象不明显；而承台架越作用却显著。此时，承台边角处应力集中现象非常明显，土体边角应力>桩土应力>土体边部应力>土体内部应力。随着桩体刚度的增大，桩上应力集中现象越来越显著；而承台的架越作用却在减弱，桩土平均应力大于土体边缘平均应力，如图 6-7（b），图 6-7（c）所示。

对于刚性桩体复合地基，桩体上应力明显集中，局部土体上应力已大面积趋近于零值。因此，对于刚性单桩复合地基，基本上同桩基相似，桩周土体几乎不再承担荷载，这对承载力较高的土体来说是一种浪费。此时，增大桩距、采用疏桩基础是解决合理利用土体承载力的一种途径。另外，从图 6-7（d）可看出，刚性承台对桩体本身并无架越作用，桩体边缘应力小于桩心处应力。所以进行现场载荷试验时，仅在桩中心处埋置压力盒是不够的。

2. 复合地基的应力集中与分布

梁军（2001）根据实测资料和理论分析，考虑桩周土对碎石桩的围护作用，得到了复合地基应力分布与集中的某些规律。

当应力分布率（应力集中比对碎石桩应力的变化率）接近或等于常量时，碎石桩的承载能力发挥到了最大限度，应力分布的程度与加固后桩间土的承载力成反比。复合地基的受力过程可以分为三个阶段，其破坏类型与应力分布是否充分的程度有关。

复合地基中因碎石桩与桩周土变形性能的差异，使得碎石桩的压缩性明显低于周围土体，因而碎石桩将比土体承受更多的荷载。上部荷载作用于复合地基的附加应力随桩、土变形的协调发展而逐渐集中到桩体上，桩、土应力分担的多少常用应力集中比 ω 表示。ω 值在复合地基设计中是一个重要的参数，一般通过桩、土应力（承载力）的比值求得。研究表明，应力集中比所反映的理论内涵较为复杂，也比较深刻，它不仅与碎石桩和桩周土的性质、置换率、加荷阶段等因素有关，而且在一定程度上反映了复合地基受力机理的本质过程，以及桩、土各自的力学性能和两者的相互作用。应力集中比 ω 值的变化必然记载了复合地基应力及变形规律的某些本质特征。

地基土体在基底压力作用下，将产生竖向附加应力和沉降，但由于碎石桩的约束，这

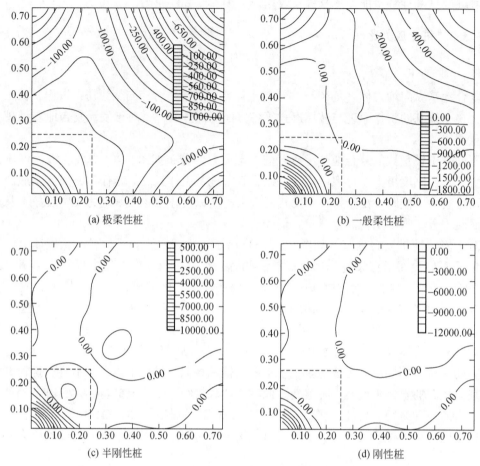

图 6-7　垫层底桩、土竖向应力等值线图

（应力以 kPa 为单位，负值表示压应力）

种沉降又受到限制，于是在土体中产生水平方向的附加应力，使复合地基形成相互制约的整体"土层"。考虑桩周土对桩柱的水平附加应力的作用，实际状态下单根碎石桩的承载力可用下式表示（不计桩、土自重）：

$$\sigma_c^{(P)} = \sigma_c^{(T)} + K_B \cdot \sigma_s^{(T)} - K_D \cdot C \tag{6-10}$$

式中，σ_c、σ_s 分别为碎石桩、桩间土的承载力（kPa），上角标 (P)、(T) 分别表示实际受力状态与试验情形，且有 $\sigma_s^{(T)} = \sigma_s^{(P)}$；$C$ 为桩间土的凝聚力（kPa）；K_B 为土对桩的压力影响系数，K_D 为土压力系数，即它们分别为：

$$K_B = \frac{1}{2} \cdot \frac{1 - \sin\varphi_s}{1 + \sin\varphi_s}\left(1 + 2\tan\left(45° + \frac{\varphi_c}{2}\right)\right) \cdot \tan\varphi_c \tag{6-11}$$

$$K_D = \sqrt{2 \cdot \frac{1 - \sin\varphi_s}{1 + \sin\varphi_s}} \tag{6-12}$$

随着上部荷载的施加，应力将逐步向桩体集中，可得：

$$\omega^{(P)} = \omega^{(T)} + K_B \text{ 或 } \omega^{(P)} - \omega^{(T)} = K_B \tag{6-13}$$

式中，$\omega^{(P)}$、$\omega^{(T)}$ 分别为实际受力状态和试验情况下的应力集中比，即 $\omega^{(P)} = \dfrac{\sigma_c^{(P)}}{\sigma_s^{(P)}}$，

$\omega^{(T)} = \dfrac{\sigma_c^{(T)}}{\sigma_s^{(T)}}$。

式（6-13）表明，在载荷试验情况下通过桩柱和桩间土的承载力比值 $\omega^{(T)}$ 与实际单桩受力时的应力集中比 $\omega^{(P)}$ 有差别，后者既反映了桩土共同受力的特点，又与它们各自的力学性质及加荷阶段等因素有关。

根据一些工程载荷–沉降曲线（即 $P\text{-}S$ 或 $\sigma_c\text{-}S$ 曲线）实测资料的分析，作出实际单桩应力集中比 $\omega^{(P)}$ 与实际单桩应力 $\sigma_c^{(P)}$ 的关系曲线。有些资料表明该曲线呈上凹型，有些实际曲线则是递增型，说明应力集中比在整个加荷阶段是不断变化的，但都存在一个共同的特点：上凹型曲线有一极小值点 C；递增型曲线有一近于水平之驻点 C，自 C 点以后，ω 值随 σ_c 的变化总是一种递增函数，满足：

当 $\sigma_{c2} > \sigma_{c1}$ 时，

$$\omega(\sigma_{c2}) \geqslant \omega(\sigma_{c1}) \tag{6-14}$$

即随着碎石桩应力的增大，应力集中比也增大，承载力向碎石桩转移和集中，资料分析表明，在碎石桩载荷达到极限（或破坏）应力后，这种关系便不复存在。表 6-1 为几项工程实测（或计算）的应力集中比与载荷应力的对应关系。

表 6-1　几项应力集中比与载荷应力关系

工程名称		应力与应力集中比							曲线型式
塘沽盐场	碎石桩应力/kPa	95.4	141.1	180.9	215.7	247.5	347.9			递塔型
	实测应力比 ω 值	1.78	1.87	2.00	2.15	2.26	3.18			
南通天生港电厂	碎石桩应力/kPa	80	120	160	200	240	260	280	300	递塔型
	实测应力比 ω 值	0.81	1.39	1.45	2.29	2.49	2.51	2.56	2.84	
四川武都引水工程	碎石桩应力/kPa	504.9	777.8	998.7	1.210	1410				上凹型
	实测应力比 ω 值	2.911	2.735	2.615	2.700	2.789				
宁夏大武口电厂	碎石桩应力/kPa	282	496	700	885	1053	1220	1386		上凹型
	实测应力比 ω 值	2.82	2.61	2.50	2.46	2.45	2.46	2.48		

综上所述，有以下一些结论：

（1）由于考虑到土体对碎石桩体的水平围护作用，复合地基实际受力情形下的应力集中现象与现场试验情况不一致，这种差异实质上反映了桩土之间相互作用、相互协调的过程，即"交叉影响"，而不仅仅与各自的力学性质有关。

（2）复合地基从整体"土层"向"桩"的受力转化，可以通过应力集中比 ω 值来表述。在整体受力过程中，ω 值并不是一个常数，而是碎石桩承载力的增函数。其受力过程可分为三个阶段。采用应力分布率的概念以表示承载力向碎石桩转移或集中的程度，其大小与桩间土的承载力成反比，当该值不变时，说明复合地基的应力分配已完毕，这时，碎石桩的承载力达到极限值。

（3）复合地基整体破坏与桩土的分别破坏密切相关。在桩体先于土体破坏时，应力的分配一般较充分，同时也反映了碎石桩施工质量较好，基土振密效果较佳。如果土体先于桩体发生破坏，则表示应力分配不很充分，碎石桩乃至复合地基的承载能力未能很好地发挥，这种情况多发生于软黏土的地基中。

6.3.3 地基变形特性

处理地基的变形计算应符合现行国家标准《建筑地基基础设计规范》（GB50007–2012）有关规定。复合土层的压缩模量可按下式计算：

$$E_{sp} = (1+m(n-1))E_s \tag{6-15}$$

式中，E_{sp} 为复合土层压缩模量（MPa）；E_s 为桩间土压缩模量（MPa），宜按当地经验取值，如无经验时，可取天然地基压缩模量。

复合地基是在软土地基上成孔，再在孔中填入碎石等材料形成桩体，由桩体和桩间土共同承担荷载的人工地基。由于桩体是与桩间土共同承担荷载作用，脱离土体无法独立成桩，故桩身材料的实际变形模量 E_p 难以确定。

1. 散体材料桩复合地基

散体材料桩复合地基沉降变形 S 为

$$S = S_1 + S_2 + S_3 \tag{6-16}$$

式中，S_1 为垫层的压缩变形；S_2 为复合地基中复合层的压缩变形；S_3 为复合土层下卧土层的压缩变形，见图6-8（a）。

2. 非散体材料桩复合地基

$$S = S_1 + \Delta S_1 + \Delta S_2 + \Delta S_3 + S_3 \tag{6-17}$$

式中，S_1 为垫层的压缩变形，可忽略不计；ΔS_1 为桩"上刺入"量；ΔS_2 为桩身压缩量；ΔS_3 为桩"下刺入"量；S_3 为复合土层下卧土层的压缩变形，见图6-8（b）。

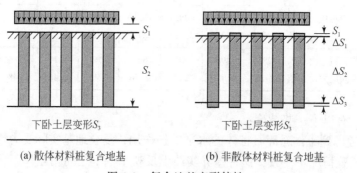

(a) 散体材料桩复合地基　　　　(b) 非散体材料桩复合地基

图6-8　复合地基变形特性

6.3.4 沉降量计算

在各类复合地基沉降实用计算方法中，通常把沉降分为两大部分。设 H 为复合地基加固区厚度，z 为荷载作用下地基压缩层厚度。加固区土体压缩量为 S_1，加固区下卧层土体

压缩量为 S_2 ，则复合地基总沉降量表达式为 $S = S_1 + S_2$ 。加固区土层压缩量可采用复合模量法、应力修正法和桩身压缩量法计算。下卧土层压缩量 S_2 的计算方法有应力扩散法、等效实体法和改进 Geddes 法。

1. 复合模量法（E_c 法）

将复合地基加固区中增强体和基体的部分视为复合土体，采用复合压缩模量 E_{cs} 来评价复合土体的压缩性。采用分层总和法计算复合地基加固区压缩量 S_1 ，表达式为：

$$S_1 = \sum_{i=1}^{n} \Delta P_{si} H_i / E_{csi} \tag{6-18}$$

式中，ΔP_{si} 为第 i 层复合土上附加应力；H_i 为第 i 层复合土层的厚度；E_{csi} 为第 i 层复合土层压缩模量，其值可通过面积加权法计算或弹性理论表达式计算，也可通过室内试验测定。面积加权法表达式为：$E_{cs} = m E_p + (1-m) E_s$ ；m 为复合地基面积置换率；E_p 为桩体压缩模量；E_s 为土体压缩模量。

2. 应力修正法（E_s 法）

在该法中，根据桩间土承担的荷载 P_s 和桩间土的压缩模量 E_s ，忽略增强体的存在，采用分层总和法计算加固区土层的压缩量 S_1 。

$$S_1 = \sum_{i=1}^{n} \Delta p_{si} H_i / E_{si} = \mu_s \sum_{i=1}^{n} \Delta p_i H_i / E_{si} = \mu_s S_{1s} \tag{6-19}$$

式中，μ_s 为应力修正系数，$\mu_s = 1/(1 + m(n-1))$ ；n 、m 为复合地基桩土应力比和复合地基置换率；ΔP_i 为未加固地基在荷载 P 作用下第 i 层土上的附加应力增量；ΔP_{si} 为复合地基中第 i 层桩间土中的附加应力增量，相当于未加固地基在荷载 P_s 作用下第 i 层土中的附加应力增量；S_{1s} 为未加固地基在荷载 P 作用下与加固区相当厚度土层内的压缩量。

3. 桩身压缩量法（E_p 法）

在荷载作用下，桩身的压缩量 S_p 为：

$$S_p = \frac{(p_i \mu_p + p_{b0})}{2 E_p} l \tag{6-20}$$

式中，p_i 为复合地基荷载；μ_p 为应力集中系数，$\mu_p = l/(l + m(l - n))$ ；l 为桩身长度，即等于加固区厚度 H ；E_p 为桩身材料变形模量；p_{b0} 为桩底端端承力密度。

加固区土层压缩量表达式为：

$$S_1 = S_p + \Delta \tag{6-21}$$

式中，S_p 为桩身压缩量；Δ 为桩底端刺入下卧层土体中的刺入量，若刺入量 $\Delta = 0$ ，则桩身压缩量就是加固区土层压缩量。

对搅拌桩复合地基，《建筑地基处理技术规范》认为一般情况下 S_1 值可取 $1 \sim 3\text{cm}$ 。

4. 下卧土层压缩量 S_2 的计算方法

复合地基加固区下卧层压缩量 S_2 通常采用分层总和法计算，作用在下卧层土体上的荷载或土体中的附加应力是难以精确计算的。目前在工程应用上，常采用下列三种方法计算：

（1）应力扩散法；

（2）等效实体法；

（3）改进 Geddes 法（王启铜等，1992）。

复合地基在荷载作用下沉降计算也可采用有限单元法计算。在几何模型处理上大致可分为两类：一类在单元划分上把单元分为两种：增强体单元和土体单元，并根据需要在增强体单元和土体单元之间设置或不设置界面单元。另一类在单元划分上把单元分为加固区复合土体单元和非加固区土体单元，复合土体单元采用复合土体材料参数。

各类复合地基沉降计算采用上述何种方法为宜，需具体问题具体分析。

5. 沉降计算存在的问题

复合地基的沉降是一个较为复杂的问题，其中桩在较大桩顶荷载下的非线性沉降、桩尖塑性贯入以及土成层性的影响导致采用均质土弹性理论计算的沉降和实测沉降之间存在较大的差别。如采用单桩现场荷载试验曲线，取单桩极限承载力对应的沉降直接估算复合桩基沉降，会导致计算结果偏小。如能根据建筑物长期沉降推求单桩长期荷载下的荷载沉降曲线，无疑可提高沉降计算的准确性。

疏桩基础作为复合地基的一种主要形式，其现有的沉降计算方法一般假设当外荷载小于桩极限承载力总和时，外荷载由桩基承担；当外荷载超过桩极限承载力总和时，则采用总荷载减去极限承载力总和后的值作为承台外力来计算沉降。然而实测证明，只有桩减至足够少时，桩顶反力才接近单桩极限承载力，而此时桩数可能已少于满足疏桩基础承载力总体安全度要求的桩数。因此，简单假设外荷载超过单桩极限承载力之和的桩间土不分担荷载、外荷载超过单桩极限承载力之和的桩在极限承载力以下工作，并依次计算沉降是不合理的。

II 互 动 讨 论

6.4 复合地基的作用机理及破坏模式

6.4.1 作用机理

各种复合地基都是利用置换、挤密、排水、胶结和热学等作用对地基进行加固。以此改善地基土的剪切性、压缩性、渗透性、振动性和特殊地基的湿陷性、胀缩性等。复合地基的作用机理主要如下：

（1）增强体的作用。由于复合地基中桩体的刚度较周围土体大，在刚性基础下等量变形时，地基中应力按材料模量进行分布。在应力作用初始阶段，柔性桩桩体和桩间土同时沉降，半刚性桩桩体本身产生一定压缩量与桩间土同时沉降，随着应力进一步增大会产生桩顶应力集中现象，刚性桩在开始阶段就产生桩顶应力集中现象。所以，大部分荷载由桩体承担，桩间土上应力减小，这就形成强者重载、弱者轻载，提高了复合地基承载力，减小了地基土沉降量。

（2）垫层作用。桩与桩间土复合形成的复合地基或复合层，其性能优于原土，可起到类似垫层的换土、均匀应力和增大应力扩散角的作用。在桩体没有完全贯穿整个软弱土层的地基中，垫层的作用尤其明显。

（3）加速固结作用。碎石桩和砂桩具有良好的透水性，可以加速地基的固结，提高地基土的抗液化能力；实体桩和刚性桩能降低地基土的渗透性和减小地基土的压缩系数，同样也能加速地基土的固结。

（4）挤密作用。砂桩、土桩、灰土桩、夯实水泥土桩在施工过程中，由于振动、挤密、夯扩等对桩间土有一定的挤密作用，可以消除或减弱地基土的液化或湿陷性。深层搅拌桩、旋喷桩、生石灰桩、二灰桩在施工过程中搅拌、喷射会使桩周土强度瞬时下降，然后随着时间推移会重新恢复并超过原有强度，而且由于水泥、生石灰的吸水、发热和膨胀等作用，对桩间土同样可以起到挤密作用。

（5）加筋作用。各种桩土复合地基，除了可提高地基的承载力外，还可用来提高土体的抗剪强度，增加土坡的抗滑能力。在基坑支护中使用的各种桩就是利用了复合地基中桩体的加筋作用。

复合地基的基本作用如下：

（1）提高地基的承载能力，减少建筑物的沉降量。

当土的不排水抗剪强度大于 20 kPa 时，碎石桩复合地基的承载力是天然地基的 1.5 ~ 2 倍；当地基土的不排水抗剪强度小于 20 kPa 时，一般认为不宜采用碎石桩法加固，但是国内也有几项比较成功的工程。《上海市地基处理技术规范》规定，对不排水抗剪强度小于 20 kPa 的淤泥质土、淤泥等地基，应通过现场试验确定其适用性，但是即使适用，地基承载力提高的幅度也仅为 20% ~ 60%。

采用砂桩复合地基，加固后的承载力可达到原地基承载力的 2 ~ 5 倍以上；土桩、灰土桩复合地基的承载力是天然地基的 15 ~ 17 倍；江苏省建筑设计院通过相当数量的土工试验和静载荷试验得出，采用石灰桩加固的地基承载力为天然地基承载力的 20 ~ 33 倍，但目前国内对石灰桩是否适用于工程及其加固效果方面存在着分歧。现场载荷试验表明，采用 CFG 桩处理地基，复合地基承载力为天然地基承载力的 18 ~ 35 倍，双灰低强度混凝土桩复合地基的承载力是天然地基承载力的 18 ~ 35 倍。

碎石桩复合地基的变形模量为原地基的 17 倍，土桩、灰土桩挤密地基是原天然地基的 2 ~ 4 倍，石灰桩复合地基的变形模量是原来的 3 ~ 5 倍，而 CFG 桩复合地基的变形模量为天然地基的 15 ~ 43 倍。可以看出，复合地基的变形模量均比天然地基大，因而可以有效地减少地基的沉降。

（2）提高砂性土的抗液化能力。

采用碎石桩和砂桩对砂性土进行地基处理后，地基土的密实度得到了提高，而且碎石桩和砂桩具有良好的排水性，改善了地基的排水条件；另一方面地基土在施工中受到一定时间的预振动，而且由于桩对桩间土的约束作用，使得地基土的刚度增大，因而碎石桩及砂桩复合地基的抗液化能力较天然地基有所提高。根据我国对地震区的广泛调查和室内试验，当地震烈度为 VII，VIII，IX 度时，如果砂土的相对密度分别达到 55%，70% 和 80% 以上时，砂土不会发生液化。我国官厅水库大坝下游坝基中细砂地基位于 VIII 度地震区，

天然地基的 $e = 0.615$，$N = 12$ 及 $D_r = 53\%$，经过对工程地质条件的分析，在 VIII 度地震时，地基将发生液化。采用 2m 孔距振冲加固后，$e < 0.5$，$N = 34 \sim 37$ 及 $D_r > 80\%$，地基的孔隙水压力比天然地基降低 60%，从而达到了抗地震液化的要求。

美国的 H. B. Seed 等人的试验研究表明，$D_r = 54\%$ 但受过预震影响的砂样，其抗液化能力相当于相对密度 $D_r = 80\%$ 的未受过预振的砂样。在一定的应力循环次数下，当两试样的相对密实度相同时，要使经过预震的试样发生液化，所需施加的应力要比未经过预震砂样所需的应力值提高 0.46 倍，因而得出了砂土液化除了与土的相对密实度有关外，还与震动应变历史相关。王士风和王余庆（1983）关于砾石排水桩防止砂基液化效果的试验表明，砾石排水桩提高砂基抗液化的效果，不仅是因为其改善了砂基的排水条件，加快了超孔隙水压力的消散，而且因其提高了地基土的复合刚度，并形成了刚性区，起到了限制变形的作用。

（3）提高地基土的抗剪强度。

在岩土工程中，常利用复合地基的加筋作用，来提高地基土的抗剪强度，增加土坡的抗滑能力。旋喷桩和水泥搅拌桩目前已广泛地应用于深基坑开挖的侧向支护，另外，碎石桩和砂桩常用于高速公路路基或路堤的加固。

6.4.2　破坏模式

1. 垫层破坏模式

垫层是刚性桩复合地基的核心技术，实测及计算表明，复合地基中的褥垫层为桩顶向上刺入提供条件，并通过褥垫层材料的流动补偿使桩间土与基础始终保持接触（图 6-9），使桩土达到共同工作的目的。垫层的破坏机理是复杂的，很难模拟其工作状态。目前为止，对垫层破坏模式所进行的研究还很少，对其破坏机理的了解还不够深入，一般是基于各种假定对垫层的工作机理进行理论分析。

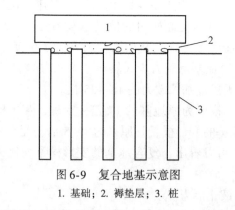

图 6-9　复合地基示意图
1. 基础；2. 褥垫层；3. 桩

在研究垫层、桩体、桩间土三者模量与刺入量之间的关系时，桩顶向垫层的刺入采用了如图 6-10 所示的理想球孔破坏模式（毛前和龚晓南，1998），其基本假设为：①桩间土和垫层都是理想弹塑性体，材料服从 Mohr-Coulomb 准则或 Tresca 准则；②垫层足够厚，可以忽略垫层以上材料对垫层模量的影响；③刺入变形只发生在垫层，而下卧层为不可压缩；④桩头为半球形，初始状态以一均匀分布的内压力 p 向周围垫层材料扩张。

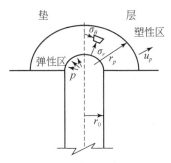

图 6-10　半球桩头刺入垫层

随着荷载的加大，桩所承担的荷载增加，扩张内压力也增大，并使球形孔周围区域由弹性状态逐步进入塑性状态，桩顶向垫层刺入。根据 Vesic 小孔扩张理论，求出弹性状态及塑性状态下的桩土荷载分担比 λ，其表达式为：

$$\lambda = mE_p / ((1-m) E_s) (1 - r_E/(L + r_E))　\tag{6-22}$$

式中，$r_E = r_0 (1+\nu) /(E_p/E_d)$；$E_d$、$\nu$ 为垫层的变形模量和泊松比；L 为桩长；r_0 如图 6-10 中所示；其他符号同前。图 6-10 中 σ_r、σ_θ 分别为径向与环向应力；r_p 为塑性区半径；u_p 为塑性区外侧边界的径向位移；p 为均匀分布的球孔内压力。

基于理想球孔破坏模式的基本假设，垫层最大厚度可采用如图 6-11 所示的 Terzaghi 破坏模式（王年云，1999a，1999b）计算。当桩顶向垫层刺入时，垫层内土体的滑动面形状会出现两类：其一，当垫层厚度相当大时，承台底面不与滑动面接触，桩顶垫层内土体的滑动面形状符合 Terzaghi 对数螺旋线的破坏模式，如图 6-11（a）所示；其二，当垫层厚度不大时，承台底面与滑动面相交，如图 6-11（b）所示。承台底面与滑动面顶点刚接触时的垫层厚度是可取的最大值，并基于图 6-11（a）的滑动面形状，利用 Terzaghi 极限平衡方法所得到的极限承载力公式给出垫层厚度的最大值 δ_{max}。王年云（1999a；1999b）曾基于图 6-11（a）的滑动面形状导得垫层内摩擦角的上限值及垫层的最小厚度。

以上两类情况对垫层效用的研究带来很大帮助，但他们给出的都是针对垫层较厚情况下的解答。工程中常用的桩径为 377mm 左右，垫层厚度为 150 ~ 300mm 左右，对于这种工程中常见的垫层较薄的情况，池跃君等（2001）建议了一种破坏模式——Mandel 与 Salencon 破坏模式，如图 6-12 所示。Mandel 与 Salencon 破坏模式发生的条件是，当土层下埋藏着粗糙刚性层且基底下土层的厚度较薄，地基破坏时的滑动面受到限制的情况。Mandel 与 Salencon 利用塑性理论并借助于数值积分的方法，对粗糙刚性基底提出了极限承载力公式。刚性桩复合地基一般要求桩端落入硬土层、桩间距尽量大，因此可假定桩端土层坚硬，桩顶向垫层刺入，产生了极限平衡区并处于极限平衡状态，符合 Mandel 与 Salencon 破坏模式。

2. 桩间土的破坏模式

图 6-12 为天然地基的几种破坏模式。复合地基中的桩间土一般出现类似于图 6-13 的破坏模式，实际上是浅层土的破坏。图 6-13（a）、图 6-13（b）为地基中出现了剪切滑动面；图 6-13（c）为地基土发生了冲剪破坏，并产生了较大变形。需要注意的是，粉喷桩

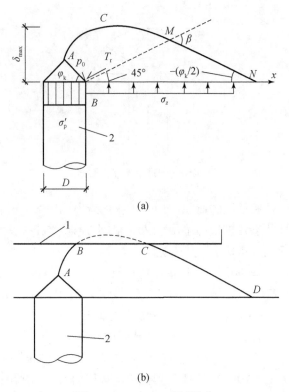

(a)

(b)

图 6-11　Terzaghi 破坏模式

1. 承台底面；2. 桩

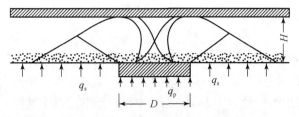

图 6-12　Mandel 与 Salencon 破坏模式

复合地基的破坏模式并非浅层土的破坏，因为粉喷桩复合地基具有以下特点：

（1）复合地基中的粉喷桩可以有效地防止剪切滑动面的出现。

（2）粉喷桩复合地基中，桩和土共同工作，无论桩间土在初始阶段分担了多少荷载，一旦桩间土达到其极限承载力，桩间土分担的荷载就会向桩上转移，此时，除非桩也达到其极限承载力，否则图 6-13 中的破坏模式将不会出现。实际上在复合地基中，粉喷桩充分发挥其承载力所需的变形量较桩间土小很多，因此粉喷桩承载力的发挥程度始终超过桩间土的发挥程度，即桩间土不可能先于桩出现极限状态。

综上所述，可以认为在粉喷桩复合地基中，只要不出现施工质量事故等意外因素，桩间土浅层破坏模式不可能出现。

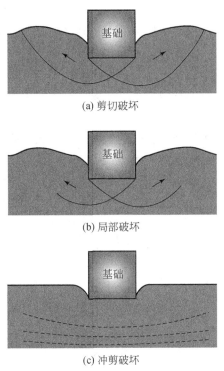

(a) 剪切破坏

(b) 局部破坏

(c) 冲剪破坏

图 6-13 天然地基破坏模式

6.5 桩体复合地基承载力计算方法

现有的桩体复合地基承载力公式认为复合地基承载力是由地基承载力和桩体承载力两部分组成的，如何合理估计两者对复合地基承载力的贡献是桩体复合地基承载力计算的关键。

对复合地基在荷载作用下的破坏形式，通常认为刚性基础下复合地基中桩体先发生破坏，而柔性基础下复合地基中桩间土先发生破坏。若复合地基中桩体先发生破坏，则复合地基破坏时桩间土承载力发挥多少是需要估计的。若桩间土先发生破坏，复合地基破坏时桩体承载力发挥度也只能估计。另外复合地基中的桩间土的极限荷载与天然地基的是不同的。同样，复合地基中的桩体所能够承担的极限荷载与自由单桩所能承担的极限荷载也是不同的。因此桩体复合地基承载力计算比较复杂。

桩体复合地基中的桩体可以分成两类，黏结材料桩和散体材料桩，黏结材料桩又可以分成柔性材料桩和刚性材料桩。两类桩的荷载传递机理是不相同的。黏结材料桩的承载力大小取决于桩侧摩阻力和桩底端承力，而散体材料桩的承载力大小主要取决于桩侧土所能提供的侧限力的大小。

以下将首先介绍桩体复合地基极限承载力统一表达式，然后对每一种桩体的复合地基承载力计算分别进行介绍。

1. 桩体复合地基承载力通式

王启铜等（1992）建议采用下述桩体复合地基极限承载力统一表达式：

$$f_{spk} = k_1\lambda_1 m f_{pk} + k_2\lambda_2 (1-m) f_{sk} \tag{6-23}$$

或

$$f_{spk} = (k_1\lambda_1 + k_2\lambda_2 m (n-1)) f_{sk} \tag{6-24}$$

$$m = d / d_e \tag{6-25}$$

式中，f_{spk} 为复合地基的承载力特征值；f_{pk} 为桩体竖向承载力特征值；f_{sk} 为桩间土的承载力特征值；m 为复合地基面积置换率；n 为桩土应力比；k_1、k_2 分别为反映复合地基中增强体和周围地基土实际承载力的修正系数，均与地基土质情况、成桩方法的因素有关，k_1 一般大于 1.0，而 k_2 可能大于 1.0，也可能小于 1.0；λ_1、λ_2 分别称为增强体强度发挥度和基体强度发挥度，分别表示复合地基破坏时，增强体和基体发挥其强度的比例。若桩体先达到极限强度，引起复合地基破坏，则 $\lambda_1 = 1.0$；若周围地基土先达到极限强度，则 $\lambda_1 < 1.0$。λ_2 通常在 0.4 和 1.0 之间；d 为桩身平均直径（m），d_e 为根桩分担的处理地基面积的等效圆直径；对于等边三角形布桩，$d_e = 1.05s$；对于正方形布桩，$d_e = 1.13s$；对于矩形布桩，$d_e = 1.13\sqrt{s_1 s_2}$；s、s_1、s_2 分别为桩间距、纵向间距和横向间距。

上式是采用载荷试验分别求出之后，利用力的平衡法则导出的。在现行规范中有时根据经验来估算承载力，但分析起来仍和上述表达式一致。从上两式可以看出：

（1）表达式是按增强体（桩）和周围地基土的面积比例分配应力的；桩体单位面积承载力 f_{pk} 和桩间土承载力 f_{sk} 必须是等量变形条件下的承载力；应力比 n 必须是在所取 f_{pk} 和 f_{sk} 定值下的应力比，因为 n 值是随荷载变化而变化的。

（2）承载力 f_{sk} 不同于天然地基土的承载力，它是地基处理后的周围地基土的承载力。经过复合处理后，增强体对周围地基土都有不同的挤密或振密作用，地基土的承载力将提高。

必须指出，复合地基是由两类刚度不同的材料组成的（尽管可能都是柔性材料），在刚性基础作用下，基底应力必须按地基材料刚度的大小进行分配，应力集中在桩顶。正是这种应力集中现象，才形成了复合地基的复合强度。

2. 散体材料桩的承载力

散体材料桩的承载力除与桩身材料的性质及其紧密程度有关外，主要取决于桩周地基土体的侧限能力。在荷载作用下，散体材料桩的存在使桩土体从原来主要是垂向受力的状态改变为主要水平向受力状态，桩间地基土对桩体的侧限能力对散体材料桩复合地基的承载力起关键作用。按照桩周地基土对桩体侧限力的计算方法可以把散体材料桩承载力计算公式分为以下两大类。

1）侧向极限应力法

侧向极限应力法计算散体材料桩承载力时的表达式一般如下：

$$p_{pf} = \sigma_{ru} K_p \tag{6-26}$$

式中，σ_{ru} 为侧向极限应力，目前已有几种不同计算方法，如 Brauns（1978）计算式，圆孔扩展理论计算式等；K_p 为桩体材料的被动土压力系数。

2）被动土压力法

在这类方法中，桩周地基土的侧限力是采用计算桩周土中的被动土压力得到。单桩承载力表达式为：

$$p_{pf} = \left[\left(\gamma z + q_1 \right) K_{ps} + 2C_u K_{ps}^{1/2} \right] K_p \tag{6-27}$$

式中，γ 为土的重度；z 为桩的鼓胀深度；q_1 为桩间土荷载；C_u 为土的不排水抗剪强度；K_{ps} 为桩间土的被动土压力。

3. 柔性桩的承载力

实测表明，柔性桩桩侧摩阻力沿深度总体上是逐渐减小的，当桩长超过临界桩长时，桩侧摩阻力等于零。

工程上应用的柔性桩不仅刚度小，而且桩体强度也较低，柔性桩极限承载力往往根据下述两种情况计算确定。

1）根据桩身强度计算

根据桩身强度计算单桩极限承载力公式为：

$$p_{pf} = q_2 \tag{6-28}$$

式中，q_2 为桩体极限抗压强度。

2）根据桩侧摩阻力计算

由于柔性桩荷载传递规律尚处研究阶段，在工程应用上，目前还沿用根据桩侧摩阻力和桩端端阻力计算单桩承载力的计算模式，其计算式为：

$$p_{pf} = \left(\Sigma f_i s_0 l_i + \lambda A_p R \right) / A_p \tag{6-29}$$

式中，f_i 为桩间土摩阻力系数；s_0 为桩身周边长度；l_i 为按土层划分各段桩长；R 为桩端土极限承载力；A_p 为桩身横断面积；λ 为折减系数。

在应用上式时，应注意计算桩长应小于等于临界桩长 l_0，即：

$$\Sigma l_i \leqslant l_0 \tag{6-30}$$

桩长大于有效桩长时，计算桩长应取有效桩长值。柔性桩极限承载力取前两式计算值中较小值。

4. 刚性桩的承载力

复合地基中的刚性桩实质上就是一般桩基中的摩擦桩，因此，对于刚性桩复合地基和柔性复合地基，桩体竖向承载力特征值 f_{pk} 可采用类似摩擦桩单桩竖向承载力特征值 R_{ak}^d 计算公式计算，其表达式为：

$$R_{ak}^d = U_p \Sigma q_{sai} l_i + A_p q_{pa} \tag{6-31}$$

$$f_{spk} = k_1 \lambda_1 m \, R_{ak}^d / A_p + k_2 \lambda_2 (1 - m) f_{sk} \tag{6-32}$$

式中，q_{sai} 为第 i 层桩周土的承载力特征值；q_{pa} 为桩端土的承载力特征值；为 U_p 桩周周边长度；A_p 为桩身截面积；l_i 为按土层划分的各段桩长。

按式（6-32）计算桩体承载力特征值时，尚需计算桩身材料强度确定的单桩承载力特征值，即：

$$R_{ak}^d = A_p f_{rk} \tag{6-33}$$

式中，f_{rk} 为桩体抗压强度标准值。由式（6-32）、式（6-33）计算所得两者中取较小值为桩的承载力特征值。

5. 桩间土极限承载力计算

使桩间土极限承载力有别于天然地基极限承载力的主要影响因素是：在桩的设置过程中对桩间土的挤密作用；在软黏土地基设置桩体过程中，由于振动、挤压、扰动等原因，使桩间土出现超孔隙水压力，土体强度有所降低。但复合地基施工完成后，一方面随着时间的推移原地基土强度逐渐恢复，另一方面地基中超孔隙水压力消散。桩土中有效应力增大，抗剪强度提高。这两部分的综合作用使桩间土的承载力往往大于天然地基承载力。此外，桩体材料性质有时也对桩间土的强度有影响。以上影响因素大多使桩间土的极限承载力高于天然土地基的极限承载力。

复合地基中天然地基承载力标准值除了直接通过载荷试验，以及根据土工试验资料，查阅有关规范规定外，也可采用极限承载力公式进行计算。已知桩体承载力标准值和桩间土承载力标准值，得到复合地基承载力标准值。

6. 复合地基加固区下卧层承载力验算

当复合地基加固区下卧层为软弱土层时，按复合地基加固区地基承载力计算基础的底面尺寸后，尚需对下卧层承载力进行验算。要求作用在下卧层顶面处附加应力 P_0 和自重应力 σ_{cz} 之和不超过下卧层的承载力设计值 $[R]$，即：

$$P_0+\sigma_{cz} \leqslant [R] \tag{6-34}$$

确定附加应力可用双层地基中附加应力分布理论或数值分析方法计算。为简化起见，也可采用压力扩散法计算。

上文中谈到了复合地基的标准值的计算方法，然而复合地基的设计值如何选取存在问题。浅基础的地基承载力设计值是根据标准值进行深宽修正后获得的，而这种方法并不适合复合地基。

6.6　复合地基载荷试验及承载力确定标准化的讨论

复合地基已由传统的柔性桩复合地基发展到半刚性桩复合地基和刚性桩复合地基，在城市民用建筑中，越来越多地采用半刚性桩复合地基和刚性桩复合地基，其中刚性桩复合地基采用 CFG 桩（强度等级 C10 以上）、沉管灌注桩（包括素混凝土桩）、静压预制桩等刚性桩与桩间土共同承担荷载，桩顶处常设置 100~300mm 褥垫层。复合地基承载力大幅度提高，复合地基承载性状与传统柔性桩有较大变化，载荷试验加载量越来越大，试验方法也分为单桩、桩间土载荷试验与单桩或多桩复合地基载荷试验。水泥土桩也在向长桩发展，最大桩长已达 27m 以上。

目前，国内外还没有一个统一的有关在复合地基上进行载荷试验的规程，《建筑地基处理技术规范》（GBJ50007-2012）又强调应通过现场载荷试验确定复合地基承载力，而无论刚性桩复合地基还是半刚性桩复合地基，与传统柔性桩复合地基相比，其承载力性状及破坏机理均发生了显著变化，这些问题对传统的并为工程实践中所主要采用的根据沉降比确定复合地基承载力的复合地基载荷试验方法提出了挑战。以下通过某承载力试验的结果来分析沉降比，确定复合地基承载力的复合地基载荷试验方法的随意性和不准确性。

图 6-14 是三根单桩静载试验 P-s 曲线，桩长 18m，桩径 600mm。桩身全长取芯试验表明加固效果较好。1 号桩和 2 号桩加荷至 160kN 后 P-s 曲线均发生了陡降，破坏时对应的桩顶沉降分别为 18.24mm 和 7.32mm，卸荷后回弹量分别为 4.5mm 和 1.93mm，3 号桩加荷至 140kN 时，P-s 曲线产生第一次陡降，桩顶沉降由 9.18mm 激增至 32.00mm，然后再加荷时，桩顶沉降增加又较缓慢，直至加荷至 170kN 时，P-s 曲线产生第二次陡降。卸荷回弹量为 6.67mm。

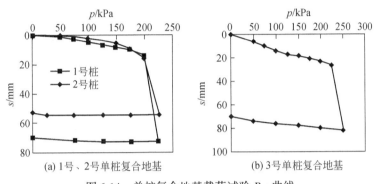

图 6-14 单桩复合地基载荷试验 P-s 曲线

2 号桩桩顶卸荷回弹量很小，破坏时对应的桩顶沉降量也很小，显然，桩身在浅部压坏，而 1 号桩由于有一定回弹量，破坏时桩顶沉降量也远大于 2 号桩，可推断 1 号桩桩身在桩顶以下某一截面处压坏。而 3 号桩显然是在加荷至 140kN 时，桩身某薄弱截面处被压碎，然后薄弱截面以上桩身下沉至与薄弱截面以下桩段紧密接触，使桩顶沉降增幅在此后加荷过程中减缓，直至在 170kN 荷载下桩身某截面再次被压坏而产生陡降。

图 6-14 是相同条件下进行的三个单桩复合地基载荷试验成果，载荷板尺寸为 1m ×1m，承压板下土天然地基承载力特征值 f_{ak} =42kPa。三组单桩复合地基载荷试验 p-s 曲线均出现陡降段，s-$\lg t$ 曲线均在最后一级荷载下明显向下转折，存在明显的极限荷载。三个单桩复合地基载荷试验对应的极限承载力 f_u 分别为 200kPa、200kPa 和 225kPa，对应的沉降分别为 16.87mm、14.12mm 和 25.14mm。相应复合地基承载力 f_{ak}（f_{ak}=f_u/2）分别为 100kPa、100kPa 和 112.5kPa，对应的沉降分别为 2.69mm、5.32mm 和 14.23mm，对应沉降比 s/b 分别为 0.00269、0.00532 和 0.0142。而如果仅加载至承压板沉降量 s 超过 0.01b 就停止加载，按现行规范取沉降比 s/b = 0.01 对应的荷载作为复合地基承载力，则三组单桩复合地基载荷试验判定的复合地基承载力分别为 178kPa、174kPa 和 86kPa；而如果取 s/b = 0.004 对应的荷载作为复合地基承载力，则三组单桩复合地基载荷试验判定的复合地基承载力分别为 127kPa、85kPa 和 46kPa。

显然，按 s/b = 0.01 确定的复合地基承载力对 1 号单桩复合地基和 2 号单桩复合地基严重偏高，而即使按 s/b = 0.004 确定复合地基承载力，对 1 号单桩复合地基来说仍然偏高 27%。

以上试验成果说明，仅仅按 $s/b = 0.004 \sim 0.01$ 来确定复合地基承载力，其随意性很大，而且相对于其极限承载力来说，所确定的复合地基承载力特征值安全度不明确。

为研究多桩情况下复合地基的破坏模式，在该工程还进行了四桩复合地基载荷试验。桩中心距 1.0m，载荷板尺寸为 2m×2m。载荷试验成果见图 6-15。

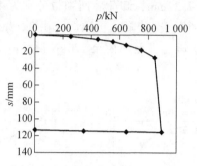

图 6-15　四桩复合地基 $p\text{--}s$ 曲线

四桩复合地基依然出现显著的陡降段，极限荷载可很容易判定。该四桩复合地基极限承载力为 853kN，相当于 $f_u = 213.3\text{kPa}$，对应沉降为 26.28mm，相应复合地基承载力 f_{ak} 为 106.6kPa，对应的沉降为 4.71mm，相当于 $0.0023s/b$。显然，对此载荷试验，采用 $s/b = 0.004 \sim 0.01$ 对应的荷载作为复合地基承载力，为 141~196kPa，相对于极限承载力来说，按沉降比将会给出过高的、安全度严重不足的复合地基承载力。该试验卸荷后回弹量仅为 2.05mm，说明桩身破坏位置较浅。

上述复合地基载荷试验荷载荷载–沉降关系均为陡降型，根据极限承载力确定的复合地基承载力 f_{ak} 对应的沉降很小。以上试验成果说明，按规定的沉降比确定复合地基承载力时，应注意其前提条件是，复合地基压力沉降关系曲线应是一条平缓的光滑曲线，否则，应加载至极限状态确定其极限承载力从而确定承载力。

由试验数据及图 6-15 可知，对刚性桩复合地基，当桩相同而承压板宽度不同时，忽略桩土相互作用影响，相同沉降比 s/b 下土的反力可能几乎相同，但桩顶反力将可能相差很多，这样确定的复合地基承载力，其安全度必然不同。因此，不能将天然地基及柔性桩复合地基的标准简单应用于非柔性桩复合地基。可见，刚性桩似乎不能与常规意义上的复合地基中的竖向增强体等同对待，前者的承载力往往受土提供给桩体的阻力控制，而后者的承载力似乎主要是由桩体的材料强度或桩体自身压缩量所控制。

综合分析试验结果可以认为：

（1）对刚性桩复合地基的承载力，根据式（6-23）确定的复合地基承载力，对桩、土均明确采用其承载力特征值；

（2）按沉降比 s/b 确定刚性桩复合地基承载力时，由于桩顶反力对沉降的变化较为敏感，单桩承载力特征值和单桩极限承载力对应的沉降有时仅相差几个毫米。因此，s/b 取值不同对承载力的影响很大，由于 s/b 可在 $0.004 \sim 0.01$ 之间选取，人为取值不同造成的差异较大。因此，不能简单套用柔性桩复合地基的方法；

（3）与按式（6-23）确定的复合地基承载力特征值相比较，当承压板宽度小、s/b 取值小时，所得复合地基承载力偏小。当承压板宽度较大，即使取 $s/b=0.004$ 确定的复合地基承载力特征值仍与式（6-23）确定的承载力特征值相当；

（4）若 s/b 取值大时，例如 $s/b=0.01$，由此确定的复合地基承载力，当桩间土承载力不高，其所得承载力可能偏大较多；而当桩间土承载力较高时，其所得承载力可能偏小；

（5）采用沉降比 s/b 确定复合地基承载力时，如取相同沉降比，由于复合地基承载力受承压板尺寸影响显著，这样确定的复合地基承载力，与式（6-23）对桩明确采用其承载力特征值相比，对桩承载力的利用是不明确的。

因此，对刚性桩复合地基，即使荷载-沉降关系为缓变型的光滑曲线，也不能简单套用天然地基和柔性桩复合地基按沉降比确定复合地基承载力的方法。

III　实践工程指导

6.7　复合地基处理深度和范围

复合地基同其他地基一样，除满足强度要求外，还应满足变形的要求。正是因为天然地基的强度不够，才采用复合地基进行处理。如果处理后仍不能满足强度要求，说明不应采用复合地基方案。

因为桩和桩间土的变形模量之比大于两者的应力比。一般情况下，如果复合地基能满足强度要求，由于变形模量可以随强度的提高而同步提高，变形也可以满足要求。

6.7.1　处理深度

在满足强度要求的前提下，处理深度主要取决于地基的变形要求。至于其他方面的特殊要求，应具体问题具体分析。求出基底应力后，根据地质资料的具体情况，首先假定一个处理深度，再求出复合层底面的应力，然后按前一节的沉降计算办法求出复合层和下卧层的沉降量；如果符合要求则已，如不能满足要求，则调整深度后再计算。虽然计算工作量较大，但试算却是一个正确方法。

有不少靠经验确定某些指标以间接确定处理深度的经验公式，但它们都无法恰当地解决这个问题。实际上，由于地基情况复杂，想用一个简便公式确定处理深度是很难做到的。我们只能在理论和实践可能的条件下，尽量简化计算工作。在复合层下没有硬土层时，我们不可能将基底应力有效范围内全部处理，特别是在箱基和筏基之下更是这样。但经过处理的复合地基沉降量肯定小于原天然地基的沉降量。根据已有的工程实践资料来看，其减少数量约为 20%～40%，复合层底有硬土层时可达 50% 左右。又由于计算天然地基沉降要比计算复合地基沉降简便，设计中可以按通常的方法求出天然地基沉降量，将各分层的沉降量乘以 0.6～0.8 的系数，然后逐层进行总和，直至满足需要控制的沉降量为止。这样就可以确定一个近似的处理深度，最后根据需要再决定是否采用精确方法计算沉降量。

6.7.2　处理范围

从广义来讲，复合地基也是地基，其处理范围应按地基的有效范围来确定。而地基的有效范围（受力宽度）和压力层的厚度成比例，即：

$$B' = B + 2H\tan\theta \tag{6-35}$$

式中，B' 为地基的受力宽度；B 为基础宽度；H 为有效压缩层的厚度（压力层厚度）；θ 为地基土的内摩擦角。

但是，由于复合地基中应力集中在桩顶，所以不能简单套用上述公式。复合地基中，每个桩周围都有一个挤密的范围或者黏性土重新固结的范围，我们称这个影响范围的直径为"有效影响圆直径 D_e"。一般来说 $D_e \geq 2D$（D 为桩的直径）。这样，参照一般人工地基处理范围，根据"应力集中"和"有效影响圆直径"两个因素，即可确定处理范围：

（1）使边排桩的 φ 值的外边界能够满足地基的受力宽度即可；

（2）由于应力集中在桩顶，复合地基的有效受力范围小于相同条件下的天然地基；和一般人工地基相比，地基的受力宽度也较小。

根据这两个特点并按照复合层的常用厚度，在一般的情况下即可用一种简便办法来确定处理范围：首先保证地基基础边缘在桩的控制范围之内（极限状态是基础边缘就在桩上），然后按照设计桩距在其外再加一排保护桩，此排保护的 D_e 值能够满足地基的受力宽度即可。

6.8　复合地基垫层的设置

在地基设计中，加设垫层的目的是为了提高地基的性能。而在复合地基中如果垫层设置不当，就会起到相反的作用。复合地基的设计计算办法是假定在刚性基础作用下导出的。如果是柔性基础或在刚性基础与复合层间加设一层有一定厚度的柔性垫层，复合地基的受力状态就有明显的变化。因为柔性垫层的存在使桩和桩间土变形一致的原则不再适用，桩顶应力集中的现象基本消失。如果仍然采用前述的设计计算办法，其结果会造成很大误差。因此，关于垫层的设置问题，特提出如下建议：

（1）铺设厚度≤0.3m 的砂石垫层（含土量不得大于15%），仅考虑其"找平"作用，仍按前述办法设计计算；

（2）铺设刚性垫层（如灰土垫层、混凝土垫层等），但必须保证垫层的刚度和强度；

（3）如果铺设厚度≥0.5m 的柔性垫层，则必须对计算办法进行修正。

另外还应指出，几种施工方法中在桩顶的 0.6～1.0m 长度内的桩体不密实，施工中应将此部分挖去。如果用这部分含土量太大的混合料铺成复合层地基上的垫层，对工程质量是不利的，理论上也不合理。

复合地基设计中值得研究的问题还很多，例如，复合地基的"后期强度"问题；置换率、桩径和桩距的优化设计问题；质量监控和检测问题；桩体材料的组成和砂石料级配问题；施工技术要点等。

展望复合地基技术的发展,可以相信最近几年在理论和工程实践两个方面我国都会有长足的发展。

6.9 复合地基承载力检测

6.9.1 复合地基变形的影响因素

复合地基变形的影响因素分为可变因素和不变因素:
(1) 复合土层土性及变形模量(不变);
(2) 下卧土层的埋深(可变)、土性及各土层变形模量(不变);
(3) 周围建筑与地面荷载(不变);
(4) 支护结构对其产生的约束(不变,可利用);
(5) 地下水渗流及水位变化(不变,可利用);
(6) 桩的类型与桩土相互作用程度(可变,可利用);
(7) 桩体模量、桩端土层的压缩性及桩底虚土状态(可变);
(8) 基础的尺寸及刚柔特性(可变);
(9) 桩与桩间土的荷载分担及桩间土附加应力(可变);
(10) 桩底土附加应力(可变);
(11) 土的动荷反应即土的动力特性(可变);
(12) 复合地基的应力历史与岩土工程的施工方法(可变,可利用)。

6.9.2 复合地基检测方法

复合地基检测方法有静载荷试验、标准贯入试验、重型动力触探试验、轻便触探试验、静力触探试验、低应变动力检测、室内土工试验等。这些测试手段中静载荷试验用来确定基础底面处承载力标准值和变形模量;其他测试手段能够确定复合地基纵向和横向的均匀性,并确定测试不同深度承载力标准值。在确定复合地基承载力标准值时,应采用上述两种或两种以上手段进行,有条件时尽可能采用静载荷试验。在进行静载荷试验时,应当在基础底面位置压板下铺设 3~5cm 厚的中粗砂,压板面积和形状要与复合地基的具体情况相符,桩按三角形布置时应用圆形,若按正方形或矩形布置时用方形或矩形板,否则就改变了复合地基的单元块边界条件(即周围桩和土对单元块的约束条件),相当于改变了桩的布置方式;压板面积与基本单元块相符,否则相当于改变了原设计的面积置换率 m 值,即桩间距发生了变化,同时也改变了桩土约束条件,使测试结果不具有代表性。若采用其他手段测试要按照有关规范进行。

6.9.3 复合地基载荷试验

1. 试验方法

载荷试验法是工程中确定复合地基承载力最常用的方法,它可以提供直接的可靠的结果。它不仅为复合地基的设计提供依据,同时也为施工质量管理提供依据。因此,复合地基的载荷试验能有效地管理施工质量，为复合地基的理论与实践的结合提供基础。

关于承载力基本值的确定分三种情况：按比例极限取值，按极限荷载取值，按相对变形取值。从大量的复合地基载荷试验结果分析可知，荷载与沉降 Q–s 关系曲线一般看不出有明显的比例极限，也很少出现极限荷载，通常是一条缓慢变化的曲线。因而，只能按控制相对变形方法确定复合地基的承载力。

在我国现行《建筑地基处理技术规范》（JGJ79-2012）中，只对方形或圆形载荷板试验按相对变形确定复合地基承载力有明确的规定。但对矩形载荷板试验的复合地基承载力未做说明，如仍按方形载荷板试验的相对变形取值是不合理。可以用均质半无限空间的沉降计算公式分析复合地基承载力的取值。

设方形荷载作用时的承载力系数为 K_0，矩形荷载作用时的承载力系数为 K_m（矩形的宽度 B 等于方形的边长），根据相同地基的相同承载力（载荷试验中可以认为是均布作用荷载 p_0 相同），导出矩形荷载作用时的沉降 s_m 与方形荷载作用时的沉降 s_0 关系：

$$s_m/B = \frac{K_0}{K_m} \cdot s_0/B = \frac{I_{w,m}}{I_{w,0}} \cdot s_0/B \tag{6-36}$$

式中，$I_{w,0}$ 与 $I_{w,m}$ 分别为方形荷载和矩形荷载作用时的沉降影响系数。

根据式（6-40）可以得出均布荷载 p_0 相同，载荷板尺寸不同时的沉降关系。设方形载荷板的沉降 $s_0/B=1$，则不同矩形载荷板尺寸的沉降 s_m/B 的变化关系见表6-2。

表6-2　相同均布荷载 P_0 作用时，不同载荷板尺寸的沉降变化关系

M/B	1.0	1.5	2.0	2.5	3.0	4.0	5.0	10.0	100.0
s_m/B	1.00	1.21	1.36	1.49	1.59	1.75	1.88	2.27	3.57

如表6-2所示，在相同的均布荷载 p_0 作用下，由于载荷板形状不同，复合地基的沉降与载荷板的宽度并非成比例，还与载荷板的长度有关。此外，采用矩形面积等代法（假定矩形面积与方形面积相等，而按方形的边长的相对变形取值）确定复合地基的承载力偏大，且无可靠的依据。

图6-16（a）为常规单桩复合地基载荷试验示意图。由于褥垫层对复合地基破坏模式有显著影响，因此也有在承压板下设置厚褥垫层的单桩复合地基载荷试验，见图6-16（b），以此来分析并考虑褥垫层对复合地基承载力的作用。褥垫层仅在承压板下设置以避免产生应力扩散作用，在褥垫层周围砌砖模以限制垫层侧向变形，模拟大面积筏片下褥垫层的侧限条件和一维压缩。

2. 试验要点

本试验要点适用于单桩复合地基载荷试验和多桩复合地基载荷试验。

复合地基载荷试验用于测定承压板下应力主要影响范围内复合土层的承载力和变形参数。复合地基载荷试验承压板应具有足够刚度。单桩复合地基载荷试验的承压板可用圆形或方形，面积为一根桩承担的处理面积；多桩复合地基载荷试验的承压板可用方形或矩形，其尺寸按实际桩数所承担的处理面积确定。桩的中心（或形心）应与承压板中心保持一致，并与荷载作用点相重合。

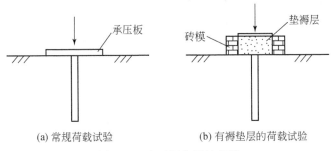

(a) 常规荷载试验   (b) 有褥垫层的荷载试验

图 6-16 有无褥垫层的荷载

承压板底面标高应与桩顶设计标高相适应。承压板底面下宜铺设粗砂或中砂垫层，垫层厚度取 50～150mm，桩身强度高时宜取大值。试验标高处的试坑高度和宽度，应不小于承压板尺寸的 3 倍。基准梁的支点应设在试坑之外。

试验前应采取措施，防止试验场地地基土含水量变化或地基土扰动。以免影响试验结果。

加载等级可分为 8～12 级，最大加载压力不应小于设计要求压力值的 2 倍。

每加一级荷载前后均应各读记承压板沉降量一次，以后每半个小时读记一次。当一小时内沉降量小于 0.1mm 时，即可加下一级荷载。

当出现下列现象之一时可终止试验：

（1）沉降急剧增大，土被挤出或承压板周围出现明显的隆起；

（2）承压板的累计沉降量已大于其宽度或直径的 6%；

（3）当达不到极限荷载，而最大加载压力已大于设计要求压力值的 2 倍。

卸载级数可为加载级数的一半，等量进行，每卸一级，间隔半小时，读记回弹量，待卸完全部荷载后间隔三小时读记总回弹量。

复合地基承载力特征值的确定：

（1）当压力–沉降曲线上极限荷载能确定，而其值不小于对应比例界限的 2 倍时，可取比例界限；

（2）当其值小于对应比例界限的 2 倍时，可取极限荷载的一半；

（3）当压力–沉降曲线是平缓的光滑曲线时，可按相对变形值确定：

①对砂石桩、振冲桩复合地基或强夯置换墩：以黏性土为主的地基，可取 s/b 或 s/d 等于 0.015 所对应的压力（s 为载荷试验承压板的沉降量）；b 和 d 分别为承压板宽度和直径（当其值大于 2m 时，按 2m 计算）；当以粉土或砂土为主的地基，可取 s/b 或 s/d 等于 0.01 所对应的压力。

②对土挤密桩、石灰桩或柱锤冲扩桩复合地基，可取 s/b 或 s/d 等于 0.012 所对应的压力。对灰土挤密桩复合地基，可取 s/b 或 s/d 等于 0.008 所对应的压力。

③对水泥粉煤灰碎石桩或夯实水泥土桩复合地基，当以卵石、圆砾、密实粗中砂为主的地基，可取 s/b 或 s/d 等于 0.008 所对应的压力；当以黏性土、粉土为主的地基，可取 s/b 或 s/d 等于 0.01 所对应的压力。

④对水泥土搅拌桩或旋喷桩复合地基，可取 s/b 或 s/d 等于 0.006 所对应的压力。

⑤对有经验的地区，也可按当地经验确定相对变形值。

按相对变形值确定的承载力特征值不应大于最大加载压力的一半。

试验点的数量不应少于 3 点，当满足其极差不超过平均值的 30% 时，可取其平均值为复合地基承载力特征值。

第7章 散体材料桩复合地基

I 基础理论

7.1 石灰桩法

7.1.1 概述

石灰桩法属电化学加固法。石灰桩是以生石灰为主要固化剂，与粉煤灰或火山灰、炉渣、矿渣、黏性土等掺合料按一定的比例均匀混合后，在桩孔中经机械或人工分层振压或夯实所形成的密实桩体。为提高桩身强度，还可掺加石膏、水泥等外加剂。

石灰桩的主要作用机理是通过生石灰的吸水膨胀挤密桩周土，继而经过离子交换和胶凝反应使桩间土强度提高。同时桩身生石灰与活性掺合料经过水化、胶凝反应，使桩身具有 0.3~1.0MPa 的抗压强度。石灰桩属可压缩的低黏结强度桩，能与桩间土共同作用形成复合地基。

7.1.2 适用范围

根据我国的实际情况及技术水平，石灰桩技术适用于加固杂填土、素填土、黏性土，特别适用于加固淤泥和淤泥质土，有经验时也可用于加固粉土。加固深度不宜超过 8m，不适用于地下水的砂类土。

国外的技术水平，除地下水流动的土层不宜采用石灰桩加固外，其他软弱土层均适用，桩长可达 35m。

石灰桩可以大幅度地提高软土地基的承载力，减少沉降量，提高稳定性，适用于以下工程：

（1）深厚软土地区 7 层以内，一般软土地区 9 层以内的民用建筑物或相当的其他多层工业建筑物和构筑物。

（2）如配合箱基、筏基，在一些情况下，也可用于 12 层左右的高层建筑。

（3）有工程经验时，也可用于软土地区大面积堆载场地或大跨度建筑物独立柱基下的软弱地基加固。

（4）可用于设备基础和高层建筑物深基开挖的支护结构中。

（5）适用于公路、铁路桥涵后填土及路基软土加固。

7.1.3 一般规定

（1）石灰桩法用于地下水位以上的土层时，宜增加掺合料的含水量并减少生石灰用量，或采取土层浸水等措施。

（2）对重要工程或缺少经验的地区，施工前应进行桩身材料配合比、成桩工艺及复合地基承载力试验。桩身材料配合比试验应在现场地基土中进行。

（3）石灰桩可就地取材，各地生石灰、掺合料及土质均有差异，在无经验的地区应进行材料配比试验。由于生石灰膨胀作用，其强度与侧限有关，因此，配比试验宜在现场地基土中进行。

7.1.4　设计

设计要求主要有以下几点：

（1）石灰桩的主要固化剂为生石灰，掺合料宜优先选用粉煤灰、火山灰、炉渣等工业废料。生石灰与粉煤灰、炉渣、火山灰等活性材料可以发生水化反应，生成不溶于水的水化物，同时使用工业废料也符合国家环保政策。生石灰与掺合料的配合比宜根据地质情况确定，工程实践及试验总结，生石灰与掺合料的体积比为 1：1 或 1：2 较合理，土质软弱时采用 1：1，一般采用 1：2。在淤泥中增加生石灰用量有利于淤泥的固结，桩顶附近减少生石灰用量可减少生石灰膨胀引起的地面隆起，同时桩体强度较高，当生石灰用量超过总体积的 30% 时，桩身强度下降，但对软土的加固效果较好。桩身材料加入少量的石膏或水泥可以提高桩身强度，在地下水渗透较严重的情况下或提高桩顶强度时，可适量加入。当掺石膏和水泥时，掺加量为生石灰用量的 3% ~ 10%。块状生石灰经测试其孔隙率为 35% ~ 39%，掺合料的掺入数量理论上至少应能充满生石灰块的孔隙，以降低造价，减少生石灰膨胀作用的内耗。

（2）当地基需要排水通道时，可在桩顶以上设 200 ~ 300mm 厚的砂石垫层。石灰桩属可压缩性桩，一般情况下桩顶可不设垫层。石灰桩身根据不同的掺合料有不同的渗透系数，其值为 10^{-3} ~ 10^{-5} cm/s 量级，可作为竖向排水通道。

（3）石灰桩宜留 500mm 以上的孔口高度，并用含水量适当的黏性土封口，封口材料必须夯实，封口标高应略高于原地面。石灰桩桩顶施工标高应高出设计桩顶标高 100mm 以上。

（4）石灰桩成孔直径应根据设计要求及所选用的成孔方法确定，常用 300 ~ 400mm，可按等边三角形或矩形布桩，桩中心距可取 2 ~ 3 倍成孔直径。石灰桩可仅布置在基础底面下，当基底土的承载力特征值小于 70kPa 时，宜在基础以外布置 1 ~ 2 排围护桩。

试验表明，石灰桩宜采用细而密的布桩方式，这样可以充分发挥生石灰的膨胀挤密效应，但桩径过小则施工速度受影响。目前人工成孔的桩径以 300mm 为宜，机械成孔以 ϕ350mm 左右为宜。

过去的习惯是将基础以外也布置数排石灰桩，如此则造价剧增，试验表明在一般的软土中，围护桩对提高复合地基承载力的增益不大。在承载力很低的淤泥或淤泥质土中，基础外围增加 1 ~ 2 排围护桩有利于对淤泥的加固，可以提高地基的整体稳定性，同时围护桩可将土中大孔隙挤密起止水作用，提高内排桩的施工质量。

（5）洛阳铲成孔桩长不宜超过 6m；机械成孔管外投料时，桩长不宜超过 8m；螺旋钻成孔及管内投料时应适当加长。

（6）石灰桩桩端宜选在承载力较高的土层中。在深厚的软弱地基中采用"悬浮桩"时，应减少上部结构重心与基础形心的偏心，必要时宜加强上部结构及基础的刚度。

（7）地基处理的深度应根据岩土工程勘察资料及下部结构设计要求确定。应按现行国家标准《建筑地基基础设计规范》（GB50007-2012）验算下卧层承载力及地基的变形。

（8）石灰桩桩身强度与土的强度有密切关系。土强度高时，对桩的约束力大，生石灰膨胀时可增加桩身密度，提高桩身强度，反之当土的强度较低时，桩身强度也相应降低。石灰桩在软土中的桩身强度多在 0.3 ~ 1.0MPa 之间，强度较低，其复合地基承载力不宜超过 160kPa，而多在 120 ~ 160kPa 之间。如土的强度较高，可减少生石灰用量，外加石膏或水泥等外加剂，提高桩身强度，复合地基承载力可以提高，同时应当注意，在强度高的土中，如生石灰用量过大，则会破坏土的结构，综合加固效果不好。

（9）石灰桩复合地基承载力特征值应通过单桩或多桩复合地基载荷试验确定。初步设计时，也可按公式（6-23）估算，公式中 f_{pk} 为石灰桩桩身抗压强度比例界限值，由单桩竖向载荷试验测定，初步设计时可取 350 ~ 500kPa，土质软弱时取低值（kPa）；f_{sk} 为桩间土承载力特征值，取天然地基承载力特征值的 1.05 ~ 1.20 倍，土质软弱或置换率大时取高值（kPa）；m 为面积置换率，桩面积按 1.1 ~ 1.2 倍成孔直径计算，土质软弱时宜取高值。

试验研究证明，当石灰桩复合地基荷载达到其承载力特征值时，具有以下特征：
① 沿桩长范围内各点桩和土的相对位移很小（2mm 以内），桩土变形协调。
② 土的接触压力接近达到桩间土承载力特征值，即桩间土发挥度系数为 1。
③ 桩顶接触压力达到桩体比例极限，桩顶出现塑性变形。
④ 桩土应力比趋于稳定，其值在 2.5 ~ 5 范围内。
⑤ 桩土的接触压力可采用平均压力进行计算。

基于以上特征，按公式（6-25）常规的面积比方法计算复合地基承载力是适宜的。在置换率计算中，桩径除考虑膨胀作用外，尚应考虑桩边 2cm 左右厚的硬壳层，故计算桩径取成孔直径的 1.1 ~ 1.2 倍。

试验检测表明生石灰对桩周边厚 0.3d 左右的环状土体现了明显的加固效果，强度提高系数达 1.4 ~ 1.6，圆环以外的土体加固效果不明显。因此，可采用下式计算桩间土承载力：

$$f_{sk} = \left[\frac{(k-1)d^2}{A_e(1-m)} + 1\right]\mu f_{ak} \tag{7-1}$$

式中，f_{ak} 为天然地基承载力特征值；K 为桩边土强度提高系数，取 1.4 ~ 1.6，软土取高值；A_e 为根桩分担的处理地基面积；m 为置换率；d 为计算桩直径；μ 为成桩中挤压系数，排土成孔时 $\mu=1$，挤土成孔时 $\mu=1 ~ 1.3$（可挤密土取高值，饱和软土取 1）。

（10）处理后地基变形应按现行的国家标准《建筑地基基础设计规范》（GB50007—2011）有关规定进行计算。变形经验系数 ψ_s 可按地区沉降观测资料及经验确定。

石灰桩复合土层的压缩模量宜通过桩身及桩间土压缩试验确定，初步设计时可按下式估算：

$$E_{SP} = \alpha[1 + m(n-1)]E_s \tag{7-2}$$

式中，E_{sp} 为复合土层的压缩模量（MPa）；α 为系数，可取 $1.1 \sim 1.3$，成孔对桩周土挤密效应好或置换率大时取高值；n 为桩土应力比，可取 $3 \sim 4$，长桩取大值；E_s 为天然土的压缩模量（MPa）；

式（7-2）为常规复合模量的计算公式，系数 α 为桩间土加固后压缩模量的提高系数。如前述石灰桩身强度与桩间土强度有对应关系，桩身压缩模量也随桩间土模量的不同而变化，此大彼大，此小彼小，鉴于这种对应性质，复合地基桩土应力比的变化范围缩小，经大量测试，桩土应力比的范围为 $2 \sim 5$，大多为 $3 \sim 4$。

石灰桩的掺合料为轻质的粉煤灰或炉渣，生石灰块的重度约 $10 \mathrm{kN/m^3}$，石灰桩身饱和后重度为 $13 \mathrm{kN/m^3}$，以轻质的石灰桩置换土，复合土层的自重减轻，特别是石灰桩复合地基的置换率较大，减载效应明显，复合土层自重减轻即是减少了桩底下卧层软土的附加应力，以附加应力的减少值反推上部荷载减少的对应值是一个可观的数值。这种减载效应对减少软土变形增益很大。同时考虑石灰的膨胀对桩底土的预压作用，石灰桩底下卧层的变形较常规计算减小，经过湖北、广东地区四十余个工程沉降实测结果的对比（人工洛阳铲成孔、桩长 6m 以内，条形基础简化为筏基计算），变形较常规计算有明显减小。由于各地情况不同，统计数量有限，应以当地经验为主。

7.1.5 施工

石灰桩的施工有如下要求：

（1）石灰材料应选用新鲜生石灰块，有效氧化钙含量不宜低于 70%，粒径不应大于 70mm，含粉量（即消石灰）不宜超过 15%。

（2）掺合料应保持适当的含水量，使用粉煤灰或炉渣时含水量宜控制在 30% 左右。无经验时宜进行成桩工艺试验，确定密实度的施工控制指标。

（3）石灰桩施工可采用洛阳铲或机械成孔。机械成孔分为沉管和螺旋钻成孔。成桩时可采用人工夯实、机械夯实、沉管反插、螺旋反压等工艺。填料时必须分段压（夯）实，人工夯实时每段填料厚度不应大于 400mm。管外投料或人工成孔填料时应采取措施减小地下水渗入孔内的速度，成孔后填料前应排除孔底积水。

（4）施工顺序宜由外围或两侧向中间进行，在软土中宜间隔成桩。

（5）施工前应作好场地排水设施，防止场地积水。

（6）进入场地的生石灰应有防水、防雨、防风、防火措施，宜做到随用随进。

（7）桩位偏差不宜大于 $0.5d$。

（8）应建立完整的施工质量和施工安全管理制度，根据不同的施工工艺制定相应的技术保证措施。及时作好施工记录，监督成桩质量，进行施工阶段的质量检测等。

（9）石灰桩施工中的冲孔（放炮）现象应引起重视，其主要原因在于孔内进水或存水使生石灰与水迅速反应，其温度高达 $200 \sim 300℃$，空气遇热膨胀，不易夯实，桩身孔隙大，孔隙内空气在高温下迅速膨胀，将上部夯实的桩料冲出孔口。应采取减少掺合料含水量，排干孔内积水或降水，加强夯实等措施，确保安全。石灰桩施工时应采取防止冲孔伤人的有效措施，确保施工人员的安全。

7.1.6 质量检测

1. 石灰桩的质量检测要求

(1) 石灰桩施工检测宜在施工 7~10d 后进行；竣工验收检测宜在施工 28d 后进行。石灰桩加固软土的机理分为物理加固和化学加固两个作用，物理作用（吸水、膨胀）的完成时间较短，一般情况下 7d 以内均可完成。此时桩身的直径和密度已定型，在夯实力和生石灰膨胀力作用下，7~10d 桩身已具有一定的强度。而石灰桩的化学作用则速度缓慢，桩身强度的增长可延续 3 年甚至 5 年。考虑到施工的需要，目前将一个月龄期的强度视为桩身设计强度，7~10d 龄期的强度约为设计强度的 60% 左右。

(2) 施工检测可采用静力触探、动力触探或标准贯入试验。检测部位为桩中心及桩间土，每两点为一组。检测组数不少于总桩数的 1%。龄期 7~10d 时，石灰桩身内部仍维持较高的温度（30~50℃），采用静力触探检测时应考虑温度对探头精度的影响。

(3) 石灰桩地基竣工验收时，承载力检验应采用复合地基载荷试验。载荷试验宜为地基处理面积每 200m² 左右布置一个点，且每一单体工程不应少于 3 点。

2. 质量检测结果分析

(1) 大量的检测结果证明，石灰桩复合地基在整个受力阶段，都是受变形控制的，其 p-s 曲线呈缓变型。石灰桩复合地基中的桩土具有良好的协同工作特征，土的变形控制着复合地基的变形，所以石灰桩复合地基的允许变形宜与天然地基的标准相近。

(2) 在取得载荷试验与静力触探检测对比经验的条件下，也可采用静力触探估算复合地基承载力。关于桩体强度的确定，可取 $0.1p_s$ 为桩体比例极限，这是经过桩体取样在试验机上作抗压试验求得比例极限与原位静力触探 p_s 值对比的结果。但仅适用于掺介料为粉煤灰、炉渣的情况。

(3) 地下水以下的桩底存在动水压力。夯实也不如桩的中上部，因此其桩身强度较低。桩的顶部由于覆盖压力有限，桩体强度也有所降低。因此石灰桩的桩体强度沿桩长变化，中部最高，顶部及底部较差。

(4) 试验证明当底部桩身具有一定强度时，由于化学反应的结果，其后期强度可以提高，但当 7~10d 的比贯入阻力很小（贯入值小于 1MPa）时，其后期强度的提高有限。

7.2 柱锤冲扩桩

7.2.1 作用和适用范围

柱锤冲扩桩法适用于处理杂填土、粉土、黏性土、素填土和黄土等地基，对地下水位以下饱和松软土层，应通过现场试验确定其适用性。地基处理深度不宜超过 6m，复合地基承载力特征值不宜超过 160kPa。柱锤冲扩桩有三个作用：

(1) 挤密及破坏土结构的作用；

(2) 排水作用；

（3）形成增强体并呈复合地基的作用。

对大型的、重要的或场地复杂的工程，在正式施工前，应在有代表性的场地上进行试验。

7.2.2　设计要求

设计要求主要有以下几点：

（1）处理范围应大于基底面积。对一般地基，在基础外缘应扩大 1～2 排桩，并不应小于基底下处理土层厚度的1/2。对可液化地基，处理范围可按上述要求适当加宽。

（2）桩位布置可采用正方形、矩形、三角形布置。常用桩距为 1.5～2.5m，或取桩径的 2～3 倍。桩径可取 500～800mm，桩孔内填料量应通过现场试验确定。

（3）地基处理深度可根据工程地质情况及设计要求确定。对相对硬层埋藏较浅的土层，应深达相对硬土层；当相对硬层埋藏较深时，应按下卧层地基承载力及建筑物地基的变形允许值确定；对可液化地基，应按现行国家标准《建筑抗震设计规范》（GB 50011 - 2001）的有关规定确定。

（4）在桩顶部应铺设 200～300mm 厚砂石垫层。桩体材料可采用碎砖三合土、级配砂石、矿渣、灰土、水泥混合土等。当采用碎砖二合土时，其配合比（体积比）可采用生石灰：碎砖：黏性土为 1:2:4。当采用其他材料时，应经试验确定其适用性和配合比。

（5）柱锤冲扩桩复合地基承载力特征值应通过现场复合地基载荷试验确定，初步设计时，也可按公式（6.24）估算，公式中 f_{spk} 为柱锤冲扩桩复合地基承载力特征值（kPa）；m 为面积置换率，可取 0.2～0.5；n 为桩土应力比，无实测资料时可取 2～4，桩间土承载力低时取大值；f_{sk} 为处理后桩间土承载力特征值（kPa），宜按当地经验取值，如无经验时，可取天然地基承载力特征值。

（6）地基处理后变形计算应按现行国家标准《建筑地基处理技术规范》（JGJ 79—2012）的有关规定执行。初步设计时复合土层的压缩模量可按公式（6.15）估算，公式中 E_{sp} 为复合土层的压缩模量（MPa）。E_s 为加固后桩间土的压缩模量（MPa），可按当地经验取值。

（7）当柱锤冲扩桩处理深度以下存在软弱下卧层时，应按现行国家标准《建筑地基处理技术规范》（JGJ 79—2012）的有关规定进行下卧层地基承载力验算。

7.2.3　施工

柱锤冲扩桩法宜用直径 300～500mm、长度 2～6m、质量 1～8t 的柱状锤（柱锤）进行施工。起重机具可用起重机、步履式夯扩桩机或其他专用机具设备。

柱锤冲扩桩法施工可按下列步骤进行：

（1）清理平整施工场地，布置桩位。

（2）施工机具就位，使柱锤对准桩位。

（3）柱锤冲孔。根据土质及地下水情况可分别采用下述三种成孔方式：

①冲击成孔：将柱锤提升一定高度，自动脱钩下落冲击土层，如此反复冲击，接近设计成孔深度时，可在孔内填少量粗骨料继续冲击，直到孔底被夯密实。

②填料冲击成孔：成孔时出现缩颈或坍孔时，可分次填入碎砖和生石灰块，边冲击边将填料挤入孔壁及孔底，当孔底接近设计成孔深度时，夯入部分碎砖挤密桩端土。

③复打成孔：当坍孔严重难以成孔时，可提锤反复冲击至设计孔深，然后分次填入碎砖和生石灰块，待孔内生石灰吸水膨胀、桩间土性质有所改善后，再进行二次冲击复打成孔。当采用上述方法仍难以成孔时，也可以采用套管成孔，即用柱锤边冲孔边将套管压入土中，直至桩底设计标高。

成桩：用标准料斗或运料车将拌和好的填料分层填入桩孔夯实。当采用套管成孔时，边分层填料夯实，边将套管拔出。锤的质量、锤长、落距、分层填料量、分层夯填度、夯击次数、总填料量等应根据试验或按当地经验确定。每个桩孔应夯填至桩顶设计标高以上至少 0.5m，其上部桩孔宜用原槽土夯封。施工中应作好记录，并对发现的问题及时进行处理。

施工机具移位，重复上述步骤进行下一根桩施工。

成孔和填料夯实的施工顺序，宜间隔进行。

基槽开挖后，应进行晾槽拍底或碾压，随后铺设垫层并压实。

7.2.4　质量检验

施工过程中应随时检查施工记录及现场施工情况，并对照预定的施工工艺标准，对每根桩进行质量评定。对质量有怀疑的工程桩，应用重型动力触探进行质检。

冲扩桩施工结束后 7～14d 内，可对桩身及桩间土进行抽样检验，可采用重型动力触探进行，并对处理后桩身质量及复合地基承载力作出评价。检验点数可按冲扩桩总数的 2% 计。每一单体工程桩身及桩间土总检验点数均不应少于 6 点。

柱锤冲扩桩地基竣工验收时，承载力检验应采用复合地基载荷试验。检验数量为总桩数的 0.5%，且每一单体工程不应少于 3 点。载荷试验应在成桩 14d 后进行。

基槽开挖后，应检查桩位、桩径、桩数、桩顶密实度及槽底土质情况。如发现漏桩、桩位偏差过大、桩头及槽底土质松软等质量问题，应采取补救措施。

7.3　振冲法

7.3.1　概述

利用振动和水冲加固土体的方法叫作振冲法（vibroflotation）。振冲法最早是用来振密松砂地基的，由德国 S. Steuerman 在 1936 年提出。德国把这一方法称为 "Rütteldruckverfahren"，意思是振动加压力水的处理方法。在英美称之为 "vibroflotation"，中国称它为 "振动水冲法"，简称 "振冲法"。

振冲法应用于黏性土地基，在黏性土中制造一群以石块、砂砾等散粒材料组成的桩体，这些桩与原地基土一起构成所谓复合地基，使承载力提高，沉降减少。为此，有人把这一方法称为 "碎石桩法"（stone column method）或 "散粒桩法"（granular column method）。用桩体构成复合地基的加固方法是振冲法应用的一种扩大和创新。但是复合地基的加固机理和振冲加密砂基完全不同，简单说来，前者用振冲法在地基中以紧密的桩体材料置换一部分地基土，后者用振冲法使松砂变密，因此振冲法演变为两大分支，一支是适用于砂基的"振冲挤密"（vibro compaction），另一支是主要适用于黏性土地基的"振冲置换"（vibro replacement）。

　　振冲法加固软弱地基适用土质广泛，尤其是用于加固地震区易地震液化的砂性土更有独到的优点，在我国已被各种工程地基加固广泛采用。振冲法加固地基的特点是不需要用造价高的钢筋、水泥、木材，可以利用各种砂、石料或硬粒料制桩。加固地基施工简便、工期短、造价低、节省投资。振冲法在我国被广泛应用于各种工业和民用建筑、油罐、水坝、港口、电站、机场、高速公路、铁路等土木建筑工程的软弱地基加固。据不完全统计，我国已经有近2700台振冲器投入到工程使用，制桩量约2亿4000多万延米。已用振冲法加固过的工程软弱地基有漂卵石夹层、砾石层、砾砂、粗、中砂、细砂、粉砂、粉土、粉质黏土、黏土、淤泥质土、杂填土、湿陷性黄土、盐渍土、尾矿、垃圾土、素填土等。振冲法的广泛应用为我国的土木建筑工程尤其是地震区可液化软弱地基的加固取得了巨大的经济技术效益。

　　为叙述方便起见，以下分振冲挤密和振冲置换两部分介绍。

7.3.2　振冲挤密法

1. 基本原理

振冲挤密法加固砂层的原理简单说来有以下两个方面：

（1）依靠振冲器的强力振动使饱和砂层发生液化，砂颗粒重新排列，孔隙减少。

（2）依靠振冲器的水平振动力，在加回填料情况下还通过填料使砂层挤压加密，所以这一方法称为振冲挤密法。

　　在振冲器的重复水平振动和侧向挤压作用下，砂土的结构逐渐破坏，孔隙水压力迅速增大。由于结构破坏，土粒有可能向低势能位置转移，这样土体由松变密。可是当孔隙水压力达到大主应力数值时，土体开始变为流体。土在流体状态时，土颗粒不时连接，这种连接又不时被破坏，因此土体变密的可能性将大大减少。研究指出，振动加速度达 0.5g 时，砂土结构开始破坏，1.0g ~ 1.5g 时，土体变为流体状态，超过 3.0g，砂体发生剪胀，此时砂体不但不变密，反而由密变松。

　　实测资料表明，振动加速度与离振冲器距离的增大呈指数函数型衰减。从振冲器侧壁向外根据加速度大小可以顺次划分为紧靠侧壁的流态区、过渡区和挤密区，挤密区外是无挤密效果的弹性区（图7-1）。只有过渡区和挤密区才有显著的挤密效果。过渡区和挤密区的大小不仅取决于砂土的性质（诸如起始相对密度，颗粒大小、形状和级配，土粒比重，地应力，渗透系数等），还取决于振冲器的性能（诸如振动力，振动频率，振幅，振动历时等）。例如，砂土的起始相对密度越低，必然抗剪强度越小，则使砂土结构破坏所需的振动加速度越小，这样挤密区的范围就越大。由于饱和能降低砂土的抗剪强度，可见水冲不仅有助于振冲器在砂层中贯入，还能扩大挤密区。在实践中会遇到这样的情况，如果水冲的水量不足，振冲器难以进入砂层，其道理就在这里。

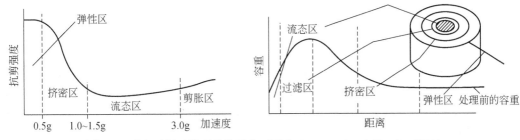

图7-1 砂土对振动的理想化反应（引自 Greenwood and Kirsch, 1983）

一般说来，振动力越大，影响距离就越大。但过大的振动力，扩大的多半是流态区而不是挤密区，因此挤密效果不一定成比例地增加。在振冲器一般常用的频率范围内，频率越高，产生的流态区越大。所以高频振冲器虽然容易在砂层中贯入，但挤密效果并不理想。

砂体颗粒越细，越容易产生宽广的流态区。由此可见，对粉土或含粉粒较多的粉质砂，振冲挤密的效果很差。缩小流态区的有效措施是向流态区灌入粗砂、砾或碎石等粗粒料。因此，对粉土或粉质砂地基不能用振冲挤密法处理，但可用砂桩或碎石桩法处理。

砂体的渗透系数对挤密效果和贯入速率有影响。若渗透系数小于 10^{-8} cm/s，不宜用振冲挤密法；若大于 1cm/s，施工时由于大量跑水，贯入速率十分缓慢。

振冲器的侧壁都装有一对翅片，翅片的作用是防止振冲器在土体中工作时发生转动。实践表明，在振动时翅片能强烈地冲击过渡区的侧面，从而可以增大挤密效果。当然增加翅片数量，挤密效果不会成比例地增加，它只能起扩大振冲器直径的作用。

群孔振冲比单孔振冲的挤密效果好。例如，用 30kW 振冲器单孔振冲，距离 0.9m 之外的松砂处理后的相对密度不会超过 0.7，但若群孔振冲，在 2.5m 以内的挤密效果可以叠加（表7-1）。群孔振冲挤密试验表明，松砂在处理后的相对密度普遍在 0.7 以上，大部分在 0.8 以上。

表7-1 细砂层用 30kW 振冲器处理后的标准贯入击数

情况	单孔振冲				群孔振冲
	离振冲点的距离/m				孔距2m，排距1m，三孔之间
	0.85	1.2	1.7	2.2	
振冲前	6	8	5	8	6
振冲后	22	15	9	10	27
增加倍数	3.6	1.9	1.8	1.3	4.5

若在砂层中用碎石、卵石等透水性较强的填料制成一系列桩体，这种粗大的桩体具有排水功能，能有效地消散地震等震动引起的超静孔隙水压力，从而使液化现象大为减轻。室内和现场试验都表明，砂层中有排水桩体，相应于某一振动加速度的抗液化临界相对密度有很大降低。例如，均质砂基同样在 250gal 的振动加速度下，如果没有排水桩，相对密

度必须超过 0.66 才不发生液化，如果有排水桩，此值可降为 0.46。

2. 设计计算

1）一般原则

砂层经用填料造桩挤密后，桩的承载能力自然比桩间砂土大，但因桩间砂土经振冲挤密后承载能力也有很大提高，常常桩间砂土本身已能满足设计要求的容许承载力，这样似无必要将桩和桩间土分别取值再按复合地基理论计算地基的容许承载力和最终沉降量。只有在覆盖面积广、荷重大的建筑物下的砂基（如坝基等），由于其影响深度较大需要进行这方面的验算外，对一般建筑物因为荷载在地基中引起的附加应力不大并且这一附加应力随深度衰减很快，承载力和沉降一般不是设计的控制条件，不需要进行这方面的验算。对砂基来说，主要的设计项目是验算它的抗液化能力。所以对有抗震要求的松砂地基，要根据砂的颗粒组成、起始密实程度、地下水位、建筑物的设防地震烈度，计算振冲处理深度、布孔形式、间距和挤密标准，其中处理深度往往是决定处理工作量、进度和费用的关键因素，需要根据有关抗震规范进行综合论证。

2）适用土质

适用本法的土质主要是砂性土，从粉细砂到含砾粗砂，只要小于 0.005 mm 的黏粒含量不超过 10%，都可得到显著的挤密效果；若黏粒含量大于 30%，则挤密效果明显降低。适用于振冲挤密的颗粒级配曲线范围见图 7-2。图中将范围划为 A、B、C 三个区。被加固砂土的级配曲线全部位于 B 区，挤密效果最好；当然在砂层中央有黏土薄层、含有机质或细粒较多，挤密效果将降低。级配曲线全部位于 C 区，用振冲挤密法加固有困难；若曲线部分位于 C 区，主要部分位于 B 区，用振冲挤密法加固是可以的。级配曲线位于 A 区的砾、紧砂、胶结砂或者地下水位过深，将大大降低振冲器的贯入速率，以致用振冲挤密法加固在经济上是不合算的。

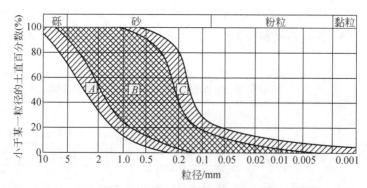

图 7-2　适用于振冲挤密的颗粒级配曲线范围（引自 Mitchell，1998）

3）处理范围

砂基振冲挤密的范围如果没有抗液化要求，一般不超出或稍超出基底覆盖的面积，但在地震区有抗液化要求的时候，应在基底轮廓线外加 2~3 排保护桩。

4）孔位布置和间距

振冲孔位布置常用等边三角形和正方形两种。在单独基础和条形基础下常用等腰三角形或矩形布置。对大面积挤密处理，用等边三角形布置比正方形布置可以得到更好的挤密效果。

振冲孔位的间距视砂土的颗粒组成、密实要求、振冲器功率而定。砂的粒径越细，密实要求越高，则间距应越小。使用 30kW 振冲器，间距一般为 1.8 ~ 2.5m；使用 75kW 大型振冲器，间距可加大到 2.5 ~ 3.5m。从河北省黄壁庄水库主坝坝后松砂地基用 30kW 和 75kW 两种振冲器进行的对比试验来看，对大面积处理，75kW 振冲器的挤密影响范围大，单孔控制面积较大，因而具有更高的经济效益。

设计大面积砂层挤密处理时，振冲孔间距也可用下式估算：

$$d = \alpha \sqrt{V_p/V} \tag{7-3}$$

式中，d 为振冲孔间距（m）；α 为系数，正方形布置为 1，等边三角形布置为 1.075；V_p 为单位桩长的平均填料量，一般为 0.3 ~ 0.5m^2；V 为原地基为达到规定密实度单位体积所需的填料量，可按式（7-3）计算。

5）填料选择

填料的作用一方面是填充在振冲器上提后在砂层中留下的孔洞，另一方面是利用填料作为传力介质，在振冲器的水平振动下通过连续加填料，将砂层进一步挤压加密。

对中粗砂，振冲器上提后由于孔壁极易坍落能自行填满下方的孔洞，从而可以不加填料，就地振密；但对粉细砂，必须加填料后才能获得较好的振密效果。

填料可用粗砂、砾石、碎石、矿渣等材料，粒径为 0.5 ~ 5cm。理论上讲，填料粒径越粗，挤密效果越好。使用 30kW 振冲器时，填料的最大粒径宜在 5cm 以内，因为如若填料的多数颗粒粒径大于 5cm，容易在孔中发生卡料现象，影响施工进度。使用 75kW 大功率振冲器时，最大粒径可放宽到 10cm。

对于填料的级配，Brown（1977）从实践中提出一个指标——"适宜数"（suitability number，S_N），据以判别填料级配的合适程度。适宜数按下式计算：

$$S_N = 1.7 \sqrt{\frac{3}{(D_{50})^2} + \frac{1}{(D_{20})^2} + \frac{1}{(D_{10})^2}} \tag{7-4}$$

式中，D_{50}、D_{20}、D_{10} 分别为颗粒大小分配曲线上对应于 50%、20%、10% 的颗粒直径（mm）。根据适宜数对填料级配的评价准则见表 7-2。填料的适宜数小，则桩体的密实性高，振密速度快。

表 7-2　填料按 S_N 的评价

S_N	0 ~ 10	10 ~ 20	20 ~ 30	30 ~ 50	>50
评价	很好	好	一般	不好	不适用

若用碎石做填料，宜选用质地坚硬的石料，不能用风化或半风化的石料，因为后者经振挤后容易被破碎，影响桩体的强度和透水性能。

砂基单位体积所需的填料量可按下式计算：

$$V = \frac{(1 + e_p)(e_0 - e_1)}{(1 + e_0)(1 + e_1)} \tag{7-5}$$

式中，V 为砂基单位体积所需的填料量；e_0 为振冲前砂层的原始孔隙比；e_p 为桩体的孔隙比；e_1 为振冲后要求达到的孔隙比。

3. 施工工艺

1）施工机具

主要机具是振冲器、操作振冲器的吊机和水泵。振冲器的原理是利用电机旋转一组偏心块产生一定频率和振幅的水平向振力。压力水通过空心竖轴从振冲器下端喷口喷出。振冲器的构造见图7-3；四种型号的技术参数见表7-3。

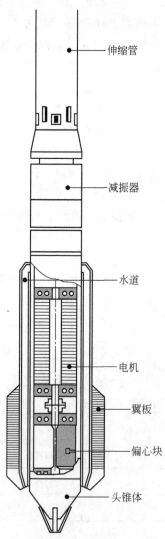

图 7-3　振冲器的构造示意图

表 7-3　振冲器的技术参数

型号	ZCQ-13	ZCQ-30	ZCQ-55	ZCQ-75
电机功率/kW	13	30	55	75
转速/rpm	1450	1450	1450	1450
额定电流/A	25.5	60	100	150
不平衡重量/N	290	660	1040	
振动力/kN	35	90	200	160
振幅/mm	4.2	4.2	5.0	7.0
振冲器外径/mm	274	351	450	426
长度/mm	2000	2150	2500	3000
总重量/kN	7.8	9.4	16.0	20.5

操作振冲器的起吊设备有履带吊、汽车吊、自行井架式专用平车等。水泵规格是出口水压 400~600kPa，流量 20~300m³/h。每台振冲器各配一台水泵。如果有数台振冲器同时施工，也可用集中供水的办法。

2）正式施工前现场试验

现场试验目的：

（1）确定正式施工时采用的施工参数，如振冲孔间距、造孔制桩时间、控制电流、填料量等；

（2）摸清处理效果，为加固设计提供可靠依据。

土层常常不是均一的，砂层中时常分布有范围不同、厚度不等的黏性土或淤泥质土夹层，在这些软土夹层处极易发生缩孔卡料现象。在粉细砂层中有时夹有厚层粗砂，这经常引起造孔困难。以上这些问题只有通过现场试验才能找到对策。

在试验中很重要的两个问题是选择控制电流值和确定振冲孔间距。对大面积振冲施工的情况；应尽可能采用较高的控制电流值和较大的间距，以减少孔数，加速施工进度。对30kW 振冲器，一般可用 55~60A；对 75kW 振冲器可用 110~140A。规定了控制电流值后，进行不同间距的振冲挤密试验，测定各方案的加密效果，再从加密效果均满足设计要求的那些方案中选出最佳的间距。

3）振密工艺

（1）造孔。

在粉细砂层中振冲，造孔时水压和水量都不必很大，因为这种砂层的漏水量不大。水量过大或压力太高必然会使孔口回水量增大流速增高，从而将带出大量细颗粒使地面淤高，其结果只是增加了填料量，并不能真正收到挤密的效果。水压一般采用 400~600kPa，供水量一般采用 200~400L/min。在疏松粉细砂层中造孔比较容易，一般不会发生塌孔；虽然如此，造孔速率也不宜过快，一般控制造孔速率约每分钟 1~2m，使孔周砂土有足够的振密时间。在施工过程中应根据具体情况及时调节水压和水量。此外，务使振冲器自由悬垂，使造成的孔尽可能垂直。

（2）填料。

对粉细砂地基，宜采用加填料的振密工艺，填料的方法有连续下料法和间断下料法两种。

连续下料法：孔底达设计深度后，将水压和水量减少至维持孔口有一定量回水但没有大量细颗粒带走的程度。此时用装载机等运料工具将填料堆放在振冲器护筒周围。填料在水平振动力作用下依靠自重沿护筒周壁下沉至孔底。填料后借振冲器的水平振动力将填料挤入周围土中，从而使砂层挤密。由于砂层逐渐变密，砂层抗挤入的阻力亦不断增大，这迫使振冲器输出更大的功率，引起电机电流值升高。当电流升高到规定的控制值时，将振冲器上提一段距离，继续进行投料挤密，如此逐段进行直至孔口。上提距离约为振冲器锥头的长度，即 $30 \sim 50 \text{cm}$。上提距离不宜过大，过大则容易发生振密不充分，甚至漏振。

间断下料法是在造孔后将振冲器提出孔口，直接往孔内倒入一批填料，再将振冲器下降至孔底进行振密，如此反复进行直至全孔完成。

比较说来，连续下料法制成的桩体的密实度较均匀；间断下料法的施工速率较快。但是，间断下料法施工中如控制不好，比如振冲器未能沉到原来提起的深度，则容易发生漏振，造成桩体密实度的不均匀。这对采用功率较小的振冲器时应格外注意。若用大功率振冲器，孔内填料后振冲器仍能顺利沉至原深度，这样间断下料法是可以采用的，不过，即使在这样的条件下，每次加填料的堆高不宜超过 6m。

在整个制桩过程中，始终要及时均匀供料。否则，不仅将延长制桩时间，并且回水将带出更多的细颗粒，致使孔径变大，用料量增多，造成浪费。

在中粗砂层中振冲，可以用不加填料就地振密的工艺，即利用中粗砂的自行塌陷代替外加填料。这一方法特别适用于振密人工回填或吹填的大片砂层。由于振密厚度一次可达十几米，其工效远胜于其他如夯实或碾压的方法。使用这种方法振密水下回填料已成为一种新的筑坝工艺。

在中粗砂层中施工时经常遭到的困难是振冲器不易贯入。可采取如下两个措施：一个是加大水量；另一个是加快造孔速度。这些措施能否奏效，应通过正式施工前的现场试验加以仔细验证。

施工中应严格控制质量，不漏孔，不漏振，确保加固效果。必须强调指出，如在施工中发生底部漏振或电流未能达到控制值从而造成质量事故，在施工后很难采取补救措施，这是因为上部砂层已经振密，再用振冲外孔十分困难。

4. 效果检验

关于挤密效果的检验，通常采用现场开挖取样，直接测定和计算挤密后砂层的容重、孔隙比、相对密度等指标。也可用标准贯入试验、动力触探试验或旁（横）压试验间接推求砂层的密实程度。对比振前振后的资料，明确处理效果。必要时也可用载荷试验检验砂基在挤密后的容许承载力。

大面积砂基经振冲挤密后的平均孔隙比可按下式估算：

$$e' = \frac{\xi d^2 (H \pm h)}{\dfrac{\xi d^2 H}{1 + e_0} + \dfrac{V_p}{1 + e_p}} - 1 \tag{7-6}$$

式中，e' 为砂层在挤密后的平均孔隙比；ξ 为面积系数，正方形布置时为 1，等边三角形布置时为 0.866；d 为振冲孔间距；H 为砂层厚度，振密后地面隆起量（取"＋"号）或下沉量（取"－"号）；V_p 为每根振冲柱的填料量；e_0 为砂层的原有孔隙比；e_p 为桩体的孔隙比。

7.3.3　振冲置换法

1. 基本原理

按照一定间距和分布打设了许多桩体的土层叫作"复合土层"，由复合土层组成的地基叫作"复合地基"。如果软弱层不太厚，桩体可以贯穿整个软弱土层，直达相对硬层。如果软弱土层比较厚，桩体也可以不贯穿整个软弱土层，这样，软弱土层只有部分厚度转变为复合土层，其余部分仍处于天然状态。

对桩体打到相对硬层，亦即复合土层与相对顶层接触的情况，复合土层中的桩体在荷载作用下主要起应力集中作用。由于机体的压缩模量远比软弱土大，故而通过基础传给复合地基的外加压力随着桩、土的等量变形逐渐集中到桩上去，从而使软土负担的压力相应减少。结果，与原地基相比，复合地基的承载力有所增高，压缩性也有所减少。这就是应力集中作用。就这点来说，复合地基有如钢筋混凝土，地基中的桩体有如混凝土中的钢筋。

对桩体不打到相对硬层，亦即复合土层与相对硬层不接触的情况，复合土层主要起垫层的作用。垫层能将荷载引起的应力向周围横向扩散。使应力分布趋于均匀，从而可提高地基整体的承载力，减少沉降量。这就是垫层的应力扩散和均布的作用。

复合土层之所以能改善原地基土的力学性质，主要是因为在地基土中打设了众多的密实桩体。桩与桩之间的土体性质在制桩前后有无变化呢？过去有人担心在软黏土中用振冲法制造桩体能使原土的强度降低。诚然，在制桩过程中由于振动、挤压、扰动等原因，地基土中会出现较大的附加孔隙水压力，从而使原土的强度降低。但在复合地基完成之后。一方面随时间的推移原地基土的结构强度达到一定程度的恢复，另一方面孔隙水压力向桩体转移消散，结果是有效应力增大，强度提高。表 7-4 表示有三项工程地基土的十字板抗剪强度在制桩前后变化的实测数据。由该表可见，在制桩后一个短时间内原土的天然强度的确有所削弱，大约降低 10%~30%，但经过一段时间的休置，不仅强度会恢复至原来值，而且还略有增加。在国外也有人测得类似的资料。例如，日本 Aboshi 等 1979 在现场实测得，桩体刚制成时，桩间土的不排水抗剪强度比原有值降低 10%~40%，但经过 30 天后，不排水抗剪强度提高到原有强度的一份半。

表 7-4　制桩前后的十字板抗剪强度变化

工程名称	十字板抗剪强度/kPa				文献
	制桩前	制桩后			
浙江炼油厂 G233 罐	18.2	16.3 （15）	20.6 （21）		盛崇文，1980a
天津大港电厂大水箱	25.5~36.3	20.6~32.4 （25）	23.5~39.2 （115）	18.9 （52）	张志良，1983
塘沽长芦盐场第二化工厂	20.0	18.7 （0）	23.3 （80）		方永凯等，1983

注：括号内的数字表示制桩后经过的天数。

段光贤和甘德福（1982）曾对黏土、粉质黏土和黏质粉土的结构在振冲制桩前后的变化进行了扫描电镜观察。他们发现振冲前这些土的集粒或颗粒连接以点–点接触为主；振冲后不稳定的点–点接触遭到破坏，形成比较稳定的点–面和面–面接触，孔隙减少，孔洞明显变小或消失，颗粒变细，级配变佳，并且新形成的孔隙有明显的规律性和方向性。由于这些原因，土的结构趋于致密，稳定性增大。这里从微观角度证实了黏性土的强度在制桩后是会恢复并且增大的。

由此可见桩体在一定程度上也有像砂井那样的排水作用。总之，复合地基中的桩体有应力集中和砂井排水两重作用；复合土层还起垫层的作用。

振冲置换桩有时也用来提高土坡的抗滑能力。这时桩体的作用像一般阻滑桩那样是提高土体的抗剪强度，迫使滑动面远离坡面、向深处转移。

2. 桩体的破坏形式

作用于桩顶的荷载如果足够大，桩体发生破坏。可能出现的桩体破坏形式有三种：鼓出破坏、刺入破坏和剪切破坏（图7-4）。只要桩长大于临界长度（约为桩直径的4倍），就不会发生刺入破坏。除那些不打到相对硬层而长度又很短的桩体外，一般可不考虑刺入破坏形式。关于剪切破坏形式，只要基础底面不太小或者桩周围的土体上有足够大的边载，便不会发生这种形式的破坏。因此，桩体绝大多数发生鼓出破坏。一方面由于组成桩体的材料是无黏性的，桩体本身强度随深度而增大，故而随深度增大产生塑性鼓出的可能性变小；另一方面由于桩间土抵抗桩体鼓出的阻力亦随深度而增大，可见最易产生鼓出破坏的部位是在桩的上端。Hughes 和 Withers（1974）指出，深度为两个桩径范围内的径向位移比较大，深度超过2~3个桩径，径向位移几乎可以忽略不计（图7-5）。所以，现有的设计理论都以鼓出破坏形式为基础。

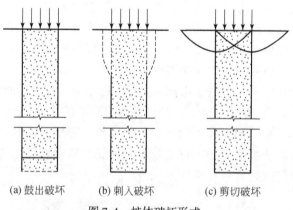

(a) 鼓出破坏　　(b) 刺入破坏　　(c) 剪切破坏

图7-4　桩体破坏形式

3. 设计计算

1）一般原则

振冲置换加固设计目前还处在半理论半经验状态，这是因为一些计算方法，如复合地基容许承载力计算方法、最终沉降量计算方法等都还不够成熟；某些设计参数也只能凭经验选定。因此，对重要工程或复杂的土质情况，必须在现场进行制桩试验。根据现场试验

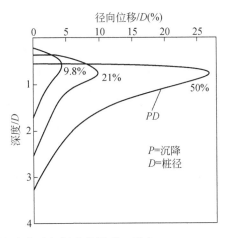

图 7-5　桩侧径向位移与深度的关系（引自 Hughes and Withers，1974）

取得的资料修改设计，制订施工要求。

（1）加固范围。

加固范围依基础形式而定，一般可参见表 7-5。

表 7-5　加固范围

基础形式	加固范围
单独	不超出基底面积
条形	不超出或适当超出基底面积
板式、十字交叉、浮筏、柔性基础	建筑物平面外轮廓线范围内满堂加固，轮廓线外加 2~3 排保护桩

（2）桩位布置和间距。

桩位布置有两种：等边三角形布置和正方形或矩形布置（图 7-6）。前者主要用于大面积满堂加固，后者主要用于单独基础、条形基础等小面积加固。

桩中心间距的确定应考虑荷载大小、原土的抗剪强度。荷载大，间距应小；原土强度低，间距亦应小。特别在深厚软基中打不到相对硬层的短桩，桩的间距应更小。一般间距为 1.5~2.5 m。

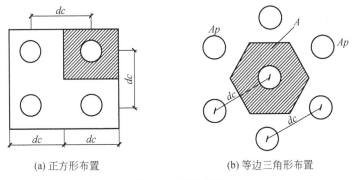

(a) 正方形布置　　　　　　　　(b) 等边三角形布置

图 7-6　桩位布置

（3）桩长。

在制桩过程中，通常的做法是在桩体全部制成后，将桩体顶部 1m 左右一段挖去，铺 30 ~ 50cm 厚的碎石垫层，然后在上面做基础。挖除桩顶部分长度的理由是该处上覆压力小，很难做出符合密实要求的桩体。在设计基础底部高程时应考虑这一情况。

桩长指桩在垫层底面以下的实有长度。如果相对硬层的埋藏深度不大，比如小于 10m，宜将桩伸至相对硬层。如果软弱土层厚度很大，只能做贯穿部分软弱土层的桩。在此情况下，桩长的确定取决于设计建筑物所容许的沉降量；桩愈短，留下未加固软弱土层的厚度愈大，自然，地基因加固而减少的沉降量就愈少。一般桩长不宜短于 4m；但当桩长大于 7m 时，制桩工效将显著降低。据统计，对一根 9m 长的碎石桩，制造 7 ~ 9m 这段桩体所需的时间约占总制桩时间的 39%（张志良，2002）。

（4）桩体材料。

桩体材料可以就地取材，凡是碎石、卵石、含石砾砂、矿渣、碎砖等材料都能利用。桩体材料的容许最大粒径与振冲器的外径和功率有关，一般不大于 8cm。对碎石，常用的粒径为 2 ~ 5 cm。关于级配，没有特别要求；但含泥量不宜太大。

桩的直径与地基土的强度有关；土体强度愈低，桩的直径愈大。对一般软黏土地基，采用 ZCQ-30 型振冲器制桩，每米桩长约需 0.6 ~ 0.88m³ 碎石。

（5）振动影响。

用振冲法加固地基时，由振冲器在土中振动产生的振动波向四周传递，对周围的建筑物，特别是不太牢固的陈旧建筑物可能造成某些振害。为此，在设计中应该考虑施工的安全距离，或者事先采取适当的防振措施。

根据在江苏省南通天生港电厂地基加固中进行的测振试验结果，高振冲器中心的距离超过 1m 后，最大振动速度小于 1cm/s。实践表明，新建厂房地基加固点离开老厂房外墙最短距离只有 2.4m，老厂房及其厂房内正在运行的机组在加固施工中均未出现任何不良影响（盛崇文等，1983）。1980 年用振冲置换法加固安徽省安庆市一幢六层宿舍楼。施工场地狭窄，周围均有房屋，特别在北面有一道破旧砖墙，高 3.5m，墙外紧接旧民房。地基土质为 5 ~ 7m 厚的软黏土。用 ZCQ-30 型振冲器施工，加固点离开砖墙的最短距离只有 2m，施工后经检查，砖墙未出现任何裂缝（方永凯，1983）。国外也有类似经验，附近建筑物较坚实，条形基础，黏性土地基，离建筑物 1m 处进行振冲施工，建筑物安全无恙，当然在建筑物内的人有较强的振感（Greenwood and Kirsch，1983）。由此可见距振冲孔中心 2 ~ 3 m 以外时，振动对周围建筑物的影响十分轻微。

（6）现场制桩试验。

成功的设计有赖于事先详尽的勘探。不仅如此，由于土层的变异性很大，加上施工质量方面不可避免的差异，要在设计中预估这些因素的各个方面目前还有困难。因此，对重要的大型工程宜在现场进行制桩试验和必要的测试工作，如载荷试验、桩顶与土面的应力测定等，收集设计施工所需的各项参数值，以便改进设计，制定出比较符合实际的加固施工方案。

常有人强调工期紧迫，不愿做现场制桩试验，殊不知制桩试验不一定会拖长工期，有时通过试验摸清了情况，使设计更加可靠合理，对正式施工时可能出现的各种困难做到心中有数，从而使加固工作得以顺利展开，总的施工工期不仅不拉长还可能缩短。而且，通过试验改进了设计。由此产生的经济效益往往远大于进行试验所花去的费用。

　　2）计算用的基本参数

　　（1）不排水抗剪强度。

　　不排水抗剪强度 C_u 这个指标不仅可用来判断本加固方法能否适用，还可用来初步选定桩的间距，预估施工的难易程度以及加固后可能达到的承载力。有条件时，宜用十字板剪切试验测定不排水抗剪强度，其值以 S_v 表示。

　　（2）原土的沉降模量。

　　对重要工程，有可能通过载荷试验确定地基土的变形模量。根据弹性理论，位于各向同性半无限均质弹性体面上的刚性圆板在荷重作用下的沉降量为

$$S = \frac{P(1-\mu^2)}{dE} \tag{7-7}$$

式中，S 为圆板的沉降；P 为圆板上的总荷重；d 为圆板直径；E 为弹性模量；μ 为泊松比。

　　一般载荷试验常用方形承压板。对方板，还需引入一个形状系数 λ_B，于是上式变为

$$S = \frac{P(1-\mu^2)}{\lambda_B bE} \tag{7-8}$$

　　上式中 b 此时指方板宽度。用 $P = pb^2$（p 为单位面积荷重）代入上式，经整理后得

$$\frac{\lambda_B E}{(1-\mu^2)} = \frac{\dfrac{p}{S}}{b} \tag{7-9}$$

　　将等号左侧比值定义为沉降模量，用 E' 表示，桩或原土的沉降模量分别用 E'_y、E'_s 表示；比值 S/b 为沉降比，用 ρ_R 表示。于是

$$E' = p/\rho_R \tag{7-10}$$

　　将载荷试验资料整理成 $p - \rho_R$ 曲线，从中确定 E' 值。由于土不是真正的弹性材料，因此沉降模量不是一个常量，它与应力或应变水平有关。

　　若没有地基土的载荷试验资料，对大面积加固情况，也可用室内常规压缩试验测定。

　　（3）桩的直径。

　　桩的直径与土类及其强度、桩材粒径、振冲器类型、施工质量关系密切。如果是不均质地基土层，在强度较弱的土层中桩体直径较大；反之，在强度较高的土层中桩体直径必然较小。不言而喻，振冲器的振动力愈大，桩体直径愈粗。如果施工质量控制不好，很容易制成上粗下细的"胡萝卜"形。因此，桩体远不是想象中那样的圆柱体。所谓桩的直径是指按每根桩的用料量估算的平均理论直径，用 D 表示。一般 $D = 0.8 \sim 1.2$m。

　　（4）桩材内摩擦角。

　　用碎石做桩体，碎石的内摩擦角 φ_p 一般采用 $35° \sim 45°$，多数采用 $38°$；但德国的一些著名施工单位也有采用高达 $42°$ 的。一般不考虑黏聚力。

　　对粒径较小（$\leqslant 50$mm）的碎石并且原土为黏性土，φ_p 采用 $38°$；对粒径较大（最大为 100mm）的碎石并且原土为粉质土，φ_p 可采用 $42°$。对卵石或砂卵石 φ_p 可采用 $38°$。

（5）面积置换率。

面积置换率是桩的截面积 A_p 与其影响面积 A 之比，用 m 表示。m 是表征桩间距的一个指标，m 越大，桩的间距越小。习惯上把桩的影响面积化为与桩同轴的等效影响圆，其直径为 D_e。D_e 的计算如下：

对等边三角形布置 $D_e = 1.05d$；

对正方形布置 $D_e = 1.13d$；

对矩形布置 $D_e = 1.13\sqrt{d_1 d_2}$。

以上 d、d_1、d_2 分别为桩的间距、纵向间距和横向间距。已知 D_e 后，面积置换率为

$$m = \frac{D^2}{D_e^2} \tag{7-11}$$

一般采用 $m = 0.25 \sim 0.4$，假定 $D = 1.0$m，对等边三角形布置，上述 m 值相当于桩的间距 $1.5 \sim 1.9$m。

（6）桩土应力比。

由于应力集中作用，在基础荷载作用下，桩上承受的应力 σ_p 大于桩周围土上承受的应力 σ_s 比值 σ_p / σ_s 称为桩土应力比，用 n 表示。n 值与桩体材料、地基土性、桩位布置和间距、施工质量等因素有关。桩土应力比不是一个常量，它与应力或应变水平有关。

3）承载力计算

（1）单桩。

①Hughes–Withers 计算式。

Hughes 和 Withers（1974）建议按下式计算单桩的极限承载力 q_{fp}。

$$q_{fp} = (p'_0 + u_0 + 4c_u) \tan^2\left(45° + \frac{\varphi_p}{2}\right) \tag{7-12}$$

式中，p'_0、u_0 分别为原土的起始有效压力和孔隙水压力。他们从原型观测资料中得到信息认为 $p'_0 + u_0 = 2c_u$。于是

$$q_{fp} = 6c_u \tan^2\left(45° + \frac{\varphi_p}{2}\right) \tag{7-13}$$

令 $\varphi_p = 38°$，则上式可简化为 $q_{fp} = 25.2c_u$。

上式就是 Thorburn（1976）建议的经验式。求桩的容许承载力时，安全系数用 3。

②Wong 计算式。

Wong 于 1975 年提出单桩容许承载力 q_{ap} 可按下式计算：

要求较小沉降的情况

$$q_{ap} = \frac{1}{K_p}(K_s \sigma_s + 2c_u \sqrt{K_s}) \tag{7-14}$$

容许中等沉降的情况

$$q_{ap} = \frac{1}{\left(1 - \frac{3D}{4l}\right)K_p}\left(K_s \sigma_s + 2c_u \sqrt{K_s} + \frac{3}{4}DK_s\gamma_s\right) \tag{7-15}$$

容许较大沉降的情况

$$q_{ap} = \frac{2}{K_p}\left[K_s\sigma_s + 2c_u\sqrt{K_s} + \frac{3}{2}DK_s\gamma_s\left(1 - \frac{3D}{4l}\right)\right] \tag{7-16}$$

式中，K_p 为桩体的侧压力系数；K_s 为原土的被动土压力系数；γ_s 为原土的容重；l 为桩长。

③Brauns 计算式

Brauns 于 1978 年假设：第一，极限平衡区位于桩顶附近，滑面成漏斗形，桩的破坏段长度 $h = 2r_0\tan\delta_p$。第二，$\tau_M = 0$，$\sigma_0 = 0$。第三，不计地基土和桩体的自重。

其中 r_0 为桩的半径，$\delta_p = 45° + \dfrac{\varphi_p}{2}$，其余符号意义见图 7-7。在这些前提下，他推导得单桩极限承载力为：

$$q_{fp} = \tan^2\delta_p \frac{2c_u}{\sin2\delta}\left(\frac{\tan\delta_p}{\tan\delta} + 1\right) \tag{7-17}$$

式中，δ 为滑面与水平面的夹角，可按下式用试算法求得

$$\tan\delta_p = \frac{1}{2}\tan\delta(\tan^2\delta - 1) \tag{7-18}$$

碎石的内摩擦角 φ_p 一般采用 $35° \sim 40°$。现假定 $\varphi_p = 38°$，用试算法解式（7-18）得 $\delta = 61°$，代入式（7-17）得

$$q_{fp} = 20.8c_u \tag{7-19}$$

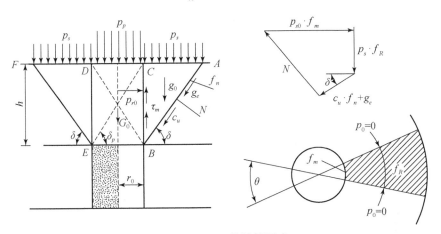

图 7-7　Brauns 的计算图式

（2）复合地基。

①Wong 计算式。

Wong 于 1975 年提出按下式计算复合地基的容许承载力 R_{sp}：

$$R_{sp} = q_{ap}m + \sigma_s(1 - m) \tag{7-20}$$

q_{ap} 为采用第一种情况下的值；如果采用第三种情况下的值，计算结果即为复合地基的极限承载力。

②基于 Brauns 理论的改进计算式。

盛崇文曾于 1980 年将 Brauns 理论推广到复合地基以及各种群桩情况。对满堂碎石桩情况，他推导得桩的极限垂直应力 $[\sigma_{p1}]_{max}$ 为

$$\frac{[\sigma_{p1}]_{\max}}{c_u} = \frac{(\lambda + 1)}{2}\left(\frac{\sigma_s}{c_u} + \frac{\lambda - 1}{2\tan\delta_p} + \frac{2\tan\delta_p}{\lambda - 1}\right)\tan^2\delta_p = \xi_1 \tag{7-21}$$

式中，$\lambda = \left(\dfrac{1}{m}\right)^{\frac{1}{2}}$。根据力的平衡原理，满堂加固情况复合地基的极限承载力为

$$q_f = m[\sigma_{p1}]_{\max} + (1 - m)\sigma_s \tag{7-22}$$

或

$$\frac{q_f}{c_u} = m\xi_1 + (1 - m)\frac{\sigma_s}{c_u} \tag{7-23}$$

上式中可取 $\sigma_s = (2 \sim 3)c_u$，具体取用值视建筑物的容许变形而定，容许变形小，取低值，否则取高值。

对各种群桩布置情况，可作如下处理。

$$\frac{q_{fp}}{c_u} = \frac{2\tan^2\delta_p}{\sin2\delta}\left(\frac{\tan\delta_p}{\tan\delta} + 1\right) = \xi_0 \tag{7-24}$$

ξ_0 代表单桩情况，即桩的四周没有其他碎石桩；ξ_1 代表满堂碎石桩情况，即每根桩的四周都有其他的碎石桩。ξ_0、ξ_1 都是极端情况。对图 7-8 所示的三种情况，可按下法计算相应的 ξ 值。

情况 A：基础下有六根桩，每根桩有东南西北四个边界，共有二十四个边界。四个角上的 I 号桩，各有两边对应于 ξ_0 的条件，另外两边对应于 ξ_1 的条件。II 号桩，各有一边对应于 ξ_0 的条件，另外三边对应于 ξ_1 的条件。这样按比例得

$$\xi = \left(\frac{10}{24}\right)\xi_0 + \left(\frac{14}{24}\right)\xi_1 \tag{7-25}$$

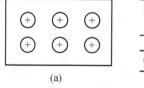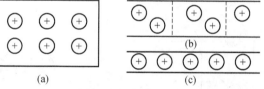

图 7-8　各种群桩布置

情况 B：条形基础下三角形布置两排桩。虚线划分的代表性单元中有两根桩，共有八个边界。其中二个边对应于 ξ_0 的条件，另外六个边对应于 ξ_1 的条件。故按比例得

$$\xi = \left(\frac{2}{8}\right)\xi_0 + \left(\frac{6}{8}\right)\xi_1 \tag{7-26}$$

情况 C：条形基础下有一排桩。虚线划分的代表性单元中只有一根桩，共有四个边界。

其中二个边对应于 ξ_0 的条件，另外二个边对应于 ξ_1 的条件。故按比例得

$$\xi = \left(\frac{2}{4}\right)\xi_0 + \left(\frac{2}{4}\right)\xi_1 \tag{7-27}$$

其他各种情况都可按同一原则处理。已知 ξ 后，把它代入式（7-23）中的 ξ_1，即可计算复合地基的极限承载力 q_f。

求复合地基的容许承载力时，安全系数用 2 ~ 3。

③南京水科院经验式。

南京水利科学研究院根据多年来的实践于 1983 年总结出估算复合地基容许承载力 R_{sp} 的经验式如下：

$$R_{sp} = [1 + m(n - 1)]R_s \tag{7-28}$$

或　　　　　　　　　　$$R_{sp} = [1 + m(n - 1)](3S_v) \tag{7-29}$$

式中，R_s 为原地基土的容许承载力，S_v 为原地基土的十字板抗剪强度。R_s 或 S_v 指主要加固土层的平均值。桩土应力比 n 可用 3 ~ 5，具体取用值视建筑物的容许变形而定，容许变形小，取低值，否则取高值。

4）沉降计算

（1）Priebe 方法。

Priebe（1995）提出一个计算复合地基在垂直荷载作用下产生的最终沉降量的方法。他假设：

①地基土为各向同性；

②刚性基础；

③桩体长度已达有支撑能力的硬土层。

在这些假设下，Priebe 根据半无限弹性体中圆柱孔横向变形理论推导得一个沉降折减系数 β 的表达式如下：

$$\frac{1}{\beta} = 1 + m\left[\frac{\frac{1}{2} + f(\mu, m)}{\tan^2\left(45° - \frac{\varphi_p}{2}\right)f(\mu, m)} - 1\right] \tag{7-30}$$

$$f(\mu, m) = \frac{1 - \mu^1}{1 - \mu - 2\mu^1} \cdot \frac{(1 - 2\mu)(1 - m)}{1 - 2\mu + m} \tag{7-31}$$

式中，μ 为地基土的泊松比，其余符号意义同前。所谓沉降折减系数是指地基用振冲置换桩加固情况下的最终沉降量与不加固情况下的最终沉降量之比。于是，复合地基的最终沉降量 S_{sp} 为：

$$S_{sp} = \beta S_s \tag{7-32}$$

式中，S_s 为不加固情况下的地基最终沉降量。

Priebe 还推导得桩土应力比 n 为

$$n = \frac{\frac{1}{2} + f(\mu, m)}{\tan^2\left(45° - \frac{\varphi_p}{2}\right)f(\mu, m)} \tag{7-33}$$

将上式代入式（7-31）得

$$\beta = \frac{1}{1 + m(n - 1)} \tag{7-34}$$

式（7-34）与日本工程师在计算挤实砂桩复合地基的沉降折减系数表达式完全相同（松尾新一郎，1983；Fudo Construction，1974）。

（2）Goughnour 方法。

Goughnour（1983）认为若基础荷载较小，桩与土均处于弹性状态，此时可用弹性分析法求复合地基的沉降量；若基础荷载较大，桩体发生了侧向鼓出，此时需用塑性分析法求解。究竟用弹性分析还是用塑性分析，随具体情况而定。为此，Goughnour 建议两种方法都得进行，取其大值。

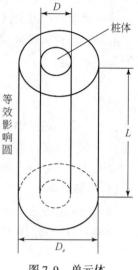

图 7-9　单元体

具体做法是先将每根桩承担的加固面积化为等面积的圆，这叫等效影响圆（图 7-9）。把由一根桩及其周围等效影响圆范围内的土体组成的圆柱体作为一个代表性单元来考虑，单元体侧面的剪力和法向位移都等于零。考虑到地基土中上覆压力和作用于检侧的压力随深度而增大，显然桩体发生塑性变形的可能性随深度而变小，Goughnour 建议将桩体沿轴线划为若干段，每段高 H，再逐段进行计算。作用于各段顶面的垂直应力若是大面积加固，假设它不随深度改变；若是有限面积加固，则需按 Boussinesq 理论调整。

（3）沉降模量法。

据已有大型载荷试验资料的分析，只要有地基土的沉降模量 E'_s，根据初步选定的面积置换率 m 和估计的桩土应力比 n，可计算得到

$$E'_{sp} = [1 + m(n - 1)]E'_s \tag{7-35}$$

式中，E'_p、E'_s 可分别按在现场进行的单桩和桩间土的作用压力和沉降比的关系线确定。

已知复合地基的沉降模量后，可按常用的分层总和法计算地基的最终沉降量 $[S_{sp}]_\infty$。

因为桩体是易透水的，与常用的砂井比较，桩体的直径较大而间距较小。因此，一般情况下可以不验算沉降速率。根据 Balaam 和 Poulos（1982）用有限元法研究的结果，比值 E_p/E_s 对沉降速率影响甚微，在计算中不妨假定 $E_p = E_s$。

5）抗滑稳定计算

（1）Abshi 等方法。

振冲置换桩也可用来提高黏性土坡的抗滑稳定性。在这种情况下进行稳定分析需采用复合土层的抗剪强度 S_{sp}。复合土层抗剪强度分别由桩体和原土产生的两部分强度组成。Aboshi 等 1979 年提出按平面面积加权计算的方法：

$$S_{sp} = (1 - m)c_u + ms_p\cos\alpha \tag{7-36}$$

式中，S_p 为桩体的抗剪强度；α 为滑弧切线与水平线的夹角（图 7-10）。

桩体抗剪强度 S_p 为

$$S_p = p_z\tan\varphi_p\cos\alpha \tag{7-37}$$

式中，p_z 为作用于滑面的垂直应力，可按下式计算

$$p_z = \gamma'_p z + \mu_p\sigma_z \tag{7-38}$$

式中，$\mu_p = \dfrac{n}{1 + (n - 1)m}$，$\gamma'_p$ 为桩体容重，水位以下用浮容重；z 为桩顶至滑弧上计算点

的垂直距离；σ_z 为桩顶平面上作用荷载引起的附加应力，可按一般弹性理论计算；μ_p 为应力集中系数。上式中 $\gamma_p'z$ 为桩体自重引起的有效应力，$\mu_p \sigma_z$ 为作用荷载引起的附加应力。已知 S_{sp} 后，可用常规稳定分析方法计算抗滑安全系数。

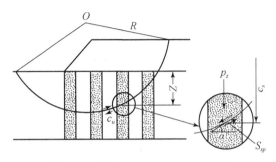

图 7-10　用于提高土坡稳定的桩体

（2）Priebe 方法。

设原土的抗剪强度指标为 c_s、φ_s，桩体的抗剪强度指标 $c_p = 0$、φ_p。Priebe 1978 年提出复合土层的抗剪强度指标 c_{sp}、φ_{sp}。可按下式计算

$$c_{sp} = (1 - \omega)c_s \tag{7-39}$$

$$\varphi_{sp} = \omega\tan\varphi_p + (1 - \omega)\tan\varphi_s \tag{7-40}$$

式中，ω 为参数，与桩土应力比、面积置换率有关，它的定义如下：

$$\omega = m\frac{\sigma_p}{\sigma_z} = m\mu_p \tag{7-41}$$

一般 $\omega = 0.4 \sim 0.6$。同样，已知 c_{sp}、φ_{sp} 后，可用常规稳定分析方法计算抗滑安全系数或者根据要求的安全系数，反求需要的 ω 或 m 值。

7.4　砂石桩法

7.4.1　基本概念及适应性

砂石桩法一开始是用来处理松散砂土和人工填土地基，现在在软弱地基的处理上也取得了一定的经验。砂石桩法适用于挤密松散砂土、素填土和杂填土等地基。对在饱和黏性土地基上主要不以变形控制的工程也可采用砂石桩置换。砂石桩法也可用于散料堆场、路堤、码头、油罐等工程的地基加固。

7.4.2　基本原理

砂石桩复合地基是由砂石桩和桩间土、桩顶与基础之间垫层组成。承受垂直荷载时，桩和桩间土同时发生沉降变形，桩的模量比土的大，桩体上产生应力集中现象，使土体充分发挥了其强度高的优势。由于垫层的存在，桩不仅可以向下刺入变形，也人为地为桩提供向上刺入变形，解决了桩土相对变形问题。保证在垂直荷载作用下桩和桩间土始终协调工作，桩承担的荷载随时间增加而减少，桩间土承担的荷载随时间增加而增长，最后桩和

桩间土的荷载分担的比例成一常数，使复合地基承载力增加，变形减少。复合地基的承载力特征值一般按现场复合地基荷载试验或按第 3 章复合地基的计算方法确定。

7.4.3　设计计算

1. 桩孔位置和桩径

砂石桩桩孔位置宜采用等边三角形或正方形布置。砂石桩直径可采用 300 ~ 800mm，根据地基土质情况和成桩设备等因素确定。对饱和黏性土地基宜选用较大的直径。

2. 桩间距

砂石桩的间距应通过现场试验确定，但不宜大于砂石桩直径的 4 倍。在有经验的地区，砂石桩的间距也可按表 7-6 经验公式计算。表 7-6 中公式符号的意义详见《建筑地基处理技术规范》（JGJ 79—2012）。

表 7-6　砂石桩的间距计算

松散砂土地基		黏性土地基	
等边三角形布置	正方形布置	等边三角形布置	正方形布置
$s = 0.95d\sqrt{\dfrac{1+e_0}{e_o-e_1}}$	$s = 0.89d\sqrt{\dfrac{1+e_0}{e_o-e_1}}$	$s = 1.08\sqrt{Ae}$	$s = \sqrt{Ae}$

注：s—砂桩间距（m）；d—砂桩直径（m）；e_0—地基处理前砂土孔隙比；e_1—地基挤密后要求达到的孔隙比；e—黏性土孔隙比。

3. 砂石填料

桩孔内的填料宜用砾砂、粗砂、中砂、圆砾、角砾、卵石、碎石等。填料内含泥量不得大于 5%，并不宜含有大于直径为 50mm 的颗粒。砂石桩孔内的填砂石量可按下式计算：

$$s = \frac{A_P l d_s}{1 + e_1}(1 + 0.01w) \tag{7-42}$$

式中，s 为每根桩砂石灌入量；A_p 为砂石桩的截面积；l 为桩长；d_s 为砂石桩的相对密度；w 为砂石桩的含水量。

7.4.4　施工工艺与管理

1. 成桩工艺

为了保证每根桩的施工质量，特采用如下成桩工艺：

（1）施工前在布桩设计图上编号，并在地基处理范围内按布桩设计图施放桩位。

（2）钻机就位钻孔至设计要求的深度后，立即向孔内投入石料，每次投放量 ≤ 0.1m³，石料粒度以 3 ~ 10cm 为宜。

（3）重锤提至较高位置冲击 3 ~ 5 次后，直到重锤贯入度符合要求再进行下次投放。如此反复数次，直至桩体成形。

（4）桩体形成至设计标高下 30 ~ 50cm 时，改投砂石。此时重锤提升 ≤ 1m，冲击次数增至 6 ~ 8 次。

2. 施工质量保证措施

（1）采用先外后内的施工顺序。首先沿地基处理范围边缘施工，利用 1~2 排桩形成一个封闭式的处理带，增加地基边缘的土体强度和密实度，然后在处理带内进行其他桩的施工。因封闭处理带的抗侧移效应，增强了处理带内桩的挤密作用。

（2）采用先两头后中间的施工顺序。单排桩施工时先两端后中间，利用桩的抗侧移效应使中间桩的挤密效果更加有效。

（3）实施有效的施工组织管理。施工前进行施工技术交底，严格执行施工规范和操作规程，并做好施工记录和技术档案管理。

（4）严格保证填料量。即控制石料填量不小于设计填量的 95%。

（5）单桩完成，现场施工人员做好该桩的施工记录，包括成孔深度、投放量。同时在施工图上圈划对应的桩号。

7.5　灰土挤密桩法和土挤密桩法

7.5.1　概念和适用范围

灰土挤密桩法和土挤密桩法是利用沉管、冲击或爆扩等方法在地基中挤土成桩，迫使桩孔内土体侧向挤出，从而使桩周土得到加密；随后向孔内分层夯填廉价的素土或灰土成桩，由桩体和桩间击密土共同组成复合地基，共同承担上部荷载。

灰土挤密桩法和土挤密桩法适用于处理地下水位以上的湿陷性黄土、素填土和杂填土等地基，可处理地基的深度为 5~15m，如采用冲击法成孔与夯填或钻孔夯扩法施工时，处理深度可增大到 20m 以上。当以消除地基土的湿陷性为主要目的时，宜选用土挤密桩法。当以提高地基土的承载力或增强其水稳性为主要目的时，宜选用灰土挤密桩法。当地基土的含水量大于 24%、饱和度大于 65% 时，不宜选用灰土挤密桩法或土挤密桩法。若处理深度小于 5m 时，其综合效益可能不如强夯法和换土垫层法，故不宜选用。

7.5.2　一般规定

对重要工程或在缺乏经验的地区，施工前应按设计要求，在现场进行试验。如土性基本相同，试验可在一处进行，如土性差异明显，应在不同地段分别进行试验。

7.5.3　设计

1. 处理地基的面积

灰土挤密桩和土挤密桩处理地基的面积，应大于基础或建筑物底层平面的面积，并应符合下列规定：

（1）当采用局部处理时，应该超出基础底面的宽度。对非自重湿陷性黄土、素填土和杂填土等地基，每边不应小于基底宽度的 0.25 倍，并不应小于 0.50m；对自重湿陷性黄土地基，每边不应小于基底宽度的 0.75 倍，并不应小于 1.00m。

（2）当采用整片处理时，超出建筑物外墙基础底面外缘的宽度，每边不宜小于处理土层厚度的1/2，并不应小于2m。

2. 处理地基的深度

灰土挤密桩和土挤密桩处理地基的深度，应根据建筑场地的土质情况、工程要求和成孔及夯实设备等综合因素确定。对湿陷性黄土地基，应符合现行国家标准《湿陷性黄土地区建筑规范》（GB 50025—2004）的有关规定。

3. 桩孔直径

桩孔直径宜为300～450mm，并可根据所选用的成孔设备或成孔方法确定。桩孔宜按等边三角形布置，桩孔之间的中心距离，可为桩孔直径的2.0～2.5倍，也可按下式估算：

$$s = 0.95d \sqrt{= \frac{\bar{\eta}_c \rho_{d\max}}{\eta_c \rho_{d\max} - \bar{\rho}_d}} \tag{7-43}$$

式中，s 为桩孔之间的中心距离（m）；d 为桩孔直径（m）；$\rho_{\max}$ 为桩间土的最大干密度（t/m³）；$\bar{p}_d$ 为地基处理前土的平均干密度（t/m³）；$\bar{\eta}_c$ 为桩间土经成孔挤密后的平均挤密系数，对重要工程不宜小于0.93，对一般工程不应小于0.90。

4. 桩间土的挤密系数

桩间土的平均挤密系数 $\bar{\eta}_c$，应按下式计算：

$$\bar{\eta}_c = \frac{\bar{p}_{dl}}{p_{d\max}} \tag{7-44}$$

式中，$\bar{p}_{dl}$ 为在成孔挤密深度内，桩间土的平均干密度（t/m³），平均试样数不应少于6组。

5. 桩孔的数量

桩孔的数量可按下式估算：

$$n = \frac{A}{A_c} \tag{7-45}$$

式中，n 为桩孔的数量；A 为拟处理地基的面积（m²）；A_e 为一根土或灰土挤密桩所承担的处理地基面积（m²），即 $A_e = \pi d_e^2 / 4$；d_e 为一根桩分担的处理地基面积的等效圆直径（m），桩孔按等边三角形布置：$d_e = 1.05s$；桩孔按正方形布置：$d_e = 1.13s$。

6. 桩孔内的填料

桩孔内的填料，应根据工程要求或处理地基的目的确定，桩体的夯实质量宜用平均压实系数控制。当桩孔内用灰土或素土分层回填、分层夯实时，桩体内的平均压实系数值，均不应小于0.96；消石灰与土的体积配合比，宜为2∶8或3∶7。

桩顶标高以上应设置300～500mm厚的2∶8灰土垫层，其压实系数不应小于0.95。

7. 承载力

灰土挤密桩和土挤密桩复合地基承载力特征值，应通过现场单桩或多桩复合地基载荷试验确定。初步设计当无试验资料时，可按当地经验确定，但对灰土挤密桩复合地基的承载力特征值，不宜大于处理前的2.0倍，并不宜大于250kPa；对土挤密桩复合地基的承载力特征值，不宜大于处理前的 1.4 倍，并不宜大于 180kPa。

8. 变形沉降

灰土挤密桩和土挤密桩复合地基的变形计算，应符合现行国家标准《建筑地基基础设计规范》（GB 50007-2002）的有关规定，其中复合土层的压缩模量，可采用载荷试验的变形模量代替。

7.5.4　施工

1. 一般要求

成孔应按设计要求、成孔设备、现场土质和周围环境等情况，选用沉管（振动、锤击）或冲击等方法。

桩顶设计标高以上的预留覆盖土层厚度宜符合下列要求：

（1）沉管（锤击、振动）成孔，宜为 0.50 ~ 0.70m；

（2）冲击成孔，宜为 1.20 ~ 1.50m。

2. 加水量

成孔时，地基土宜接近最优（或塑限）含水量，当土的含水量低于 12% 时，宜对拟处理范围内的土层进行增湿，增湿土的加水量可按下式估算：

$$Q = v\bar{\rho}_d(w_{op} - \bar{w})k \tag{7-46}$$

式中，Q 为计算加水量（m^3）；v 为拟加固土的总体积（m^3）；$\bar{\rho}_d$ 为地基处理前土的平均干密度（t/m^3）；w_{op} 为土的最优含水量（%），通过室内击实试验求得；$\bar{w}$ 为地基处理前土的平均含水量（%）；k 为损耗系数，可取 1.05 ~ 1.10。

应于地基处理前 4 ~ 6d，将需增湿的水通过一定数量和一定深度的渗水孔，均匀地浸入拟处理范围内的土层中。

3. 夯实

成孔和孔内回填夯实应符合下列要求：

（1）当整片处理时，成孔和孔内回填夯实的施工顺序宜从里（或中间）向外间隔 1 ~ 2 孔进行，对大型工程，可采取分段施工；当局部处理时，宜从外向里间隔 1 ~ 2 孔进行。

（2）向孔内填料前，孔底应夯实，并应抽样检查桩孔的直径、深度和垂直度。

（3）桩孔的垂直度偏差不宜大于 1.5%。

（4）桩孔中心点的偏差不宜超过桩距设计值的 5%。

（5）经检验合格后，应按设计要求，向孔内分层填入筛好的素土、灰土或其他填料，并应分层夯实至设计标高。

（6）铺设灰土垫层前，应按设计要求将桩顶标高以上的预留松动土层挖除或夯（压）密实。

（7）施工过程中，应有专人监理成孔及回填夯实的质量，并应做好施工记录。如发现地基土质与勘察资料不符，应立即停止施工，待查明情况或采取有效措施处理后，方可继续施工。

（8）雨季或冬季施工，应采取防雨或防冻措施，防止灰土和土料受雨水淋湿或冻结。

7.5.5 质量检验

成桩后，应及时抽样检验灰土挤密桩或土挤密桩处理地基的质量。对一般工程，主要应检查施工记录、检测全部处理深度内桩体和桩间土的干密度，并将其分别换算为平均压实系数 λ_c 和平均挤密系数 $\bar{\eta}_c$。对重要工程，除检测上述内容外，还应测定全部处理深度内桩间土的压缩性和湿陷性。抽样检验的数量，对一般工程不应少于桩总数的 1%；对重要工程不应少于桩总数的 1.5%。灰土挤密桩和土挤密桩地基竣工验收时，承载力检验应采用复合地基载荷试验。检验数量不应少于桩总数的 0.5%，且每项单体工程不应少于 3 点。

Ⅱ　互 动 讨 论

7.6　散体材料桩适用范围与分类特征

所谓的散体材料桩是指无黏结强度的桩，由散体桩和桩间土组成的复合地基称散体桩复合地基。目前在国内外广泛应用的碎石桩、砂桩、建筑渣土桩复合地基都是散体桩复合地基。散体桩可以就地取材，不用三材（钢、木、水泥），甚至可以消纳工业建筑垃圾，因此造价低廉，颇受欢迎。散体桩复合地基能够较充分发挥桩间土的作用，桩间土的作用是复合地基作用的重要组成部分。因此比传统的桩基理论不考虑桩间土作用，或不能充分考虑桩间土的作用大大前进一步。

散体材料桩根据桩的材料和施工工艺不同可以按图 7-11 分类。

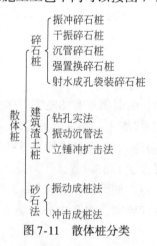

图 7-11　散体桩分类

7.7　散体材料桩作用机制比较

在散体材料桩复合地基中，所承受的荷载由桩体和桩间土体共同承担（图 7-12）。由于土层的性质不同，散体材料桩发挥不同的作用：

（1）当散体材料桩进入相对硬层时，由于散体材料的压缩模量大于软土的压缩模量，基础传给复合地基外荷载随着桩土等量变形而逐渐集中于桩体，桩间软土负担的应力相应减少，散体材料桩起着应力集中的作用。

（2）若散体材料桩未进入相对硬层，复合土层主要起垫层作用，垫层将外荷载在地基内引起的应力向周围扩散，则地基中应力趋于均匀，地基土的整体承载能力得到提高。

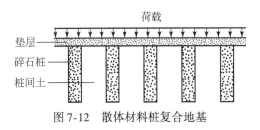

图 7-12　散体材料桩复合地基

Ⅲ　实践工程指导

7.8　散体材料桩场地条件

散体材料桩复合地基承载能力的提高主要来自以下三种作用：一是挤密效应，二是加速排水效应，三是置换效应。但是，所处理的地基土的类型不同，上述三种作用的主次关系也不同。

对于砂土地基而言，挤密效应是最主要的。由于散体材料桩复合地基颗粒材料之间的黏聚力很小，在上部荷载作用下，导致桩体产生鼓胀变形。而桩周的砂土颗粒之间的黏聚力也很小，较其他类型土更容易产生相互之间的滑动，在受到散体材料桩体的径向鼓胀力之后，颗粒之间的孔隙减小，从而产生明显的挤密效应。

对于软黏土等透水性能较低的土质而言，不能及时排水是导致地基不良性的主要原因。散体材料桩复合地基的桩体材料颗粒较大，相当于整个地基当中的一个"排水管道"，软黏土中的水分可以顺着散体材料桩体排到地基外面，水分排出之后，孔隙水压力减小，软黏土地基变得容易密实，从而达到了对其承载能力进行改良的作用。由于地基的排水作用是需要一定的时间才能够完成的，所以利用散体材料桩复合地基对于软黏土地基进行处理之后，其强度达到理想值需要经过一定的时间。

对于所有土质类型的不良地基来说，散体材料桩复合地基的置换作用都是存在的。由于散体材料桩体的材料一般为矿渣、碎石等，在形成桩体之后，其整体刚度较原有的不良地基大。部分不良地基被桩体置换之后，整个复合地基的刚度也就相对增大，承受上部荷载的能力得到加强。

第8章 刚性桩复合地基

I 基础理论

8.1 水泥粉煤灰碎石桩（CFG）法

8.1.1 基本概念

CFG 桩是英文 cement flyash gravel pile 的缩写，意即水泥粉煤灰碎石桩，由碎石、石屑、砂、粉煤灰掺适量水泥加水拌和，用各种成桩机械制成的可变强度桩，简称 CFG 桩，桩体强度等级为 C5 ~ C25。

8.1.2 基本原理

1. 构成

CFG 桩复合地基由桩、桩间土及褥垫层构成（图 8-1）。

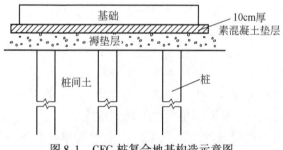

图 8-1　CFG 桩复合地基构造示意图

2. 加固机理

褥垫层将上部基础传来的基底压力（或水平力）通过适当的变形以一定的比例分配给桩及桩间土，使两者共同受力。同时，土由于桩的挤密作用（指用沉管方法成桩时）提高了承载力，而桩又由于其周围土的侧应力的增加而改善了受力性能，两者共同工作，形成了一个复合地基的受力整体，共同承担上部基础传来的荷载。下面，详细论述各构成要素的主要作用。

1）褥垫层作用

（1）保证桩与土共同承担荷载。在 CFG 桩复合地基中，基础通过一定厚度的褥垫层与桩和桩间土相联系。也就是说基础传来的荷载，先传给褥垫层，通过褥垫层传给桩与桩间土。若基础与桩之间不设褥垫层，当桩端落在坚硬土层上时（端承桩），基础承受荷载后，桩顶沉降变形很小，绝大部分荷载由桩承担，桩间土承载力很难发挥。当桩端落在一般黏土层上时（摩擦桩），基础承受荷载后，开始时绝大部分荷载仍由桩承担。随着时间的增加，荷载逐渐向土体转移（图8-2）。

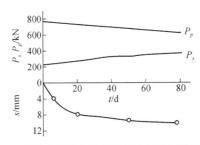

图 8-2　不加褥垫层时桩和桩间土受力时程曲线

　　基础和桩之间设置了一定厚度的褥垫层后，在上部荷载作用下，桩间土的抗压刚度远小于桩的抗压刚度，桩顶出现应力集中，由于级配砂石组成的褥垫层在受压时具有塑性，当桩顶压应力超过褥垫层的局部抗压强度时，褥垫层局部（与桩接触部分）会产生压缩量 Δ，基础和褥垫层整体也会产生向下的位移 Δ，压缩桩间土。桩间土承载力开始发挥作用，并产生沉降，直至应力平衡（图8-3）。可见，设置褥垫层后，可以保证基础始终通过褥垫层的塑性调节作用把一部分荷载传到桩间土上，从而达到桩土共同承担荷载的目的（图8-4）。

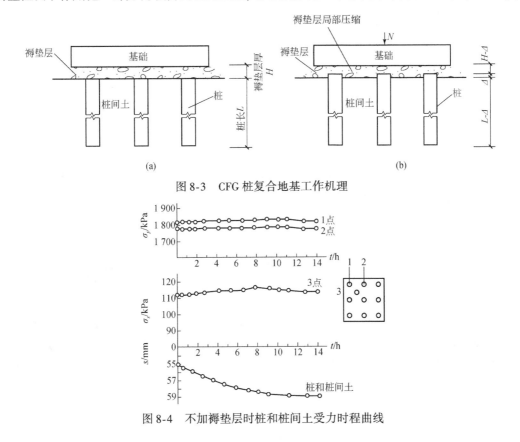

图 8-3　CFG 桩复合地基工作机理

图 8-4　不加褥垫层时桩和桩间土受力时程曲线

（2）调整桩与桩间土之间竖向荷载及水平荷载的分担比例。

①调整竖向荷载在桩与桩间土之间的分配比例。

若其他条件不变，当增加褥垫层的厚度时，根据前述原理，在桩顶应力不变的情况下，可以使褥垫层与桩顶接触的局部产生更大的压缩，基础和褥垫层整体向下的位移量 Δ 会加大，桩间土压缩量便会加大，从而提高了桩间土的竖向荷载分担比例。反之，减小褥垫层的厚度时，会提高桩的竖向荷载分担比例。CFG 桩复合地基中桩与土的荷载分担可以用桩土应力比 n 表示：

$$n = \sigma_p / \sigma_s \tag{8-1}$$

式中，σ_p 为桩顶应力（kN/m²）；σ_s 为桩间土应力（kN/m²）。当褥垫层厚度 $H=0$ 时，桩土应力比很大，此时受力状态同桩基。当褥垫层厚度很大时，则桩土应力比接近于 1，此时受力状态接近于无桩时的受力状态（图 8-5）。

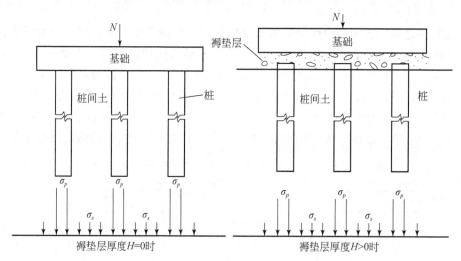

图 8-5　CFG 桩复合地基工作机理

②调整水平荷载在桩与土之间的分担比例。

当褥垫层厚 $H=0$ 时，水平传力方式为接触传力，基底水平荷载几乎全部由桩承担；而当褥垫层厚度 $H>0$ 时，水平传力方式改为摩擦传力，且有极限状态时：

$$V = V_p + V_s, \quad T = T_p + T_s \tag{8-2}$$

$$V_s = U_s \cdot P_s, \quad T_s = U_s \cdot P_u \tag{8-3}$$

式中，T 为基底总水平荷载（kN）；U_s 为基础和土之间的摩擦系数（$U_s = 0.25 \sim 0.45$）；T_p 为桩分担的水平荷载大小（kN）；T_s、P_u 为桩间土分担的水平、竖向荷载的大小（kN）。

由于桩间土分担的竖向荷载大小 P_s 可以通过褥垫层厚度调整，故桩土分担的水平荷载的比例（T_p / T_s）可以通过改变褥垫层的厚度调整。当褥垫层厚度越小时，桩承担的水平荷载比例越大，当褥垫层的厚度越大时，桩间土承担的水平荷载比例越大（图 8-6）。设计时应适当调整垫层厚度，以控制 CFG 桩（包括素混凝土桩）承担的水平荷载，以保证无筋桩在水平荷载作用下的安全工作。

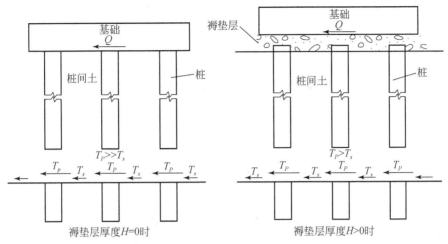

图 8-6　桩土剪应力示意图

（3）减少基础底面的应力集中。

当褥垫层厚度 $H=0$ 时，桩对基础底板的应力集中很显著。基础设计时需考虑桩对基础底板冲切破坏。随着 H 的增加，这种应力集中越来越不明显，当 H 增大到一定程度，基底反力即为天然地基的反力分布。实验研究表明，当褥垫层厚度 $H>100\text{mm}$ 时，桩对基底产生的应力集中已显著降低，当褥垫层厚度 $H=300\text{mm}$ 时，应力集中已很小（图 8-7）。这就是说，当褥垫层超过一定厚度后，在基础底板设计时便可不考虑桩对基础应力集中的影响。

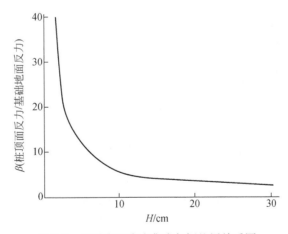

图 8-7　基础底面应力集中与褥垫层关系图

2）桩的作用

（1）承担基础传来的竖向、水平荷载。

试验研究表明，在 CFG 桩复合地基中，只要保证桩身材料有一定的强度（设计时需验算），不配筋的 CFG 桩（包括水泥粉煤灰碎石桩和素混凝土桩，下同）仍能完全发挥其竖向承载能力。另外，桩土间设置了一定厚度的褥垫层后，使桩间土承担了一部分水平荷载，减小了桩承担的水平荷载。对于一般以承受竖向荷载为主的基础，CFG 桩在水平荷载作用下完全可以安全工作。

（2）对地基土产生一定的挤密作用。

CFG 桩一般采用振动沉管成孔，由于桩管振动和侧向挤压作用使桩间土孔隙比减小，降低了压缩性。这一方面可以提高桩间土的承载力；另一方面，当桩间土为软土或湿陷性黄土时，可以达到改善软土性能及消除一定湿陷性的目的（表8-1）。

从表8-1可知：采用 CFG 桩进行地基处理后，桩间土的各项主要物理力学指标得到明显改善。孔隙比降低18.2%；压缩系数降低35%（由高压缩性变成中等压缩性）；压缩模量提高了39%；湿陷系数 $\delta_{s2.0} < 0.015$，湿陷性已完全消除；桩间土承载力标准值提高了40%。

表 8-1 某轮胎厂 2#住宅地基粉土处理前后主要物理力学性质指标对比表

	天然含水量 w/%	天然孔隙比 e	压缩系数 A_{1-2}/MPa	压缩模量 E_{1-2}/MPa	湿陷系数	承载力标准值 f_k/kPa
处理前	19.0	1.034	0.63	3.23	0.034	100
处理后	19.4	0.846	0.41	4.50	0.006	140

（3）在处理饱和土时，桩体有排水作用

在处理饱和粉土、砂土时，CFG 桩本身即可通过挤压排出饱和土中的部分水。在处理饱和粉土时，可以将 CFG 与碎石桩联合应用，以碎石桩作为排水通道，将土中水排出，减少土的含水量。

3）桩间土的作用

（1）承担竖向、水平荷载。

（2）对桩体进行约束，以保证桩体能很好地工作。

4）CFG 桩复合地基加固机理分析

（1）桩复合地基桩土相互作用机理。

CFG 桩和土组成复合地基，使得桩土间的相互作用更为复杂，基础通过褥垫层，不仅将荷载传递给桩体本身（P_p），还直接传递给桩间土体（P_s）。这两部分分别沿桩身和土体向深层传递，并且通过桩与土的相互作用使两者交叉扩散。

即：

桩身荷载沿深度分布规律：

①桩身各点引起的附加应力 σ_{cp} 在桩体中的分布总是呈单调递减。随着桩体模量的减小，其递减的速率就越大，而对于刚性桩，其递减方式基本上为线性，即向土中均匀扩散。

②土体承担荷载 P_s 后，在桩顶处扩散应力值 σ_{sp} 为零，然后在桩体中沿深度的分布先递增后递减，其拐点随桩体模量的增大而逐渐下移。

③σ_{sp} 和 σ_{cp} 的最终叠加结果 σ_p 沿桩体并非一定是单调递减的。

（2）CFG 桩复合地基中褥垫使用机理。

为了充分发挥复合地基的特性，在基础下设置褥垫层，以改良地基中 CFG 桩荷载的分配，充分发挥地基土的承载能力。垫层的作用在本节中已有论述。

由于垫层的设置，桩体有向上的刺入变形，使桩体产生部分负摩阻区。然而由于这一问题的复杂性与现场条件的多变性，致使传统的研究方法难以对其进行深入系统的定量研究。利用数值仿真试验的方法，可研究不同模量桩体复合地基（极柔性桩、一般柔性桩、半刚性桩、刚性桩）施加褥垫后的承载性状，对褥垫的加固机理、作用效果得到较系统的理解。

褥垫对桩顶荷载分配的影响。褥垫可以有效地调整刚性桩、半刚性桩乃至一般柔性桩的 CFG 桩荷载分配，因此可以充分利用土体的承载能力，特别是发挥浅层的土体承载作用。相关资料结果表明：首先，褥垫使桩顶的应力集中现象明显减弱，且随着桩体模量的增大，这一作用越显著，且 CFG 桩应力比也随之显著减小；其次，除了上述作用，对群桩复合地基来说，褥垫更起到了均匀分配各桩顶荷载的作用，边角处的桩顶荷载大幅度减小，可以避免最先引起边角处桩体破坏，进而使复合地基能够更充分地发挥其承载能力。这一作用对桩体模量较大的复合地基效果较为显著；再次，褥垫除上述作用外，还有减小基础底面应力集中、保证 CFG 桩共同承担荷载等作用。

褥垫对桩身应力传递特性的影响。有无褥垫时，不同模量桩体复合地基桩身附加应力分布规律：不论桩体模量大小，对所有的角桩（也包括边桩），带褥垫时的桩身附加应力沿全桩段小于无褥垫情况。对内桩来说，桩身最大应力不在桩顶，而是分布于（0.2 ~ 0.4）桩身长度处。桩体模量越大，最大应力点越深。这意味着在此以上内桩桩体均受到负摩阻力的影响，使内桩桩体的承载性能有所下降；从总体分析可知，群桩的整体承载能力由于内、角、边桩的荷载进一步均匀而明显提高；桩体模量越小，褥垫对复合地基的影响也越小。有无褥垫对内桩的影响幅度不超过 5%，对刚性桩则可达到 30% 以上。

褥垫对桩间土中应力分布的影响。除对极柔性桩复合地基影响较小外，对其他几类复合地基而言，若采用褥垫均会显著增加基础下土的荷载分担，特别是对刚性桩复合地基，无褥垫基础时土体分担的荷载仅 10% 左右，若采用褥垫则提高 5 ~ 8 倍。但褥垫对土体中附加应力分布的影响主要在浅层，对较深处基本无影响。根据这一点，应该注意充分利用土体的承载能力，特别是利用浅层土体的承载力。

垫层厚度对复合地基性状的影响。褥垫厚度对桩顶荷载分配影响也比较大，同样对 CFG 桩荷载分配具有良好的调节能力。随着垫层厚度的增大，刚性桩桩身应力逐渐减小。随着垫层厚度的增大，它对应力的调节作用的增幅迅速减小。此处未考虑 CFG 桩的最佳荷载分担和经济性等因素。与垫层模量对复合地基的影响不同，褥垫厚度对桩身最大应力值和最大应力点位置影响较小，最大应力点的位置对不同厚度褥垫基本相同。褥垫模量的降低，可使桩身最大应力点位置进一步下移，而褥垫厚度的增加则无此效果。

（3）打桩施工期桩体位移分析。

在软弱地基条件下打入或冲入 CFG 桩，如果桩位比较密集、沉桩速度过快、流水顺序不当时，易导致数值较大的桩体水平位移和桩体张拉变形及桩间土隆起，土体的重新固结产生的附加沉降以及桩体的挤偏、弯曲乃至断裂，将会对基础结构和上部结构产生严重的影响。主要有桩体张拉、桩间土变形和桩体、桩间土水平位移两个方面。

为了减小土体的挤土效应，采取以下措施：预先钻孔再打桩、设置砂井、控制沉桩速度、合理安排打桩流水顺序、确定正确的开挖时间以及分层开挖高差不宜过大，设置一定数量的构造钢筋及逐根静压等施工措施，以减小桩体的隆起和偏移，满足工程设计的要求。

8.1.3　设计计算

1. CFG 桩各参数确定

水泥粉煤灰碎石桩可只在基础范围内布置，桩径宜取 350 ~ 600mm。

桩距应根据设计要求的复合地基承载力、土性、施工工艺等确定，宜取 3 ~ 5 倍桩径。

桩顶和基础之间应设置褥垫层，褥垫层厚度宜取 150 ~ 300mm，当桩径大或桩距大时褥垫层厚度宜取高值。

褥垫层材料宜用中砂、粗砂、级配砂石或碎石等，最大粒径不宜大于 30mm。

2. 估算 CFG 桩复合地基承载力

CFG 桩复合地基承载力的确定有如下要求：

（1）水泥粉煤灰碎石桩复合地基承载力特征值，应通过现场复合地基载荷试验确定，初步设计时也可按下式估算：

$$f_{spk} = m \frac{R_a}{A_p} + \beta(1 - m)f_{sk} \tag{8-4}$$

式中，f_{spk} 为复合地基收载力特征值（kPa）；m 为面积置换率；R_a 为单桩竖向承载力特征值（kN）；A_p 为桩的截面积（m²）；β 为桩间土承载力折减系数，宜按地区经验取值，如无经验时可取 0.75 ~ 0.95，天然地基承载力较高时取大值；f_{sk} 为处理后桩间土承载力特征值（kPa），宜按当地经验取值，如无经验时，可取天然地基承载力特征值。

（2）单桩竖向承载力特征值 R_a 的取值，应符合下列规定：

①当采用单桩载荷试验时，应将单桩竖向极限承载力除以安全系数 2；

②当无单桩载荷试验资料时，可按下式估算：

$$R_a = u_p \sum_{i=1}^{n} q_{si}l_i + q_pA_p \tag{8-5}$$

式中，u_p 为桩的周长（m）；n 为桩长范围内所划分的土层数；q_{si}、q_p 为桩周第 i 层土的侧阻力、桩端端阻力特征值（kPa），可按现行国家标准《建筑地基基础设计规范》（GB 50007—2011）有关规定确定；l_i 为第 i 层土的厚度（m）；A_p 为桩截面积（m²）。

（3）桩体试块抗压强度平均值应满足下式要求：

$$f_{cu} \geqslant 3 \frac{R_a}{A_p} \tag{8-6}$$

式中，f_{cu} 为桩体混合料试块（边长 150mm 立方体）标准养护 28d 立方体抗压强度平均值（kPa）。

（4）按 CFG 桩复合地基估算承载力，估算基础底面积，进而初定桩的直径、桩长、桩间距、初根数。桩的直径一般为 300 ~ 400mm，桩长应贯穿基础主要受力层，对于条基，桩长应不小于 3b（b 为基础底面宽度），对于独立基础应不小于 1.5b，对于片筏基础应不小于 1.0 ~ 2.0b，且不小于 5m。桩间距不小于 3d（d 为桩径），不大于 6d。

3. 验算地基持力层强度

初定桩的直径、桩长、桩间距、根数后，即可按下列公式计算复合地基强度

$$R_c = \frac{nR_k}{A} + \frac{R_s A_s}{A} \tag{8-7}$$

式中，R_c 为 CFG 桩复合地基承载力（kPa）；n 为基础下桩数；R_k 为单桩承载力（kN）；R_s 为天然地基承载力（kPa），由地质勘察资料提供；A_s 为桩间土面积（m²），是最外围桩中心线围成的面积；A 为基础面积（m²）。

条件许可时，最好能通过荷载试验确定复合地基承载力，然后按规范：$P < f$ 和 $P_{max} < 1.2f$ 验算持力层的强度。

如不满足，可增加桩的根数（即缩小桩阻），或加大桩长，再行验算，直至满足强度要求为止。

4. 验算软弱下卧层强度

CFG 桩一般都不很长，不一定能穿透整个软弱层，载荷试验时的影响深度较小，它只能反映持力层土的承载力，而软弱下卧层的承载力仍需验算。

对于 CFG 桩复合地基，当荷载接近极限时，逐渐具有实体基础的变形特性，因而复合地基软弱下卧层的强度可按下列公式验算：

$$\frac{N + G - (\sum_{i=1}^{n} Uf_i / K)}{F} \leq R \tag{8-8}$$

式中，G 为实体基础自重（kN）；F 为实体基础底面积（m²），注意：不是基础底面积，而是最外边桩外缘所围成的面积；U 为按土层分段的实体基础侧表面积（m²）；f_i 为不同土层的极限摩擦力，可由地质勘察资料提供，对黏性土也可取 $q_u/2$，q_u 为土的无侧限抗压强度；R 为软弱下卧层承载力，考虑深度和宽度修正；K 为安全系数，一般取 3。

如强度不能满足，须增加桩长。对于片筏基础满足这一条件需要有一定的桩长（往往成为设计中的控制桩长），对于独立基础一般容易满足。

5. 变形验算

变形验算有如下要求：

（1）地基处理后的变形计算应按现行国家标准《建筑地基处理技术规范》（GB50007-2011）的有关规定执行。复合土层的分层与天然地基相同，各复合土层的压缩模量等于该层天然地基压缩模量的 ξ 倍，ξ 值可按下式确定：

$$\zeta = \frac{f_{spk}}{f_{ak}} \tag{8-9}$$

式中, f_{ak} 为基础底面下天然地基承载力特征值（kPa）。

变形计算经验系数 ψ_s 根据当地沉降观测资料及经验确定，也可采用表 8-2 数值。

表 8-2 变形计算经验系数 ψ_s

$\bar{E_s}$/MPa	2.5	4.0	7.0	15.0	20.0
$P_0 \geq f_k$	1.4	1.3	1.0	0.4	0.2
$P_0 \leq 0.75 f_k$	1.1	1.0	0.7	0.4	0.2

表 8-2 中，$\bar{E_s}$ 为变形计算深度范围内压缩模量的当量值，应按下式计算：

$$\bar{E_s} = \frac{\sum A_i}{\sum \dfrac{A_i}{E_{si}}} \tag{8-10}$$

式中，A_i 为第 i 层土附加应力系数沿土层厚度的积分值；E_{si} 为基础底面下第 i 层土的压缩模量值（MPa），桩长范围内的复合土层按复合土层的压缩模量取值。地基变形计算深度应大于复合土层的厚度。

（2）对于独立基础，除控制每个基础的沉降外，尚须验算相邻基础间的沉降差，使之满足规范，如表 8-3 要求。

表 8-3 建筑物的地基变形允许值

变形特征	地基土类型	
	中、低压缩性土	高压缩性土
砌体承重结构基础的局部倾斜	0.002	0.003
工业与民用建筑相邻柱基的沉降差		
框架结构	0.002l	0.003l
砌体墙填充的边排柱	0.007l	0.001l
当基础不均匀沉降时不产生附加应力的结构	0.005l	0.005l
单层排架结构（柱距为 6m）柱基础的沉降量/mm	(120)	200
桥式吊车轨面倾斜（按不调整轨道考虑） 纵向 横向	0.004 0.003	
多层和高层建筑的整体倾斜　$H_g \leq 24$ 　24 < $H_g \leq$ 60 　60 < $H_g \leq$ 100 　H_g > 100	0.004 0.003 0.0025 0.002	
体型简单的高层建筑基础的平均沉降量/mm	200	

续表

变形特征		地基土类型	
		中、低压缩性土	高压缩性土
高耸结构基础的倾斜	$H_g \leqslant 20$	0.008	
	$20 < H_g \leqslant 50$	0.006	
	$50 < H_g \leqslant 100$	0.005	
	$100 < H_g \leqslant 150$	0.004	
	$150 < H_g \leqslant 200$	0.003	
	$200 < H_g \leqslant 250$	0.002	
高耸结构基础的沉降量/mm	$H_g \leqslant 100$	400	
	$100 < H_g \leqslant 200$	300	
	$200 < H_g \leqslant 250$	200	

注：1. 本表数值为建筑物地基实际最终变形允许值；

2. 有括号者仅适用于中压缩性土；

3. l 为相邻柱基的中心距离（mm）；H_g 为自室外地面起算的建筑物高度（m）；

4. 倾斜指基础倾斜方向两断点的沉降差与其距离的比值；

5. 局部倾斜指砌体承重结构沿纵向6～10m内基础两点的沉降差与其距离的比值。

（3）对于片筏基础，由于其整体性好，调整不均匀沉降能力较强，因而只需控制其最大沉降，一般控制在25cm以内（上海地区控制在30cm以内）。

8.1.4　施工工艺和方法

1. 工艺与流程

1）水泥粉煤灰碎石桩的施工

应根据现场条件选用下列施工工艺：

（1）长螺旋钻孔灌注成桩，适用于地下水位以上的黏性土、粉土、素填土、中等密实以上的砂土；

（2）长螺旋钻孔、管内泵压混合料灌注成桩，适用于黏性土、粉土、砂土，以及对噪声或泥浆污染要求严格的场地；

（3）振动沉管灌注成桩，适用于粉土、黏性土及素填土地基。

2）CFG桩成桩的工艺流程

场地平整→桩位测放→桩机就位→桩管、钻头对中→沉入沉管或钻进至要求深度→固结料制备及抽检、向沉管内灌注固结料→拔出沉管（留振）或提升钻头→检查管内料面高度→补灌固结料（当桩长不足时）→桩顶整平→移动桩机至下一桩位。

3）施工方法

（1）基本要求。

长螺旋钻孔、管内泵压混合料灌注成桩施工和振动沉管灌注成桩施工除应执行国家现行有关规定外，尚应符合下列要求：

①施工前应按设计要求由试验室进行配合比试验，施工时按配合比配制混合料。长螺

旋钻孔、管内泵压混合料成桩施工的坍落度宜为 160～200mm，振动沉管灌注成桩施工的坍落度宜为 30～50mm，振动沉管灌注成桩后桩顶浮浆厚度不宜超过 200mm；

②长螺旋钻孔、管内泵压混合料成桩施工在钻至设计深度后，应准确掌握提拔钻杆时间，混合料泵送量应与拔管速度相配合，遇到饱和砂土或饱和粉土层，不得停泵待料；沉管灌注成桩施工拔管速度应按匀速控制，拔管速度应控制在 1.2～1.5m/min 左右，如遇淤泥或淤泥质土，拔管速度应适当放慢；

③施工桩顶标高宜高出设计桩顶标高不少于 0.5m；

④成桩过程中，抽样做混合料试块，每台机械一天应做一组（3 块试块边长为 150mm 的立方体），标准养护，测定其立方体抗压强度。

（2）施工步骤与方法。

CFG 桩施工流程总的来说可以分为三大关键步骤，即沉管（钻进）、灌料、拔管（提钻），其中灌料与拔管是交替进行的，其施工步骤与方法如下：

①沉管（钻进）。

一、根据设计要求或施工平面图测放桩位；

二、移动桩机就位进行沉管或钻杆对中，即调好桩机垂直度并使桩管或钻头中心对准桩位。使用沉管时应注意管底活叶瓣紧合；对于未有活瓣的桩管，则需使用混凝土预制桩头，此时桩管须垂直压在桩头上，其结合处采用麻绳或其他物品密封，防止泥砂进入桩管；

三、启动桩机，对于沉管灌注成桩，利用重锤击打或振动下沉桩管，沉管过程中注意观察沉管是否有挤偏的现象，下沉速度是否异常等。对于长螺旋钻进法桩机，在对好中心、调好垂直度后即可钻进；

四、地下水丰富地区或流塑状淤泥地区，沉管时水或泥可能进入桩管，为避免此种现象出现可先在桩管内灌入高 1.5m 左右的封底混凝土，然后开始沉管；长螺旋钻进则不存在此类问题；

五、沉管或钻进到达设计深度或所要求的持力层时，即可终止沉管；

六、对于长螺旋钻进排土成孔，须及时清运排出来的废土渣。

②灌砼和拔管

一、CFG 桩成孔到设计标高后，停止钻进，开始泵送混合料，当钻杆芯管充满混合料后开始拔管，严禁先提管后泵料。

二、成桩的提拔速度应控制在 2～3m/min，成桩过程宜连续进行，应避免后台供料慢导致停机待料，若施工过程中因其他原因不能连续灌注，需根据勘察报告和已掌握的施工场地土质情况，避开饱和砂土、粉土层，不得在这些土层内停机。

三、灌注成桩完成后，用水泥袋盖好桩头，进行保护。施工中每根桩的投料量不得小于设计灌注量。

四、当上一根桩施工完毕后，钻机移位，进行下一根桩的施工。

五、施工时由于 CFG 桩排出的土较多，经常将邻近的桩位覆盖，有些还会出现钻机支撑时支撑脚压在桩位旁使原来标定的桩位发生移动。因此，下一根桩施工时，还应该根据轴线或周围桩的位置对需施工的桩进行复核，保证桩位准确。

2. 质量检验

质量检验有如下要求:

(1) 施工质量检验主要应检查施工记录、混合料坍落度、桩数、桩位偏差、褥垫层厚度、夯填度和桩体试块抗压强度等。

(2) 水泥粉煤灰碎石桩地基竣工验收时,承载力检验应采用复合地基载荷试验。

(3) 水泥粉煤灰碎石桩地基检验应在桩身强度满足试验荷载条件时,并宜在施工结束28d 后进行。试验数量宜为总桩数的0.5%~1%,且每个单体工程的试验数量不应少于3 点。

(4) 应抽取不少于总桩数的10%的桩进行低应变动力试验,检测桩身完整性。

8.1.5　工程实例

1. 项目概况

某工程位于廊坊市新华路东侧,其中2、3 号住宅楼地上九层,短肢剪力墙结构,商场地上五层,框架结构,均设一层地下室,各楼之间设后浇带,平面位置见图8-8。场地±0.00 相对于绝对标高14.70m,基础采用筏板基础,埋深4.0m,基底置于第二层黏土,该层承载力特征值为100kPa。经方案论证,采用CFG 桩复合地基方案进行处理,地基处理要求如表8-4 所示。

图 8-8　建筑物平面位置图

表 8-4　地基处理要求

项目	承载力特征值/kPa	倾斜/%
住宅楼	200	0.2
商场	160	0.2

根据勘察报告,住宅楼和商场基底标高均为9.2m,基底以下各层土为第四系全新统—上更新统陆相沉积层,以河流冲击层为主,夹湖沼沉积层。除第三层细砂在场地内分布厚薄不均外,其他各层土质分布均匀。在地震设防烈度为8 度条件下,不会产生液化,属中软场地土,Ⅲ类建筑场地。基底以下各土层的物理力学指标见表8-5。

表 8-5　土的物理力学指标统计

土层编号	ω/%	γ/kN m³	e	I_L	E_{s1-2}/MPa	N	f_{ak}/kPa
②黏土	41.0	18.0	1.16	0.66	4.03	—	100
③细砂	—	—	—	—	18	27	180

续表

土层编号	ω/%	γ/kN m³	e	I_L	E_{s1-2}/MPa	N	f_{ak}/kPa
④粉质黏土	27.3	19.9	0.75	0.62	5.30	—	110
⑤粉土	26.0	19.3	0.76	0.72	8.81	—	160
⑥黏土	35.2	18.9	0.96	0.61	5.32	—	140
⑦细砂	—	—	—	—	25	45	200
⑧粉质黏土	26.9	19.9	0.74	0.52	6.14	—	180

2. 基础型式特点分析

本工程复合地基设计可结合筏形基础结构型式特点进行分析如下：

（1）住宅楼区域采用平板式筏基，基础板厚1000mm，外围上部结构荷载通过地下室外墙、边（角）柱传至底板，刚度较高；由于使用功能要求，地下室内部刚度分布不均，除在电梯井、设备间处内墙较为集中外，其他区域基本为柱下筏基，柱网间距变化较大，一般为7m×6m左右，最大柱间距达9m。由于地下室外围及电梯井等处基础刚度较好，该区域可按基底平均压力进行复合地基设计。对于柱下筏基，归纳为以下两种情形：当厚跨比>16，即柱间距小于6m时，认为基底反力均匀分布，按基底平均压力进行复合地基设计；当不满足上述条件时，可认为在柱（柱帽）外缘向筏板四周外扩2.5倍板厚（2.5m）区域内反力均匀分布，该区域复合地基的承载力应满足荷载的要求。

（2）商场区域采用梁板式基础，梁高1000mm，板厚300mm，柱网间距7m×7m。板厚较薄，基底反力分布不均，复合地基设计时，由于高跨比（同时考虑地梁加腋）接近16，可认为上部结构传至基础的荷载在梁边向外各扩出2.5倍板厚范围内的"柱下交叉条形"基础下均匀分布，按"缩减"面积后的平均压力进行布桩设计。

3. 设计参数

根据前述分析，采用承载力和变形双控计算得到的CFG桩复合地基的设计参数见表8-6。在承载力计算时，需注意：复合地基的承载力特征值不能简单按照表8-4的要求，应根据基础结构的特点，按不同的基底压力分布区上真实的荷载水平进行承载力设计。

表8-6　CFG桩复合地基设计参数

设计参数	住宅楼		商场		
	厚跨比<1/6柱下均匀布桩区	厚跨比<1/6构造布桩区	其他区域	梁下均匀布桩区	构造布桩区
基底平均压力/kPa	280	—	200	250	—
桩长/m	17.8	17.8	17.8	17.8	17.8
桩径/mm	400	400	400	400	400
桩身强度等级	C20	C20	C20	C20	C20
桩间距/m	1.5~1.6	1.8~2.0	1.6~1.8	1.5~1.7	1.8~2.2

4. 结论和建议

（1）当基础刚度较弱，结构传至基础底面的荷载并不均匀的情况下，应根据基础刚度和荷载分布，采用非均匀布桩。同时应根据不同区域真实的荷载水平进行复合地基设计。

（2）在目前的认识水平下，当基底压力分布不均，设计时对于平板式筏形基础，可假定沿柱外缘外扩2.5倍板厚范围内荷载均匀分布；对于梁板式筏形基础，当高跨比不小于16时，可假定传至基础底面的荷载在梁边向外各扩出2.5倍板厚范围内均匀分布。

（3）柱下筏形基础复合地基反力宜进一步进行工程实践的测试与研究，使得基底反力与地基承载力能够合理匹配，在保证安全的前提下优化地基基础方案。

8.2 夯实水泥土桩法

8.2.1 概述

夯实水泥土桩复合地基施工工艺是在软弱地基中成孔（通常采用人工洛阳铲或螺旋钻），然后用专用的夯实机械，在孔内连续夯填按一定比例、经充分拌和的水泥土而成桩，与天然地基共同形成复合地基。夯实水泥土桩的桩体强度一般为 2～6MPa，研究表明，同散体材料桩相比，其桩体强度和轴力的传递依赖围压的程度较小。桩顶受轴向荷载作用时，荷载主要通过侧摩阻力和桩端阻力传递给周围土体，其荷载传递特性除取决于桩周土性质外，很大程度上受桩身材料强度和刚度的影响。其中运用荷载传递法结合利用水泥作为固化剂，采用人工洛阳铲或机械成孔，将水泥与现场地基土（成孔时掏出的地基土）按一定配比人工拌和均匀，机械夯实形成的具有水稳性和足够强度的水泥土，制成桩体，并与原地基土共同作用，提高了地基承载力。这是改善地基变形特性的一种地基处理技术，称之为夯实水泥土桩。1995 年 12 月，夯实水泥土桩法由建设部组织，中国建筑科学研究院主持，中国建筑科学研究院地基所和河北省建筑科学研究院承担研究通过技术鉴定。这一加固方法适用于粉土、粉质黏土，地下水位较低的地区，具有施工方便、无噪声、无振动、无泥浆废液等污染、造价较低等特点。

8.2.2 作用机理及其特点

无论是夯实水泥土桩还是深层搅拌水泥土桩，其水泥土的形成机理基本相同。水泥土的形成机理为：普通硅酸盐水泥主要由 CaO、SiO_2、Al_2O_3、Fe_2O_3、SO_3 等成分组成。水泥与黏土混合后与土中水产生水化和水解作用，首先生成氢氧化钙 $Ca(OH)_2$ 和含水硅酸钙（$CaO \cdot SiO_2 \cdot nH_2O$）。两者能迅速溶解于水，逐渐使土中水饱和形成胶体，另一方面使水泥颗粒表面重新露出，再与土中水发生作用形成水化物。当水泥的各种水化物和胶体溶液形成后，按下列途径继续反应形成水泥土：

（1）水泥水化物中的一部分 $nCaO \cdot 2SiO_2 \cdot 3H_2O$ 自身继续硬化，形成早期水泥土的骨架。

（2）水泥水化物及其溶液与活性黏土颗粒发生反应（如黏土矿物表面所带的 Na^+ 和

K⁺与水化物 Ca（OH）₂中的 Ca²⁺进行离子吸附交换）形成土团粒后又进而结合成团粒结构。同时进一步凝聚反应形成水稳性水化物，并在空气中逐渐硬化。

（3）随着水泥水化反应的深入，Ca（OH）₂的碱活性作用和矿渣水泥水化作用又生成水化物。最终形成水泥与土颗粒相互联结、难以彼此分辨的致密空间网络结构，使水泥土具有足够的强度和水稳性。

夯实水泥土桩有如下特点：

（1）夯实水泥土桩避免了现场土性对桩身强度的影响，孔外拌和均匀，密实度大，桩身强度高。三轴试验结果表明破坏时主应力差受围压影响不大，桩体具有传递垂直荷载的能力。

（2）褥垫层是夯实水泥土桩复合地基的重要组成部分，合理选定褥垫层的厚度，可保证桩间土垂直和水平承载力的发挥。

（3）夯实水泥土桩是中等黏结强度的新桩型，适用于地下水位以上的淤泥质黏土、素填土、杂填土、粉土、粉质黏土等地基加固，处理深度宜为 5～10m，进一步充实了复合地基的系列。

8.3　深层搅拌法

8.3.1　概述

我国地域广大，有各种成因的软土层，其分布范围广、土层厚度大。这类软土的特点是含水量高、孔隙比大、抗剪强度低、压缩系数高、渗透系数低、沉降稳定时间长。近年来，根据工业布局或城市发展规划，常需在软土地基上进行建筑，以往通常采取挖除置换、桩基穿越或人工加固等措施。但要挖除深厚的软土层，已属不易，还要大量运入本地缺乏的良质土砂更是困难。在厚层软土中采用长桩，对一般建筑工程来说造价过高。软土就地加固的出发点则是最大限度地利用原土，经过适当的改性后作为地基，以承受相应的外荷载。所以软土的各种加固技术日益受到人们的重视。常用的方法都是基于脱水、压密、固化、加筋等改变土物性的原理。

在软土地基中掺加各类固化剂，使之固化起来是一种通用的地基加固方法。常用的固化剂有：①水泥类：普通硅酸盐水泥、石膏等；②石灰类：生石灰、消石灰；③沥青类：地沥青、沥青乳剂、煤焦油、柏油等；④化学材料类：水玻璃、氯化钙、尿素树脂、甲醛缩化物、丙烯酸盐等。

深层搅拌法是用于加固饱和软黏土地基的一种新方法，它是利用水泥、石灰等材料作为固化剂的主剂，通过特制的深层搅拌机械，在地基深处就地将软土和固化剂（浆液或粉体）强制搅拌，利用固化剂和软土之间所产生的一系列物理-化学反应，使软土硬结成具有整体性、水稳定性和一定强度的优质地基。

所谓"深层"搅拌法是相对于"浅层"搅拌法而言的。20 世纪 20 年代，美国及西欧国家在软土地区修筑公路和堤坝时，经常采用一种"水泥土（或石灰土）"来作为路基或堤基。这种水泥土（或石灰土）是按地基加固需要的范围，从地表挖取 0.6～1.0m 深的软土，在附近用机械或人工拌入水泥或石灰，然后放回原处压实，此即软土的浅层搅拌加固法。这种加固软土的方法的深度大多小于 1m，一般不超过 3m。

深层搅拌法则是利用特制的机械在地基深处就地加固软土，无须挖出。其加固深度通常超过 5m，根据目前的施工实绩看来，最大的加固深度已达 60m。

8.3.2 深层搅拌法的适用范围

1. 适用土质、加固场所和加固深度

深层搅拌法最适宜于加固各种成因的饱和软黏土。国外使用深层搅拌法加固的土质有新吹填的超软土、沼泽地带的泥炭土、沉积的粉土和淤泥质土等。加固场所从陆上软土到海底软土。加固深度从数米到五六十米。国内目前采用深层搅拌法加固的土质有淤泥、淤泥质土、黏土和亚黏土等，加固场所局限于陆上，加固深度可达 12 ~ 15m。

软土成分对加固效果有所影响。水泥加固土的室内试验表明，有些软土的加固效果较好，有的较差。一般认为含有高岭石、多水高岭石、蒙脱石等黏土矿物的软土加固效果较好；而含有伊利石、氯化物和水铝英石等矿物的黏性土以及有机质含量高、酸碱度（pH）较低的黏性土的加固效果较差。

2. 适用工程对象

目前，搅拌法常用于下列深层软土的加固工程：

（1）水泥土桩和周围天然土层组成的复合地基能较大程度地提高承载力、减少沉降量，所以可以应用于：建筑物地基加固；高速公路、铁道和机场跑道以及高填方堤基；室内和露天的大面积堆场地基。

（2）形成水泥土支挡结构物：软土层中的基坑开挖、管沟开挖或河道开挖的边帮支护和防止底部管涌、隆起。当采用多排水泥土桩形成挡墙时，常采用格栅状的布桩形式。

（3）形成防渗止水帷幕。

（4）其他应用：进行大面积加固后可防止码头岸壁的滑动，减少软土中的地下构筑物的沉降和振动下沉，防止地基液化；对桩侧或板桩背后软土的加固，以增加侧向承载能力；对于较深的基坑开挖，还可以将钢筋混凝土桩和水泥土桩构成复合壁体，共同承受水、土压力；用于地下盾构施工地段的软土加固，以保证盾构的稳定掘进等。

8.3.3 水泥系深层搅拌法

软土与水泥采用机械搅拌加固的基本原理，是基于水泥加固土（以下简称水泥土）的物理化学反应过程。它与混凝土的硬化机理有所不同，混凝土的硬化主要是水泥在粗填充料（即比表面不大、活性很弱的介质）中进行水解和水化作用，所以凝结速度较快。而在水泥加固土中，由于水泥的掺量很小（仅占被加固土重的 7% ~ 15%），水泥的水解和水化反应完全是在具有一定活性的介质——土的围绕下进行，所以硬化速度缓慢且作用复杂，因此水泥加固土强度增长的过程也比混凝土缓慢。

8.4　高压喷射注浆法

8.4.1　概述

在土木工程建设中，处理地基的方法有多种多样。但是在施工场地狭窄净空低、上部土质坚硬下部软弱、施工时不能停止生产运营，不能中断行车，不能对周围环境产生公害和不能影响邻近建筑物、缺少钢材时，一般的处理方法往往不能完全适用。

在科学技术的发展推动下，现代工业提供了大功率高压泵、钻机和硬质合金喷嘴等先进装备，水力采煤工作中高压水射流技术的发展应用，为新的加固土体方法创造了新的物质条件与理论基础。于是在 20 世纪 70 年代初期别具一格的高压喷射注浆法便应运而生了。

高压喷射注浆法创始于日本，是在化学注浆法的基础上，采用高压水射流切割技术而发展起来的。它彻底改变了化学注浆法的浆液配方和工艺措施的传统做法，以水泥为主要原料，加固土体的质量高、可靠性好，具有增加地基强度，提高地基承载力，止水防渗，减少支挡建筑物土压力，防止砂土液化和降低土的含水量等多种功能。自 1972 年以来，我国无数的工程实践，均取得了良好的社会效益和经济效果。旋喷地基已列入我国现行的地基与基础工程施工及验收规范。

所谓高压喷射注浆，就是利用钻机把带有喷嘴的注浆管钻进至土层的预定位置后，以高压设备使浆液或水成为 20MPa 左右的高压流从喷嘴中喷射出来，冲击破坏土体。当能量大，速度快和呈脉动状的喷射流的动压超过土体结构强度时，土粒便从土体剥落下来。一部分细小的土粒随着浆液冒出水面，其余土粒在喷射流的冲击力、离心力和重力等作用下，与浆液搅拌混合，并按一定的浆土比例和质量大小有规律的重新排列，浆液凝固后，便在土中形成一个固结体。

固结体的形状和喷射流移动方向有关。一般分为旋转喷射（简称旋喷）和定向喷射（简称定喷）两种注浆形式。旋喷时，喷嘴一面喷射一面旋转和提升，固结体呈圆柱状。主要用于加固地基，提高地基的抗剪强度，改善土的变形性质，使其在上部结构荷载直接作用下，不产生破坏或过大的变形；也可以组成闭合的帷幕，用于截阻地下水流和治理流砂。定喷时，喷嘴一面喷射一面提升，喷射的方向固定不变，固结体形如壁状。通常用于基础防渗、改善地基土的水流性质和稳定边坡等工程。

8.4.2　高压喷射注浆法的分类

作为地基加固，通常采用旋喷注浆形式，使加固体在土中成为均匀的圆柱体或异形圆柱体。当前，高压喷射注浆法的基本种类有：单管法、二重管法、三重管法和多重管法等四种方法。它们各有特点，可根据工程要求和土质条件选用。

1. 单管法

单管旋喷注浆法是利用钻机等设备，把安装在注浆管（单管）底部侧面的特殊喷嘴，置入土层预定深度后，用高压泥浆泵等装置，以 20MPa 左右的压力，把浆液从喷嘴中喷射出去，冲击破坏土体，同时借助注浆管的旋转和提升运动，使浆液与从土体上崩落下来的土搅拌混合，经过一定时间凝固，便在土中形成圆柱状的固结体，如图 8-9 所示。日本称为 CCP 工法。

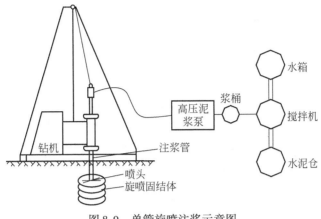

图 8-9　单管旋喷注浆示意图

2. 二重管法

使用双通道的二重注浆管。当二重注浆管钻进到上层的预定深度后，通过在管底部侧面的一个同轴双重喷嘴，同时喷射出高压浆液和空气两种介质的喷射流，冲击破坏土体。即以高压泥浆泵等高压发生装置喷射出 20MPa 左右压力的浆液，从内喷嘴中高速喷出。并用 0.7MPa 左右压力，把压缩空气从外喷嘴中喷出。在高压浆液流和它外围环绕气流的共同作用下，破坏土体的能量显著增大，喷嘴一边喷射一边旋转和提升，最后在土中形成圆柱状固结体。固结体的直径明显增加，如图 8-10 所示。日本称为 JSG 工法。

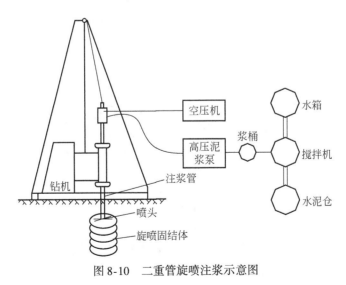

图 8-10　二重管旋喷注浆示意图

3. 三重管法

使用分别输送水、气、浆三种介质的三重注浆管。在以高压泵等高压发生装置产生

20MPa 左右的高压水喷射流的周围，环绕一股 0.7MPa 左右的圆筒状气流，进行高压水喷射流和气流同轴喷射冲切土体，形成较大的空隙，再另由泥浆泵注入压力为 2～5MPa 的浆液填充，当喷嘴作旋转和提升运动，最后便在土中凝固为直径较大的圆柱状固结体，见图 8-11。

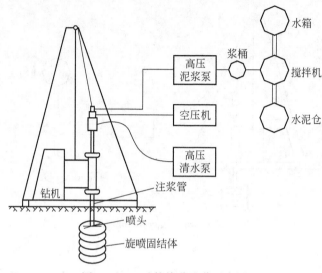

图 8-11　三重管旋喷注浆示意图

4. 多重管法

这种方法首先需要在地面钻一个导孔，然后置入多重管，用逐渐向下运动的旋转超高压水射流（压力约 40MPa），切削破坏四周的土体，经高压水冲击下来的土和石，随着泥浆立即用真空泵从多重管中抽出。如此反复的冲和抽，便在地层中形成一个较大的空间。装在喷嘴附近的超声波传感器及时测出空间的直径和形状，最后根据工程要求选用浆液、砂浆、砾石等材料填充之。于是在地层中形成一个大直径的柱状固结体，在砂性土中最大直径可达 4m。如图 8-12 所示。日本称之为 SSS-MAN 工法。

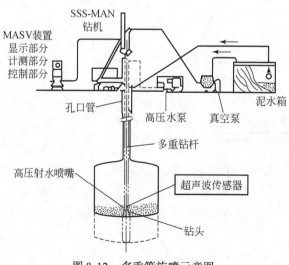

图 8-12　多重管旋喷示意图

以上四种高压喷射注浆法中，前三种属于半置换法，即高压水（浆）携带一部分土颗粒流出地面，余下的土和浆液搅拌混合凝固，成为半置换状态。后一种属于全置换法，即高压水冲击下来的土，全部被抽出地面而在地层中形成一个空洞（空间），以其他材料充喷之，成为全置换状态。

高压喷射注浆固结体的形状及作用见表 8-7。

表 8-7　高压喷射注浆固结体形状及作用

高压喷射注浆方法	截水墙法（定喷）	垂直墙状…　纵向截水墙
		水平板状…　横向截水墙
	桩法（旋喷）	柱列状…　截水墙、挡土墙
		群　状…　地基加固

8.4.3　主要特征

以高压喷射流直接冲击破坏土体，浆液与土以半置换或全置换凝固为固结体的高压喷射注浆法，从施工方法、加固质量到适用范围，不但与静压注浆法有所不同，而且与其他地基处理方法相比，亦有独到之处。高压喷射注浆法的主要特征如下：

1. 适用的范围较广

旋喷注浆法以高压喷射流直接破坏并加固土体，固结体的质量明显提高。它既可用于工程新建之前，也可用于工程修建之中，特别是用于工程落成之后，显示出不损坏建筑物的上部结构和不影响运营使用的长处。

2. 施工简便

旋喷施工时，只需在土层中钻一个孔径为 50mm 或 300mm 的小孔，便可在土中喷射成直径为 0.4 ~ 4.4m 的固结体，因而能贴近已有建筑物基础，建设新建筑物。此外能灵活地成型，它既可在钻孔的全长成柱型固结体，也可仅作其中一段，如在钻孔的中间任何部位。

3. 固结体形状可以控制

为满足工程的需要，在旋喷过程中，可调整旋喷速度和提升速度、增减喷射压力或更换喷嘴孔径改变流量，使固结体成为设计所需要的形状，如图 8-13 所示。

均匀圆柱状　圆盘状　异形圆柱状　扇状　板墙状

图 8-13　固结体的基本形状示意图

4. 既可垂直喷射亦可倾斜和水平喷射

一般情况下，采用在地面进行垂直喷射注浆，而在隧道、矿山井巷工程、地下铁道等建设中，亦可采用倾斜和水平喷射注浆。

5. 有较好的耐久性

在一般的软弱地基中加固，能预期得到稳定的加固效果并有较好的耐久性能，可用于永久性工程。

6. 料源广阔价格低廉

喷射的浆液是以水泥为主，化学材料为辅。除了在要求速凝剂起早强作用时使用化学材料以外，一般的地基工程均使用材料广阔价格低廉的 425 号普通硅酸盐水泥。若处于地下水流速快或含有腐蚀性元素、土的含水率大或固结强度要求高的场合下，则可根据工程需要，在水泥中掺入适量的外加剂，以达到速凝、高强、抗冻、耐蚀和浆液不沉淀等效果。此外，还可以在水泥中加入一定数量的粉煤灰，这不但利用了废材，又降低了注浆材料的成本。

7. 浆度集中，流失较少

喷浆时，除一小部分浆液由于采用的喷射参数不适等原因，沿着管壁冒出地面外，大部分浆液均聚集在喷射流的破坏范围内，很少出现在土中流窜到很远地方的现象。

8. 设备简单，管理方便

高压喷射注浆全套设备结构紧凑、体积小、机动性强，占地少。能在狭窄和低矮的现场施工。

施工管理简便，在单管、二重管、三重管喷射过程中，通过对喷射的压力、吸浆量和冒浆情况的量测，即可间接地了解旋喷的效果和存在的问题，以便及时调整旋喷参数或改变工艺，保证固结质量。在多重管喷射时，更可以从屏幕上了解空间形状和尺寸后再以浆材填充之，施工管理十分有效。

9. 安全生产

高压设备上有安全阀门或自动停机装置，当压力超过规定时，阀门便自动开启泄浆降压或自动停机，不会因堵孔升压造成爆破事故。此外高压胶管（ϕ19mm 的三层钢丝裹绕高压胶管安全使用压力达 40MPa，爆破压力为 120MPa），是不易损坏的。只要按规定进行维护管理，可以说是安全的。

10. 无公害

施工时机具的振动很小，噪音也较低，不会对周围建筑物带来振动的影响和产生噪音、公害，更不存在污染水域、毒化饮用水源的问题。

8.5　协力疏桩法

8.5.1　概述

桩基础是将建筑物的荷载传递给深层地基，能够提供较高的承载力，并能有效减少建筑物的沉降量。目前，在地基设计中，基础形式选择时往往容易走两个极端：若选用天然基础，则把基础尺寸定得较大；若选用桩基础，则考虑桩承受全部上部结构荷载，过分增大桩数及桩长，不考虑地基土的分担作用，造成基础工程定价大幅度增加。当一般多层建筑物控制沉降和不均匀沉降要求并不很严格，对允许较大沉降的低承台桩基，可以充分发挥桩极限承载力，允许桩在土中产生一定的塑性刺入破坏，使得承台底土反力充分发挥作用。首先考虑利用地基土承担荷载，而其承载力不足部分的荷载由桩承担，桩起着协助承载作用，形成协力疏桩复合基础，降低基础造价。

8.5.2　作用机理

疏桩复合地基一般指桩距较大、桩相对较短的一类复合桩基础。在疏桩复合地基中，由于桩距通常大于 6 倍桩径，迫使桩间土与桩体共同承担上部荷载，可以充分发挥桩间土的作用，因此桩对土的加强作用并不明显。但另一方面，桩的疏布又把密布群桩情况下的打桩扰动及土体的抗剪强度降低等的削弱作用减少到最低限度。疏桩率的大小，主要取决于结构物控制沉降量的大小，此时，桩主要是用来作为控制沉降与加强稳定性的构件，因此，在疏桩复合地基的设计中，是用"控制沉降量设计法"来代替传统的"承载力设计法"。

一般认为疏桩复合地基为刚性桩复合地基，但在桥台后软土地基处理时，由于施工容许沉降量相对较大，而且上部结构荷载又相对较小等特点，一般刚性桩体的强度难以发挥。低强度刚性桩疏桩地基桩体刚度介于半刚性桩与刚性桩之间，根据地层及荷载情况，桩身强度一般为 10MPa 左右，低强度刚性桩疏桩地基的实质就是：在进行软土地基的设计时既要最大限度地利用单桩承载力的作用，充分发挥桩体材料的潜力，并达到控制沉降的目的，又要充分发挥天然地基土的作用，达到疏化桩基，有效地降低工程造价的目的。

8.5.3　协力疏桩基础设计原理及承载力计算

确定疏桩基础桩、土、台共同作用机理与一般群桩基础不甚相同。桩中心距离 $>6D$（D 为桩径），将复合桩基视为实体基础是不恰当的。由于疏布桩基，桩对土的加强作用不明显，对于密布群桩打桩扰动对土削弱作用亦被减少到最低限度，因而忽略群桩效应影响。当疏桩基础的桩距 $>6D$，可忽略桩与桩的相互影响，并采用单桩承台承载力计算模式（图 8-14）。

据图 8-14（a）所示，单桩在荷载 Q 作用下，桩周土体单元主要表现为剪应力，随着深度增大，剪应力增大，其应力分布规律为摩擦力曲线 α，影响范围约 $4D$。据图 8-14（b）所示无桩基础梁板在荷载 Q 作用下，基底下土体单元主要表现为压应力，其应力分布规律为附加应力曲线，影响深度范围约 $1.0 \sim 1.5B$（B 为基础宽度）。桩承台荷载 Q 作用下，其应力分布规律把它视为 α 曲线 ［图 8-14（a）］ 和 β 曲线 ［图 8-14（b）］ 同一深度应力叠加。协力疏桩基础中桩实际发挥的承载力，基本已达到其极限承载力值。由于桩承台下地基土的压缩变形，在深度 $1.0 \sim 1.5B$ 范围内土和桩同时垂直向下移动，摩擦力得不到发挥，桩极限侧阻力接近于零。设承台对桩的影响深度 L_B。据图 8-14（b），$L_B = (1.0 \sim 1.5) B$。据以上分析，设承台以上结构总荷载为 Q，则得：

$$Q = P_P + P_S = m\pi D\left(\frac{D}{4}q_P + \sum_{i=1}^{n} L_i q_{si}\right) + f_{ak}\left(F - \frac{m}{4}\pi D^2\right) \tag{8-11}$$

式中，P_P 为桩承担荷载；P_S 为桩间土承担荷载；n 为 $L \sim L_B$ 范围内土层数；m 为桩数；q_p 为桩端阻力标准值（kPa）；q_{si} 为 i 层土桩侧阻力标准值（kPa）；f_{ak} 为承载力特征值（kPa）；F 为承载或条形基础总面积（m²）；L_B 为承台对桩的影响深度（m）。

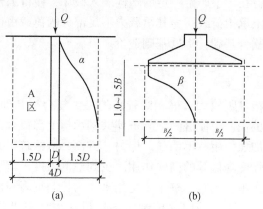

图 8-14　单桩承载力计算模式

8.5.4　协力疏桩基础沉降计算

疏桩基础桩往往设计为承担高于单桩承载力特征值的荷载，有时接近或达到单桩极限承载力，而且桩中心距往往大于 6 倍桩径，如条形基础筏基桩下布桩，将复合桩基视为实体基础是不恰当，因此不能采用现行规范桩基沉降计算方法。有学者提出利用单桩荷载试验成果来进行疏桩基础沉降计算的方法，直接利用单桩静载试验所得的桩极限荷载与对应桩沉降值来计算桩对承台沉降的影响及承台承担荷载的份额，将承台沉降分为桩所产生沉降和承台底土产生沉降两部分，并分别计算，其和即为承台总沉降。

1. 基本假定

（1）桩距≥6 倍桩径时，桩群中的单桩的承载力与沉降特性与单桩静载试验结果相近。

（2）桩间土的特性假定与天然地基相同，暂不考虑加桩后土性的改变。

2. 土面的沉降漏斗

据单桩荷载测得，单桩周围土表面的竖向位移变化曲线，即沉降漏斗，如图 8-15 所示，看作是按抛物线规律变化的曲面，而沉降漏斗所围成体积则代表桩周土在桩身应力作用上的压缩，由沉降漏斗体积计算漏斗范围内平均沉降值。

为简化计算，将沉降漏斗形状简化为等高度的圆锥体，直径为 $6D$（图 8-15），设单桩荷载试验得到的桩极限荷载 P_u 相应的沉降为 S_0，则沉降漏斗的体积为：

$$V_0 = \frac{\pi}{3}(3D)^2 S_0 = 3\pi D^2 S_0 \tag{8-12}$$

3. 桩荷载引起的承台沉降 S_P

设疏桩基础有 m 根桩，造成 m 个沉降漏斗，则将 m 个沉降漏斗体积和除以承台面积

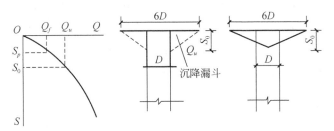

图 8-15　竖向位移变化曲线及沉降漏斗示意图

F，得承台平均沉降量，用 S_P 表示：

$$S_P = \frac{mV_0}{F} = \frac{3m\pi D^2 S_0}{F} \tag{8-13}$$

S_P 就是在桩顶荷载达到极限荷载时承台下桩间土的平均压缩量，其中已包含了桩尖下土的竖向变形。

4. 承台底附加应力引起的沉降 S_S

设基底总荷载力 Q，则土所分担荷载为 $Q - mP_u$，基底接触应力 P 与附加应力 P_0 应符合：

$$P = \frac{QmP_u}{F} < f \tag{8-14}$$

$$P_0 = P - rh \tag{8-15}$$

式中，P_0 为基底附加应力（kPa）；f 为基底的设计承载力（kPa）；rh 为基底处土的自重应力（kPa）。

由附加应力 P_0 产生的沉降 S_S，按规范方法式（8-16）求得：

$$S_S = m_s \sum \frac{P_0}{E_{si}} (E_i C_i - E_{i-1} C_{i-1}) \tag{8-16}$$

式中，m_s 为沉降计算经验系数；n 为地基变形计算深度范围内所划分土层数；E_{si} 为地基中第 i 层的压缩模量（MPa）。

5. 承台总沉降量 S 的确定

$$S = S_P + S_S \leqslant [S] \tag{8-17}$$

式中，$[S]$ 为允许沉降量。

由此得到疏桩基础沉降值。

上述 S_P、S_S 分别计算，实际基础沉降过程是 S_P、S_S 同时进行。

II　互　动　讨　论

8.6　刚性桩复合地基适用范围与分类特征

对于基础形式而言，刚性桩复合地基不仅适用于条形基础、独立基础，同时还适用于筏板基础和箱型基础。对于土的性质而言，刚性桩复合地基不仅可用于挤密效果较好的砂土，同时还适用于挤密效果相对较差的黏土。当刚性桩用于挤密效果较好的砂土、粉土时，挤密作用和置换作用同时为提高承载力做出了贡献；如果用于挤密效果较差的黏土时，则此时承载力的提高基本缘由是置换作用。

8.6.1　CFG 桩的分类

CFG 桩按成桩工艺可分为沉管灌注成桩和螺旋钻孔成桩两大类：

1. 沉管灌注成桩

属挤土成桩，适用于无密实厚砂层的其他地层条件，亦难以穿过风化层。该大类根据不同的分类标准又可作如下分类：

1）按沉管的方法分类

（1）锤击沉管法：用重锤、柴油锤或蒸汽锤锤击沉管的上端，使沉管沉入地基中；

（2）振动沉管法：将振动打桩锤与沉管刚性连接，启动打桩锤使沉管上下振动，从而沉入到地基中；

（3）振动冲击沉管法：沉管受振动冲击力的作用破土下沉进入地基中。

2）按成桩的工艺分类

（1）单打法成桩：将沉管沉入预定深度，灌入固结料，再拔出沉管成桩。这种工艺适用于含水量较小的地基土层以及饱和土层中对单桩承载力不高的工程（设计目的是提高复合地基承载力），其工程造价比其他工艺相对较低；

（2）反插法成桩：将沉管沉到预定深度并灌入固结料，每次拔管 0.5 ~ 1.0m，再将沉管下沉 0.3 ~ 0.5m，沉管内壁对固结料产生向下的摩擦力，加上固结料的自重压力，致使管外的固结料向四周的地层中扩散挤紧，从而提高单桩的竖向承载力。该工艺适用于饱和土层，但在流动性淤泥中不能用；

（3）复打法成桩：系将单打法重复进行，适用于锤击沉管且采用混凝土预制桩头情况下；

（4）夯扩法成桩：当沉管沉到预定深度向管内灌入一定数量的固结料，将沉管上拔一定高度，通过沉管内的重锤或内夯管将固结料锤向四周的地层中致使桩端直径扩大，从而提高桩的承载力。

2. 螺旋钻孔成桩

螺旋钻孔成桩是动力头带动中空长螺旋钻杆旋转钻进排土成孔，再往孔内灌料成桩的方法。该类桩属非挤土成桩。近几年来其应用逐渐广泛，主要用于市政、土建基础工程及支护工程等对噪音及环境污染要求严格的工程。

按固结料灌注方式又可分为：

（1）长螺旋钻孔灌注成桩：长螺旋钻杆钻进排土成孔，提升钻杆后向管内灌入固结料。该法适用于地下水以上的黏性土、粉土、填土地基。但由于钻杆提出来后桩孔会缩径，影响成桩质量，所以一般较少用。

（2）长螺旋钻孔管内泵压混合料成桩：固结料采用高压灌注方式送入钻杆内，通过钻杆从钻头排料孔（安置有单向阀）排出，钻杆逐渐提升，固结料则留在地基深处固结成桩。主要用于有黏性土、粉土、砂土、人工填土、碎（砾）石土及风化岩层分布的地基。该法适用于粗骨料粒径较小的混凝土作固结材料。近年来已研制发明超流态混凝土，这样在保证桩体本身的强度的同时，又增大了混凝土的流动性，使灌注时混凝土在高压下易于挤向桩孔周围的地层，增大桩径，从而提高了单桩承载力。并且还可在单柱灌注完毕后安放钢筋笼，方便结构施工。

8.6.2　CFG 桩适用范围

适用工程：CFG 桩适用于场地软弱层厚度较均匀、层底平整（坡度<5%），无液化土层，建筑平面较规则，非重点设防的工程。

适用的基础形式：就其上部的基础形式来看，CFG 复合地基适用于以承受竖向荷载为主的条形基础（有地梁）、独立基础、筏形基础、箱形基础等。

适用的土质：就其处理的地基土本身而言，CFG 桩复合地基适用于处理黏性土、粉土、砂土、人工填土、淤泥质土及非自重湿陷性黄土地基。可以用来挤密效果好的土，也可以用来挤密效果差的土。

8.7　夯实水泥土桩与深层搅拌水泥土桩对比

将夯实水泥土桩与深层搅拌水泥土桩作对比分析，可以得到下述结论：

（1）虽然两者均为水泥土桩，但其成桩方法不同，前者是通过人工或机械成孔，通过机械夯实成桩；后者是通过深层搅拌成桩。

（2）两者适用的地层条件不同，前者适用于粉土、粉质黏土，地下水位较低的地区；后者适用于淤泥、淤泥质土、地基承载力不大于 120kPa 的黏性土和粉性土的地区。

（3）大量工程实践及资料表明，深搅法成桩由于机械搅拌切削不可避免地留下一些未被粉碎的黏土团，水泥拌入后形成水泥浆包裹土团的现象，在土团中的孔隙被水泥浆充填，硬化后形成水泥石，而土团内却没有水泥，只有经过水泥浆渗入后才改变其性质。因此，水泥石和土团在空间中形成的独特结构决定着水泥土的强度。经调研发现，由于施工质量不当（或选择工艺不当），其不但不能提高承载力，反而会降低承载力。这些均为深层搅拌水泥土桩的致命弱点。

（4）与深搅桩相比，夯实水泥土桩由于采用人工或机械成孔，桩身材料在地面上均匀拌和，通过夯实机械夯实，故其成桩质量较高。

（5）由大量资料及相关报道，向水泥土桩中加入适量的粉煤灰和其他化学材料，不仅可以提高桩身质量，节省工程造价，而且有利于环境保护。这些工作需在以后的科研工作中加以完成。

8.8　刚性桩与散体桩作用机制比较

桩与桩间土共同工作形成刚性桩复合地基，通过复合地基的核心技术散体褥垫层与基础连接，将基础荷载通过褥垫层传递到桩和桩间土。由于桩的模量远大于土的模量，桩顶沉降小于桩间土的沉降，桩顶材料不断向桩间土蠕动补充，造成桩顶向上刺入褥垫层中，保证了在任何荷载水平下桩和桩间土始终参与工作。

刚性桩和桩间土分担荷载的比例将随桩长、桩距、桩间土强度等的不同而变化。桩越短，桩距越大，桩间土强度越高，桩间土分担荷载的比例越大。褥垫层厚度也直接影响桩和桩间土的荷载比例，随着褥垫层厚度的增加，桩分担荷载的比例逐渐减少，桩间土分担荷载的比例逐渐增加。但当褥垫层厚度很大时，桩土应力比接近于1，荷载主要由桩间土承担，复合地基中桩的设置失去意义。利用厚度不同的褥垫层，可以实现合理的桩、土荷载分担比例，并调整地基的不均匀变形。

刚性桩复合地基模量大、建筑物沉降量小是其重要特性之一。其总沉降量由两部分组成，即加固区的压缩量 S_1 和加固区下卧层的压缩量 S_2。复合地基在荷载一定时，桩分担的荷载比例越大，其变形越小。

刚性桩桩体材料具有很高的强度和刚度，刚性桩的工作实质就是承受竖向荷载，工作机理与桩基本一致。由刚性桩组成复合地基的基本原理是通过桩顶设置一定厚度的散体材料组成的褥垫层将上部荷载按桩、土刚度的不同进行二次分配，充分发挥桩间土和桩的承载能力。

复合地基中的刚性桩实质上就是一般桩基中的摩擦桩，因此，对于刚性桩复合地基和柔性复合地基，桩体竖向承载力特征值 f_{pk} 可采用类似摩擦桩单桩竖向承载力特征值 R_{ak}^d 计算公式计算，其表达式为：

$$R_{ak}^d = U_p \sum q_{sai} l_i + A_p q_{pa} \qquad (8\text{-}18)$$

$$f_{spk} = k_1 \lambda_1 m R_{ak}^d / A_p + k_2 \lambda_2 (1-m) f_{sk} \qquad (8\text{-}19)$$

式中，q_{sai} 为第 i 层桩周土的承载力特征值；q_{pa} 为桩端土的承载力特征值；为 U_p 桩周周边长度；A_p 为桩身截面积；l_i 为按土层划分的各段桩长。

按式（8-18）计算桩体承载力特征值时，尚需计算桩身材料强度确定的单桩承载力特征值，即：

$$R_{ak}^d = A_p f_{rk} \qquad (8\text{-}20)$$

式中，f_{rk} 为桩体抗压强度标准值。

由式（8-18）、式（8-20）计算所得两者中取较小值为桩的承载力特征值。

所谓散体桩是指组成桩体的材料呈颗粒散体状、颗粒间无黏结力，桩体承载能力的发挥靠桩周土体提供的包裹能力，比如碎石桩、砂石桩等。在桩体承受竖向荷载的时候，散体材料向桩周边土体挤压，土体在侧压力压密的过程中，土颗粒间孔隙减少、孔隙水向散体材料组成的桩体中渗透，提高土体的强度，同时桩周土提供了限制散体桩的侧向鼓胀变形的抗力，散体桩的承载能力得以发挥。这样散体桩与挤密加固的桩周土体一起承受上部结构的竖向荷载，组成复合地基。

散体材料桩的承载力除与桩身材料的性质及其紧密程度有关外，主要取决于桩周地基土体的侧限能力。在荷载作用下，散体材料桩的存在使桩土体从原来主要是垂向受力的状态改变为主要水平向受力状态，桩间地基土对桩体的侧限能力对散体材料桩复合地基的承载力起关键作用。按照桩周地基土对桩体侧限力的计算方法可以把散体材料桩承载力计算公式分为两大类：

1）侧向极限应力法

侧向极限应力法计算散体材料桩承载力时的表达式一般如下：

$$p_{pf} = \sigma_{ru} K_p \tag{8-21}$$

式中，σ_{ru} 为侧向极限应力，目前已有几种不同计算方法，如 Brauns（1978）计算式，圆孔扩展理论计算式等；K_p 为桩体材料的被动土压力系数。

2）被动土压力法

在这类方法中，桩周地基土的侧限力是采用计算桩周土中的被动土压力得到的。单桩承载力表达式为：

$$p_{pf} = \left[(\gamma z + q_1) K_{ps} + 2 C_u K_{ps}^{1/2} \right] K_p \tag{8-22}$$

式中，γ 为土的重度；z 为桩的鼓胀深度；q_1 为桩间土荷载；C_u 为土的不排水抗剪强度；K_{ps} 为桩间土的被动土压力。

8.9 刚性桩垫层作用机制及设计

8.9.1 刚性桩垫层作用机制

在基础底面设置了一定厚度的褥垫层，褥垫层的设置就相当于将基础和桩体、桩间土三者进行了结合。褥垫层的设置不仅起到了提高地基承载力的作用，又通过协调桩土间的变形从而控制了地基的整体沉降。通常铺设的褥垫层由粒状散体材料组成，这样的材料具有较好的分散性。在上部荷载作用下，伴随着桩顶向褥垫层刺入的过程，桩顶周围的土体受到扰动，无论该扰动多么微小，粒状散体材料都会灵敏地感知到，并在第一时间自主及时地流动到桩侧土表面，这样一来，桩、土、褥垫层三者始终紧紧联系在一起，形成共同作用的整体。当基础上部作用有荷载时，桩间土也随之被压缩，在桩间土压缩变形的过程中，原本集中在桩顶的应力经褥垫层的作用扩散到桩间土表面，桩间土体开始承担部分荷载，从而减小了桩体的荷载承载力度，也起到了调整地基压缩变形、改变地基荷载传递的作用。在荷载作用下，增强体和地基土同时直接承担上部结构传来的荷载是桩体复合地基的基本特征。因此垫层的主要作用有：①保证桩、土共同承担荷载；②调整桩、土荷载分担比；③减小基础底面的应力集中；④调整桩、土水平荷载的分担。

8.9.2 刚性桩垫层的设计

复合地基的主要作用是解决两方面问题：减少地基沉降、提高地基承载力。垫层通过协调桩土间的变形，改善了基础底部的不均匀沉降，促使桩体、桩间土同时参与承担上部荷载工作。通过前文分析，我们明确了褥垫层厚度大小对其调节桩土应力的作用有着紧密的关系，同时土体模量、桩径、垫层模量这些因素的变化将对褥垫层的厚度产生深远的影响。由于在施工过程中将造成土体模量等的改变，因此我们应该建立"动态设计"理念，随时测定土体模量的改变，针对不同的土体进行对褥垫层厚度进行及时适时地修正。刚性桩复合地基中由于褥垫层的存在使得桩顶在上部荷载作用下刺入褥垫层增大桩体和桩间土的相对位移，以此达到提高地基承载力的目的。

在施工时，我们可以先将该部分进行夯实处理，并对桩头和桩体进行一定日期的养护，然后再进行褥垫层的铺设。为了更好地达到褥垫层消减桩顶应力集中的现象，施工时应保证褥垫层的厚度宽于桩体外径。若遇到灵敏度较高的土体，应在施工前应对土体进行静压密实，可适当减小所需褥垫层厚度。

Ⅲ　实践工程指导

8.10　刚性桩复合地基场地条件及施工要点

在沿海软土地基，一般由于毛细水的反复作用，均可在 1～3m 的埋深范围内存在硬壳层，天然地基的承载力较高，但在这一层天然地基的下面，紧接是软弱下卧层，经验算一般是下卧层的变形太大，不能满足建筑物正常使用极限状态的要求，因而需对地基进行处理，进行地基变形控制设计，同时充分利用硬壳层的承载力。沉降控制的构件一般为混凝土预制微型桩，即断面一般不大于 250mm 的预制方桩，用于控制竖向变形时一般称为刚性桩复合地基。其特点是利用桩作为沉降控制的构件，承载力则主要由土提供。

桩距是影响桩间土发挥的重要因素，桩距大于 5d 时承台分担比才会有明显的上升，桩距大于 6d 时，实测表明承台的分担比可达 65% 以上。

单桩平均荷载 P 的实际承载水平是最重要的因素，只有当 P 接近或超过 P_u（单桩极限承载力），桩间土的分担比才有显著的上升，并且这种情况对各种桩距均存在，即桩尖产生刺入沉降时才能使土充分发挥承载作用。

其他相关因素，端承作用较小的摩擦桩较端承型摩擦桩更易发挥桩间土的分担比；承台底硬壳层的存在有效地提高了分担比；承台埋深越大分担比越高；桩的长径比越小，土的分担比也越高。

桩的存在形成遮拦作用，使承台底土体破坏时发生土体绕桩滑动，可使土体的承载力提高约 5%～12%，在本工程中把这一部分作为安全储备。

桩与承台能否共同工作取决于桩是否具有蠕变性（Creeping Pile），即桩在超过极限承载力标准值（或实际极限承载力值）时是否能保持这个荷载继续刺入而不破坏，此时承台才能与土接触而分担上部结构荷载，故此类型的桩一般均应为摩擦桩或摩擦型端承桩，需作现场实测以测试桩的蠕变性，以及将来埋设土压力盒进行一定的研究。

8.11　刚性桩复合地基质量检验

为确保搅拌施工质量，可以选用下述方法进行加固质量检验。

（1）施工原始记录：详尽、完善、如实记录并及时汇总分析，发现不符要求的立即纠正。

（2）开挖检验：可根据工程设计要求，选取一定数量的桩体进行开挖，检查加固柱体的外观质量、搭接质量、整体性等。

（3）取样检验：从开挖外露桩柱体中凿取试块或采用岩芯钻孔取样制成试件，与室内制作的试块进行强度比较。

（4）采用标准贯入或轻便钎探等动力触探方法检查桩体的均匀性和现场强度。

（5）用现场载荷试验方法进行工程加固效果检验。因为搅拌桩的质量与成桩工艺、施工技术密切相关，如在施工现场就地搅拌水泥土桩，桩的尺寸、构造、深度、成桩工艺、地质条件和载荷性质都较接近实际情况，所得到的承载能力也就符合实际情况。

（6）对正式采用深层搅拌加固地基的工程投入使用后，定期进行沉降、侧向位移等观测，这些也是最直观检验加固效果的理想方法。

第9章 既有建筑地基基础的加固补强与补救

I 基础理论

9.1 既有建筑地基基础加固技术发展与应用范围

9.1.1 既有建筑地基基础加固技术的应用范围

既有建筑地基基础加固技术又称托换技术，是对既有建筑地基基础加固所采用的各种技术的总称，大致解决以下几种情况所产生的问题：

(1) 既有建筑物的地基土由于勘察、设计、施工或使用不当，地基承载力和变形不满足要求，造成既有建筑开裂、倾斜或损坏，影响正常使用，甚至危及建筑物的安全，而需要对地基基础进行加固。

(2) 因改变原建筑物使用要求或使用功能，引起荷载增加，造成原有结构和地基基础承载力不足，而需要进行地基基础加固。如增层、增加荷载、改建、扩建等。

(3) 因在已有建筑物地基或相邻地基中修建地下工程，如修建地下铁道、修建地下车库，或相邻深基坑开挖等，而需要进行地基基础加固。

(4) 因古建筑的维修，而需要进行地基加固。

根据我国情况，需要进行加固改造的既有建筑，从建造年代来看，绝大多数是新中国成立以来建造的建筑；就建筑类型来说，有工业建筑和构筑物，也有公共建筑和大量住宅建筑。因此，需要进行加固改造的既有建筑物范围很广、数量很多、工程量很大、投资额很高。因此，既有建筑物加固改造在建筑业中占有很重要的地位。

9.1.2 既有建筑物地基基础加固的特点和技术原则

与新建工程相比，既有建筑物地基基础加固是一项技术较为复杂的工程。任何情况下的托换工程都是一部分被托换后，才开始另一部分托换工作，否则就难以保证质量。所以托换范围往往由小到大，逐步扩大。对一般的托换工程，需要半年至一年，对地铁穿越的大型综合托换工程，有时甚至长达几年，因而随之而来就要考虑更多施工因素，如季节性的温度变化和雨雪的影响、基坑挖土后土层卸载引起的基坑回弹的影响、基坑排水引起的相邻建筑物的影响，以及一些临时性的支护结构的可靠性等问题。

此外，有时补救托换的建筑物可能已经接近失稳，因而只有在原有建筑物造价大于被托换工程的造价时，或由于原有建筑物的使用价值、历史价值和艺术价值而不允许拆除时，才采用托换工程的技术措施。

既有建筑物地基基础加固技术必须遵循下列原则和规定：

（1）必须由具有相应资质的单位和有经验的专业技术人员来承担既有建筑物地基和基础的鉴定，加固设计和加固施工，并应按规定程序进行校核、审订和审批等。

（2）既有建筑物地基基础加固设计和施工以前，应先对地基和基础进行鉴定，根据鉴定结果，才能确定加固的必要性和可能性。

（3）既有建筑地基基础加固设计，可按下列步骤进行：根据鉴定检验获得的测试数据确定地基承载力和地基变形计算参数等；考虑上部结构、基础和地基的共同作用，初步选择地基基础加固方案；对初步选定的各种加固方案，分别从预期效果、施工难易程度、材料来源和运输条件、施工安全性、对邻近建筑和环境的影响、机具条件、施工工期和造价等方面进行技术经济分析和比较，选定最佳的加固方法。

（4）由具有专业工程经验的专业性施工单位承担既有建筑地基基础加固的施工。

（5）应安排专人对既有建筑地基基础加固施工进行监督、监理、检验和验收。

9.1.3　加固技术应用与发展

托换技术的起源可追溯到古代，苏州虎丘塔采用了"加固地基、补作基础，修缮塔体、恢复台基"的整修方案，采取了"围、灌、盖、调、换"五项加固措施，取得了较好效果。但直到 20 世纪 30 年代兴建美国纽约市的地下铁道时才得到迅速发展。因为在早期地下铁道工程中，需要托换加固工程的数量是很大的，类型是多样的，且规模也是很大的。近年来，世界上大型和深埋的结构物和地下铁道的大量施工，尤其是古建筑的基础加固效果显著。

我国自改革开放以来，托换技术的数量和规模不断扩大，如锚桩加压纠偏、锚杆静压桩、基础减压和加强刚度法、碱液加固、浸水纠偏、掏土纠偏、千斤顶整体顶升等多种托换方法都取得了成功的应用和发展。

9.2　地基基础事故的补救与预防措施

9.2.1　设计、施工或使用不当引起事故的补救

对于建筑在软土地基上出现损坏的建筑，可采取下列补救措施：

（1）由于建筑体型复杂或荷载差异较大，引起不均匀沉降，而造成建筑物损坏者，可根据损坏程度选用局部卸荷、增加上部结构或基础刚度、加深基础、锚杆静压桩、树根桩或注浆加固等补救措施。

（2）由于局部软弱土层或暗塘、暗沟等引起差异沉降过大，而造成建筑物损坏者，可选用锚杆静压桩、树根桩或旋喷桩等进行局部加固。

（3）由于基础承受荷载过大或加荷速率过快，引起大量沉降或不均匀沉降，而造成建筑物损坏者，可选择卸除部分荷载、加大基础底面积或加深基础等补救措施。

（4）由于大面积地面荷载或大面积填土引起柱基、墙基不均匀沉降、地面大量凹陷，

或柱身、墙身断裂者，可选用锚杆静压桩或树根桩加固等补救措施。

对于建造在湿陷性黄土地基上出现损坏的建筑，可采取下列补救措施：

（1）对非自重湿陷性黄土场地，当湿陷性土层不厚、湿陷变形已趋稳定，或估计再次浸水产生的湿陷量不大时，可选用上部结构加固措施；当湿陷性土层较厚、湿陷变形较大，或估计再次浸水产生的湿陷量较大时，可选用石灰桩、灰土挤密桩、坑式静压桩、锚杆静压桩、树根桩、硅化法或碱液法等措施。加固深度宜达到基础压缩层下限。

（2）对自重湿陷性黄土地基，可选用灰土井、坑式静压桩、锚杆静压桩、树根桩或灌注桩加固等措施。加固深度宜穿透全部湿陷性土层。

对于建造在人工填土地基上出现损坏的建筑，可采取下列补救措施：

（1）对于素填土地基由于浸水引起过大不均匀沉降而造成建筑物损坏者，可选用锚杆静压桩、树根桩、坑式静压桩、石灰桩或注浆加固等措施。加固深度应穿透素填土层。

（2）对于杂填土地基上损坏的建筑，可根据损坏程度选用加强上部结构和基础刚度、锚杆静压桩、树根桩、旋喷桩、石灰桩或注浆加固等措施。

（3）对于充填土地基上损坏的建筑，可按上述软土地基的有关规定选用加固方法。

对于建造在膨胀土地基上出现损坏的建筑，可采取下列措施补救：

（1）对建筑物损坏轻微，且胀缩等级为Ⅰ级的膨胀土地基，可采用设置宽散水及在周围种植草皮等措施。

（2）对建筑物损坏程度中等，且胀缩等级为Ⅰ、Ⅱ级的膨胀土地基，可采用加强结构刚度和设置宽散水等措施。

（3）对建筑物损坏程度较严重，或胀缩等级为Ⅱ级的膨胀土地基，可采用锚杆静压桩、树根桩、坑式静压桩或加深基础等方法。桩端或基底应埋置在非膨胀土层中或伸入大气影响深度以下的土层中。

对于建造在土岩组合地基上出现损坏的建筑，可采取下列补救措施：

（1）由于土岩交界部位出现过大的差异沉降，而造成建筑物损坏者，可根据损坏程度，采用局部加深基础、锚杆静压桩、树根桩、坑式静压桩或旋喷桩加固等措施。

（2）由于局部软弱地基引起差异沉降过大，而造成建筑物损坏者，可根据损坏的程度，采用局部加深基础或桩基加固等措施。

（3）由于基底下局部基岩出露或存在大块孤石，而造成建筑物损坏者，可将局部基岩或孤石凿去，铺设褥垫，或采用在土层部位加深基础或桩基加固等措施。

9.2.2　地下工程施工引起事故的预防与补救

地下工程施工可能对既有建筑物、地下管线或道路造成影响。当影响范围较大时，可采用隔断墙将既有建筑、地下管线或道路隔开。隔断墙可采用钢板桩、树根桩、深层搅拌桩、注浆加固或地下连续墙等方法。

当地下工程施工对既有建筑物造成影响时，可对既有建筑物进行加固。加固方法可选用锚杆静压桩、树根桩或注浆加固等。加固深度应大于地下工程底面深度。

当地下工程施工对既有建筑物造成的影响比较轻微时，可采用加强既有建筑刚度和强度的方法。

9.2.3　邻近建筑施工引起事故的预防和补救

当邻近工程的施工对既有建筑可能产生影响时，应查明既有建筑物的基础型式、结构状态、建成年代和使用情况等，根据邻近工程的结构类型、荷载大小、基础型式、间隔距离以及土质情况等因素分析可能产生的影响程度，并提出相应的预防措施。

当软土地基上采用有挤土效应的桩基对邻近既有建筑有影响时，可在邻近既有建筑的一侧设置砂井、塑料排水带、应力释放孔或开挖隔离沟，减小沉桩引起的孔隙水压力和挤土效应。对重要建筑可设地下挡墙。

遇有振动效应的桩基施工时，可采用开挖隔振沟，以减少振动波的传递。

当邻近建筑开挖基槽、人工降低地下水或迫降纠倾施工等，可能造成土体侧向变形或产生附加应力时，可采用对既有建筑进行地基基础局部加固，减少该侧地基的附加应力，控制基础沉降等措施。

9.2.4　深基坑工程引起事故的预防和补救

基坑开挖前应对基坑邻近既有建筑物地基进行土体稳定性验算分析，提出预防土体失稳的措施。必要时可对邻近既有建筑物的地基或基础先采用树根桩等方法进行加固处理，避免可能发生的事故。

当基坑周边邻近既有建筑为桩基础或新建建筑采用打入桩基础时，为保护邻近既有建筑物的安全，新基坑支护结构外边缘与邻近既有建筑的距离不应小于基坑开挖深度的 1.2 ~ 1.5 倍。当无法满足最小安全距离时应采用隔振沟或钢筋混凝土地下连续墙或其他有效的基坑支护结构型式。

9.3　建筑物纠偏设计与分类

建筑物纠偏是指既有建筑物由于某种原因造成偏离垂直位置而发生倾斜，影响正常使用，甚至导致建筑物结构损伤，危及生命及财产安全时，为了恢复建筑物使用功能，保证建筑物结构的安全，所采取的扶正技术措施。建筑物纠倾技术，又称为纠偏技术。它往往与基础加固相结合，建筑物发生倾斜的原因很多，但大多数和地基基础有关，包括上部结构、周边环境等影响因素，最终通过建筑物基础出现不均匀沉降，导致建筑物倾斜。倾斜过程发展各不相同，有的是经过长期积累发展，在使用多年之后出现的，有的是在外界影响下突然产生的。有的是由单一因素引起的，也有的是多种因素综合导致的。因此对于发生倾斜的原因必须认真进行分析。

建筑物常用的纠偏技术可以分为两大类：一类是迫降纠倾技术，包括基底冲砂、掏土、侧面成孔取土、抽水、堆载、卸载、拔桩加压、断桩下降等；另一类是顶升纠倾技术，包括整体托换顶升、局部基础抬升等。进行纠偏处理，有时要结合对结构和基础进行必需的加固处理。

以下各节对各种纠偏技术进行简单介绍。

9.3.1　迫降纠偏技术

通过调整土体固有的应力状态，用人工或机械施工的方法使建筑物原来沉降较小侧的地基土局部掏除或土体应力增加，迫使土体产生新的竖向变形或侧向变形，使建筑物在一定时间内该侧沉降加剧，从而纠正建筑物的倾斜。

9.3.2　堆载加压纠偏

在建筑物沉降较小的一侧采用堆载加压或在沉降较大的一侧采用卸载减压方法，从而使沉降较少的一侧增加沉降，或沉降较大的一侧减少沉降，达到纠偏的目的。

该方法适用于淤泥、淤泥质土及松散填土等软弱土地基，其纠倾速率慢，工期长。

9.3.3　降水纠偏法

通过强制降低建筑物沉降较小一侧的地下水位，迫使土中孔隙减少，从而增加土中的有效应力，使地基土产生固结沉降，从而达到纠偏的目的。

在建筑物沉降较小的外测，设置多个沉井或降水井管，采用机械抽水来降低水位，或采用挖沟排水降低水位。降水纠偏方法施工简便，安全可靠，费用较低，但纠偏速率较慢，施工期长，一般情况下经常和其他方法一起使用。

9.3.4　掏土纠偏

掏土纠偏法是迫降纠偏技术中最常用的一种方法，根据基础底部土层的不同，有时可分为掏土和掏砂两种方法，相对于掏土，当基底有一定厚度的砂层时，采用压力水冲砂的方法将更为简便实用。

掏土纠偏法的原理是在倾斜建筑物沉降量小的一侧，采用机械或人工方法将基底下土层掏出一定数量后造成基底下土体部分应力集中，导致土体产生侧向变形，从而使建筑物调整沉降差异，达到纠偏的目的。

掏土纠偏时，根据掏土位置可分为浅层掏土和深层掏土，浅层掏土一般在基底面进行，它适用于均质黏性土层和砂质土层上，结构完好、具有较大整体刚度的建筑物，一般为钢筋混凝土条形基础、片筏基础和箱形基础。

深层掏土主要指在沉降较小侧基础外采用钻孔取土和沉井掏土，由于深层掏土影响范围限制，该方法主要适用于淤泥、淤泥质土等软土地基。

掏土纠偏施工安全可靠，工程费用较低，工期较短，适用范围较广。

9.3.5　加固纠偏法

在建筑物沉降大的一侧，用桩基将基础进行锚固，制止其继续沉降，随着沉降较小的一侧继续沉降达到自身平衡，达到纠偏的目的。该方法所需时间较长，往往与掏土纠偏法相结合，即在沉降较小侧采用掏土方法来加快沉降。

9.3.6　浸水纠偏

浸水纠偏法适用于有一定厚度的湿陷性黄土的地基。其主要原理是利用湿陷性黄土的特性，在含水量较小、相对湿陷性系数大的条件下，通过在沉降较小一侧开槽、成孔，有控制地注水，使土产生湿陷变形，从而调整倾斜，达到纠倾目的。

浸水纠偏前，应根据主要受力土层的含水量、饱和度以及建筑物纠倾值计算所需的注水量，必要时进行现场注水试验。确定浸水影响半径、注水量与渗透速率的关系。

9.3.7　切断纠偏

由于桩基质量原因，导致建筑物产生不均匀沉降，发生整体倾斜，在这种情况采用一般的迫降纠偏技术无法达到理想的效果。与顶升纠偏技术原理相类似，通过托换体系，将主体结构和基础进行切断后，对沉降较小的支撑点进行定量下降，调整建筑物沉降差，达到纠偏的目的。

该方法适用于桩基，其施工技术含量高，需加强安全技术措施。

9.3.8　顶升纠偏

1. 纠偏原理与特点

顶升纠偏是在倾斜建筑物基础上部采用千斤顶顶升的措施，通过调整建筑物各部分的顶升量，使建筑物沿某一直线作整体的平面转动，将建筑物恢复到原来的正常状态。

顶升纠偏的措施是在上部结构的底层墙体上选择一个平行于建筑物某面的平面，做一道水平钢筋混凝土托梁（顶升梁），托梁的作用是使顶升力能扩散传递和使上部结构顶升时比较均匀地上升。托梁下与墙体隔离，在托梁下墙体上安装千斤顶，由墙体下原地基提供顶升反力，用千斤顶顶起托梁以上结构。通过千斤顶顶升的距离来调整托梁平面，使之处于水平位置。再将顶升后的墙体空隙用砖砌体妥善连接，建筑物就可恢复到正常的垂直位置。

2. 设计

顶升纠偏的设计步骤如下：

（1）分析建筑物产生沉降的原因；调查建筑物的基础型式及结构状况；观测倾斜及裂缝分布情况。

（2）计算横墙及纵墙的线荷载。

（3）根据上部荷载及支点位置，选择顶升面和反力提供体系。

（4）确定托梁断面及配筋。托梁是关系到建筑物能否成功顶升的关键。

（5）按计算荷载计算千斤顶个数、分布位置及每个千斤顶的顶升力。

（6）计算各顶升点的顶升量。各顶升点顶升总高度须根据纠偏要求和整体顶升的要求确定。顶升高度分次分阶段进行，每次最大顶升量应根据建筑物（墙体）的允许相对弯曲来确定。

3. 施工

顶升纠偏施工内容包括托梁施工、观测点布设和测量与顶升施工。

1）托梁施工程序

托梁施工应分批分段分节点进行，每段托梁长度不大于 1500mm，每节点翼缘长度不大于 500mm。托梁纵筋应尽可能按通长配置，减少焊接，托梁段之间要连接牢固，保证托梁的整体强度。

掏土时要轻锤快打，及时支垫，并尽快浇混凝土，以防止空隙部位时间过长使墙体产生开裂和变形。拆除墙、柱时，必须待前一批梁达到强度后方可拆除后一段托梁的墙、柱体。

托梁施工完毕且达到强度后，按设计的千斤顶位置凿出高 450mm，宽 350mm 的洞口，安放千斤顶。

2）观测点布设和测量

顶升纠偏前应定期对建筑物进行沉降和变形观测，分析沉降是否稳定。

托梁施工完毕后，在建筑物四角垂线，在上部结构的圈梁上和基础上分别设置观测点，以便在顶升作业过程中观测建筑物偏离、上抬情况和基础沉降情况；在各千斤顶的墙边设置标尺；标明每次的顶升量和总顶升量，纠偏中，在建筑物各关键的边角上各设置一根垂线和一根标尺，以设置沉降观测点。

顶升作业前，对各观测点全部进行一次测量并记录；在顶升作业过程中每进行一次顶升后，对各观测点测量一次，以便及时调整各部位的顶升量；顶升工作全部结束后，再对各观测点全部测量一次并记录，并用仪器核对垂直度。

3）顶升施工

结构顶升纠偏施工是一项技术性强的专业施工项目，因此要求组织严密，计划周全，才能确保顶升纠偏的成功。顶升时要服从统一指挥，正式顶升前要进行一次试顶升，以全面检查各项工作是否完备、正常。

顶升程序：顶升一般分次分阶段进行。第一阶段将建筑物整体顶升 10～20mm，以便使托梁上部结构体与下部墙体分离；第二阶段边顶升边纠偏；第三阶段为微调阶段，对各顶升点顶升量进行调整，使建筑物顶升至设计高度。

当顶升的千斤顶行程不够时，要及时地分台次在千斤顶下塞块，防止因同侧承托梁受力过于集中而发生危险。顶升到预定位置后立即将墙体主要受力部位垫牢，并用砖或混凝土进行墙体连接；待连接体能传力后再分批卸除千斤顶，并及时用砖砌满空隙。

几项关键事项：顶升纠偏是以基础上某一部位（通常在建筑物底层）作为反作用面顶升墙、柱，因此必须有提供足够反作用力的基础和地基，因而要求建筑物的沉降必须处于稳定或基本稳定条件下；对沉降尚未稳定的建筑物，应在对基础或地基进行加固处理后才能进行结构顶升施工。托梁是建筑物顶升成败的关键，其强度和刚度必须满足要求。不论是顶升前和顶升中，还是顶升结束时，都应做好观测点的测量工作，以确保顶升施工满足设计的要求。

Ⅱ　互 动 讨 论

9.4　既有建筑物地基基础加固法的分类

既有建筑物地基基础加固可根据托换的原理、时间、性质和方法进行分类。

1. 按原理分类

（1）补救性托换；（2）预防性托换；（3）维持性托换。

2. 按时间分类

（1）临时性托换；（2）永久性托换。

3. 按性质分类

（1）既有建筑物的地基基础加固；（2）既有建筑物的增层；（3）既有建筑物的纠倾；（4）既有建筑物的移位。

4. 按方法分类

（1）基础扩大和加固；（2）基础加深；（3）锚杆静压桩；（4）树根桩；（5）坑式静压桩、预压桩、打入桩和灌注桩；（6）高压喷射注浆；（7）石灰桩和灰土桩；（8）注浆。

9.5　建筑工程事故的定性与分析

（1）质量不合格。根据我国 GB/T 19000—2000 质量管理体系标准的规定，凡工程产品没有满足某个规定的要求，就称之为质量不合格；而没有满足某个预期使用要求或合理期望的要求，称为质量缺陷。

（2）质量问题。凡是工程质量不合格的，必须进行返修、加固或报废处理，由此造成直接经济损失低于 5000 元的称为质量问题。

（3）质量事故。凡是工程质量不合格的，必须进行返修、加固或报废处理，由此造成直接经济损失在 5000 元以上的称为质量事故。

处理工程质量事故，必须分析原因，作出正确的处理决策，这就要以充分的、准确的相关资料作为决策基础和依据，事故的分析报告，一般包括以下内容：①质量事故的情况；②事故性质；③事故原因；④事故评估；⑤设计、施工以及使用单位对事故的意见和要求；⑥事故涉及人员与主要责任者的情况等。

Ⅲ　实践工程指导

9.6　既有建筑物地基纠偏加固的案例分析

苏州虎丘塔纠偏工程。

1. 建筑简介

虎丘塔位于苏州市虎丘公园山顶，落成于宋太祖建隆二年（公元 961 年）。全塔 7 层，高 47.5m。平面呈八角形，青砖砌筑（图 9-1）。

该塔是八角形楼阁式砖塔中现存年代最早、规模宏大而结构精巧的实物。1961 年 3 月 4 日，国务院公布虎丘塔为全国第一批重点文物保护单位。

(a) 虎丘塔现状(2001年)　　　　　(b) 虎丘塔结构(立、剖图)

图 9-1　虎丘塔

据考证，虎丘塔自建造时，塔基即产生不均匀沉降并导致塔身向北倾斜。历史上虎丘塔曾七次遭受兵火等破坏，多次维修，但未能控制不均匀沉降和倾斜的发展。公元 1638 年（明崇祯十一年），因塔身倾斜加剧且损坏严重，重建了第七层并砌向南面以调整重心，致使塔身成抛物线形。到新中国成立初期，虎丘塔已残破不堪，岌岌可危。

1956 年至 1957 年，苏州市政府拨款对虎丘塔进行围箍喷浆和铺设楼面加固，但未能取得稳定效果。随着塔身倾斜的发展，塔体于 1965 年复现裂缝；至 1980 年，塔顶已向北东偏移 2.325m，倾斜角达 2.048°，底层塔身出现不少裂缝，险情发展加剧。

1981 年至 1986 年，中国国家文物局和苏州市政府组织力量，对这座千年古塔进行了全面加固，基本控制了塔基沉降，稳定了塔身倾斜。

2. 塔结构及地质概况

虎丘塔为七层楼阁式砖塔，塔身净高 47.168m。底层南北长 131.81m，东西长 131.64m；采用套筒式回廊结构，砖墙体由黏土砌筑；每层设塔心室，各层以砖砌叠涩楼面将内外壁连成整体，每层有内外门十二个。

塔重 6100t，由 12 个塔墩（8 个外墩、4 个内墩）支撑，塔墩直接砌筑在地基上。

虎丘塔地基由人工夯实的夹石土形成，持力层南薄北厚，地基下为风化岩石。

3. 虎丘塔发生不均匀沉降的原因分析

（1）塔无基础，塔墩直接砌筑在人工填土地基上，基底应力过大。

（2）塔建于南高北低的岩坡土层上，地基土持力层北厚南薄，产生了不均匀的压缩变形，导致了塔身倾斜。

（3）塔基及其周围地面未作妥善处理，因地表水渗入地基、由南向北潜流侵蚀等因素，使塔北人工填土层产生较多孔隙，使不均匀沉降发展。

（4）塔体由黏性黄土砌筑，灰缝较宽，塔身倾斜后形成偏心压力，加剧了不均匀压缩变形。

4. 虎丘塔的倾斜控制和加固技术

按照文物工程的维修原则和对虎丘塔产生倾斜裂缝等原因的分析，虎丘塔加固工程采用了"加固地基、补作基础，修缮塔体、恢复台基"的整修方案。并确定了保持塔身倾斜原貌的控制原则。加固方案分为"围、灌、盖、调、换"五项工程。

1）围桩工程

围桩是对地基加固的第一项工程，在塔基应力扩散范围内建造一圈密集的钢筋混凝土灌注桩，以控制地基加固范围、隔断地下水流、防止土体流失和稳定地基（图9-2）。

围桩工程施工措施如下：

（1）为避免机械振动和开挖面过大，采用人工开挖（图9-3）。

（2）按设计程序，采取跳挡、南北交叉、深浅交叉开挖成桩，限制北部同时开挖的数量。

（3）为防止土体变形，除利用土拱作用外，每挖深0.8m即支护模板，用C20速凝混凝土浇制护壁，待达到一定强度时再挖下一段。

（4）到基岩后，在坑内绑扎钢筋骨架，浇筑C15混凝土成桩，再在桩顶浇筑圈梁。

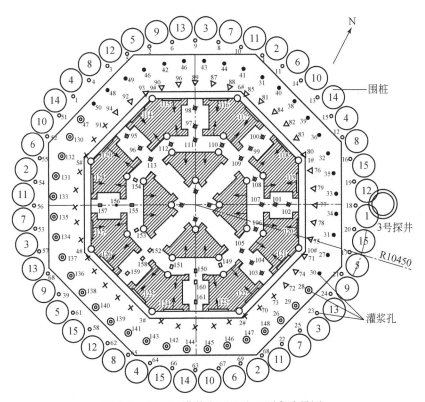

图 9-2　围桩、灌浆布置及施工顺序编号图

共布桩 44 根，桩中心距离塔底形心 10.45m，距离塔外壁 2.9m，单桩直径为 1.4m（包括护壁厚 15cm），桩净直径为 1.1m（图9-4），桩底穿过风化岩插入基岩，然后在桩顶浇筑高 40cm 的钢筋混凝土圈梁。

图 9-3　挖孔桩开挖

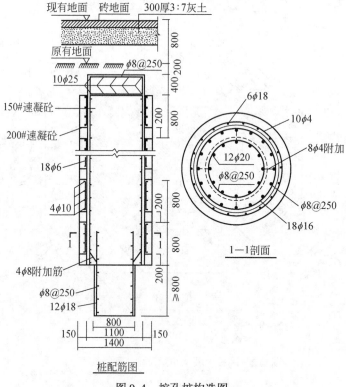

桩配筋图

图 9-4　挖孔桩构造图

2）灌浆工程

灌浆是对地基加固的第二项工程，在围桩范围内，钻直径为 9cm 的灌浆孔 161 个，进行压力注浆，填充地基内因水流冲刷等原因造成的孔隙，以增加地基的密实度、提高地基承载力。钻孔灌浆工程在围桩完成后进行。灌浆工程施工工艺如下：

（1）采用防震干钻工艺，用 XJ100-1 型工程地质钻机。

（2）以风冷却钻具、提钻出土及空气压缩吸排岩屑等方法，尽量疏通地层中细小孔隙，以求灌浆填充密实。

（3）采用全孔一次注浆法，根据地层的不同情况分别采取压浆机和气压注浆，塔内注浆压力控制在 150kPa，塔外注浆压力控制在 200～300kPa。

（4）注浆顺序是从围桩内边沿向中心推进，先塔外，后塔内；先东北面，后南面；先垂直孔，后斜孔。

（5）灌浆材料以水泥为主，并掺入占水泥重量 2.5% 膨润土，以提高渗透性，若有可灌性较好的孔隙，还掺加少量黄砂。

3）盖板工程

盖板工程是塔基加固和地基防水相结合的工程，将防水板和塔基结合成整体，在塔下形成一个钢筋混凝土壳体基础。

壳体基础是一个直径为 19.5m、厚度为 45～65cm 的"覆盆式"构件，由塔内走道板、上环梁、下环梁和壳板几部分组成。下环梁与围桩相联结，以围桩为边缘构件；上环梁和塔内走道板则与各个塔墩下部相交接，交接部位都伸进塔墩周围 25～30cm，托换其四周已经被压碎压酥的砖砌体，代之以混凝土。

4）调倾工程

调整塔体倾斜度，是在归纳前期施工过程中塔体变形规律的基础上进行的尝试。调倾工程施工要求如下：

（1）结合南半部壳体工程施工，适当扩大地基土方作业面，延长开挖暴露时间，并采用水平钻孔浅层掏土等技术措施，增大塔基南部土的压缩量。

（2）北半部壳体工程采用小面积快速施工，开挖土方与灌注钢筋混凝土紧密衔接，以减少塔基北部土沉降量。

塔身在盖板工程施工阶段采用了纠偏措施后，总体向西南返回 26mm。这一纠偏量，只占虎丘塔总侧移值 2.325m 的 1.1%。

5）换砖工程

换砖是对塔体的加固工程，通过对塔墩局部更换砌体，并作配筋加固，以提高塔身的承载力。塔墩换砖在盖板工程后进行。

5. 结论

根据苏州市文管会多年的观测记录，自工程完成的 1986 年 8 月至 2000 年 8 月的 14 年间，虎丘塔基底沉降的变动值不超过 1.25mm，倾斜变化率基本稳定在 30″ 以内。

实践证明对虎丘塔采取"围、灌、盖、调、换"五项加固工程是成功的，达到了预期的效果。该加固方案也符合文物古迹维修原则。各项加固工程既有各自的功能，又体现了相互联系，在共同作用下发挥了总体纠倾效果。

9.7　既有建筑物补强与纠偏施工要点

9.7.1　既有建筑物补强施工要点

1. 挖掘地基潜力

当现有建筑地基基础状态良好、地质条件较好时，应尽量发挥地基与基础的潜力。如考虑建筑物对地基的长期压密使原地基的承载力提高；考虑地基承载力的深宽修正。

2. 切实计算地基荷载

现有建筑在进行加固时，原设计资料、计算书等未必齐全，地基的承载力也不一定用足，上部结构的加固或改建与扩建均使地基上的荷载变更，通常均会增加。如果增加后超出地基容许承载力的5%~10%，则一般不考虑地基基础的加固，而考虑调整或加强上部结构的刚度来解决。

3. 尽量采用改善结构整体刚度的措施

如加强墙体刚度，加强纵横墙的连接等，可使结构的空间工作能力加强，从而有助于减轻不均匀沉降或减少绝对沉降，因在地基与基础的计算理论中未考虑上部结构空间工作的影响。

4. 尽量采取简易的结构构造措施

如在基础抗滑能力不足时增设基础下的防滑趾；在基础旁边设置坚固的刚性地坪；在相邻基础间设置地基梁，将水平剪力分担到相邻基础上等。

在考虑地基基础问题时，应着眼于结构与地基的共同作用；可用加强上部的办法来弥补地基方面的不足；可用较简单的地下浅层操作来代替深层或水下操作。

9.7.2　纠偏施工要点

（1）先行尽快制止建筑的沉降和倾斜，一般应用桩式托换。具体采用时要进行技术经济比较和可行性研究，以选择快速有效而经济的止沉止倾托换技术方案，予以迅速投入施工，保证新桩基的质量。凡未能止沉时，不得进行纠偏，以防意外，结构开裂处要视程度预先补强。

（2）预先作好降水排水准备，一般浅层降水采用集水井体系，深层降水可采用轻型井点系统或深井降水。在纠偏过程中严格控制地下水位并截阻地表水。

（3）通过计算，若承台的抗弯剪承载力和刚度不能满足纠偏要求的，则作预先承台加固。

（4）对于掏土后承台下原地基承载力的损失值，桩周摩阻力的损失值，基坑边坡侧压力对桩的影响，地下水位改变对建筑物的影响，掏土对桩身稳定的影响与纠偏引起荷载重分布时桩身强度和应力变化等方面须作严密的计算分析，预先采取措施，避免出现猝不及防的后果。

（5）掏土凿桩法施工过程中，要边掏土边检查桩身混凝土质量，凡有孔洞、夹泥、疏松、缩颈、过度倾斜、局部弯曲之类的缺陷桩要及时加固处理，并适当调整纠偏方案。掏土后如果基土过于软弱，宜边掏土边在坑底快速浇筑厚 120mm 的 C15 快强混凝土垫层，及时保证群桩稳定。

（6）统一指挥，分级纠偏，每日纠偏量控制在 4~6mm 范围内，严格遵循沉降、稳定、再沉降、再稳定、循环、回倾的纠偏程序。

（7）现场预备一定量的大吨位、小吨位千斤顶、钢垫板、钢塞片、钢管支撑和快硬水泥或混凝土速凝剂等，以备万一抢险时使用。

（8）具备多种监测仪器和测量工具，专人作好严密高频率的监测，及时分析观测结果并采取应变措施，完全实行信息化施工，切忌过度依赖经验，对纠偏期间出现的个别失控现象要沉住气，切忌急躁，仔细分析后予以逐步纠正。

（9）为保证纠偏期间尽量少影响建筑物正常使用，对于地下各类管线应采取有效保护措施。

（10）当纠偏量接近目标值时要放缓纠偏速率，一般纠偏率达到倾斜率的 90% 已足够，否则易矫枉过正。

参 考 文 献

曹永华, 高志义, 刘爱民. 2008. 地基处理的电渗法及其进展. 水运工程, 4: 92-95.

柴加兵, 庄守明. 2014. 换填垫层法加固地基设计与分析. 北方交通, 05: 90-92.

陈昌富, 周志军, 龚晓南. 2008. 带褥垫层桩体复合地基沉降计算改进弹塑性分析法. 岩土工程学报, 30 (8): 1171-1177.

陈东佐, 任晓菲. 1994. 黄土显微结构特征与湿陷性的研究现状及发展. 山西建筑, 1: 55-62.

陈竹昌, 王建华. 1993. 采用弹性理论分析搅拌桩性能的探讨. 同济大学学报: 自然科学版, 1: 17-25.

程源隆, 王培民. 1989. 填海地基综合处理的实例. 石油工程建设, 5: 19-22.

池跃君, 沈伟, 宋二祥. 2001. 垫层破坏模式的探讨及其与桩土应力比的关系. 工业建筑, 31(11): 9-11.

池跃君, 宋二祥, 陈肇元. 2003a. 刚性桩复合地基竖向承载特性分析. 工程力学, 04: 9-14.

池跃君, 宋二祥, 陈肇元. 2003b. 刚性桩复合地基在不同荷载下的桩土分担特性. 天津大学学报, 03: 359-363.

池跃君, 宋二祥, 高文新, 等. 2002. 刚性桩复合地基承载及变形特性试验研究. 中国矿业大学学报, 03: 24-28.

池跃君, 宋二祥, 金淮, 等. 2003. 刚性桩复合地基应力场分布的试验研究. 岩土力学, 03: 339-343.

戴龙榜. 2014. 既有建筑地基基础加固施工探析. 城市建筑, 02: 73.

董必昌, 郑俊杰. 2002. CFG 桩复合地基沉降计算方法研究. 岩石力学与工程学报, 07: 1084-1086.

董国安. 1999. 真空预压技术几个问题的实践和探索. 施工技术, 4: 39-43.

董志亮. 1999. 真空预压法理论与应用研究的新进展与新问题. 岩土工程师, 3: 19-20.

段光贤, 甘德福. 1982. 振冲法加固软土地基对土的微观结构的影响. 上海国土资源, 2: 59.

段继伟. 1994. 水泥搅拌桩的荷载传递规律. 岩土工程学报, 16 (4): 1-8.

段继伟. 1995. 柔性群桩–承台–土共同作用的数值分析. 浙江工业大学学报, 4: 354-363.

范维垣, 史美筠, 裘以惠. 1982. 关于强夯法加固地基的几个问题. 太原工学院学报, 2: 19-30+136.

范维垣, 史美筠, 裘以惠. 1986. 强夯法加固地基的原理和应用. 全国地基处理学术讨论会.

方永凯. 1983. 振冲法加固黏性土地基的若干土工问题. 水利水运工程学报, 4: 27-37.

房后国, 刘娉慧, 肖树芳, 林德全. 2005. 海积软土排水固结机理分析. 吉林大学学报 (地球科学版), 02: 207-212+217.

傅景辉, 宋二祥. 2000. 刚性桩复合地基工作特性分析. 岩土力学, 04: 335-339.

高宏兴. 1981. 强夯法加固软土地基的研究和实践. 水运工程, 9: 39-41+53.

葛世栋. 2003. 单液硅化法加固地基施工实践. 黑龙江科技信息, 02: 144.

葛忻明. 2012. 区域性特殊土的地基处理技术, 北京: 中国水利水电出版社.

龚晓南. 2004. 地基处理技术发展与展望, 北京: 中国水利水电出版社.

龚晓南. 2007. 广义复合地基理论及工程应用. 岩土工程学报, 01: 1-13.

龚晓南. 2008. 地基处理手册 (第三版). 北京: 中国建筑工业出版社.

龚晓南, 段继纬. 1994. 柔性桩的荷载传递特性. 土力学及基础工程学术会议.

龚晓南, 岑仰润. 2002. 真空预压加固软土地基机理探讨. 哈尔滨建筑大学学报, 35 (2): 7-10.

郭蔚东, 钱鸿缙. 1989. 饱和黄土碎石桩地基沉降计算. 土木工程学报, 2: 13-21.

韩杰, 叶书麟. 1992. 碎石桩复合地基的有限元分析. 岩土工程学报, s1: 13-19.

何萍, 郑俊杰. 2006. CFG 桩在油罐地基处理中的应用. 土工基础, 20 (5): 26-28.

侯建. 2015. 湿陷性黄土地基湿陷机理及地基处理方法. 山西建筑, 29: 61-62.

黄柏超. 2011. 软土加固关键技术与监测方法研究. 科技资讯, (28): 78-78.

贾宏铮. 2016. 硅化法加固湿陷性黄土地基的研究. 山西建筑, 14: 74-75.

姜前. 1992. 计算碎石桩复合地基变形模量的新方法. 岩土工程学报, 14 (4): 53-58.

蒋军, 谢新宇, 潘秋元. 1998. 含竖向增强体复合土体的极限承载力. 岩土工程学报, 20 (2): 55-58.

蒋向明, 李文平. 1997. 强夯法处理湿陷性黄土地基加固深度公式讨论. 中国煤炭地质, 4: 52-53.

蒋志军, 柯技, 李晓岑, 等. 2016. 既有建筑地基基础新型加固方法研究. 四川建筑, 02: 123-124+128.

金宗川. 1997. 石灰桩复合地基工作性状试验研究. 中国科学院武汉岩土力学研究所硕士学位论文.

雷兵荣, 张颖. 2011. 浅谈换填垫层法在建筑地基处理中的应用. 中国水运 (下半月), 11 (8): 265-266.

李国维, 杨涛. 2005. 柔性基础下复合地基桩土应力比现场试验研究. 岩石力学, 02: 265-269.

李立新, 马鑫, 王建平. 2002. 半刚性碎石桩复合地基变形特性的研究. 沈阳建筑大学学报 (自然科学版), 18 (2): 94-96.

李平. 2013. 按地基允许变形确定既有建筑地基承载力的试验方法. 建筑科学, 07: 40-43+48.

李平, 滕延京. 2013. 既有建筑地基承载力时间效应评价的试验研究. 工程勘察, 10: 7-11.

李彰明. 2012. 地基处理工程技术疑难问题解析, 北京: 中国电力出版社.

梁军. 2001. 碎石桩复合地基受力机理探讨. 四川水力发电, 20 (2): 76-78.

梁伟平. 1997. 粉喷桩固化剂新型材料试验研究及以沉降控制的优化设计方法. 同济大学博士学位论文.

林孔锚. 1987. 地基单向和三向排水固结与强度增长的计算及其实际观测. 岩土工程学报, 9 (1): 84-98.

林琼. 1996. 重力式水泥搅拌桩挡墙的变形计算. 福建建筑, s1: 84-86.

林宗元. 1993. 岩土工程治理手册, 沈阳: 辽宁科学技术出版社.

刘建博. 2013. 土钉墙喷锚施工及质量控制. 中国新技术新产品, 16: 80-81.

刘杰, 张可能. 2002. 散体材料桩复合地基极限承载力计算. 岩石力学, 02: 204-207.

刘起霞, 张明. 2014. 特殊土地基处理, 北京: 北京大学出版社.

娄炎. 1990. 真空排水预压法的加固机理及其特征的应力路径分析. 水利水运科学研究, 01: 99-106.

陆贻杰, 周国钧. 1989. 搅拌桩复合地基模型试验及三维有限元分析. 岩土工程学报, 5: 86-91.

路再红. 2015. 强夯法处理地基技术在工程应用实践中的总结. 建筑工程技术与设计, 10: 287.

马时冬. 2002. 水泥搅拌桩复合地基桩土应力比测试研究. 土木工程学报, 02: 48-51.

毛前, 龚晓南. 1998. 桩体复合地基柔性垫层的效用研究. 岩石力学, 02: 67-73.

孟宪锋. 2005. 换填垫层法在地基处理中的应用. 西部探矿工程, 17 (1): 34-35.

牛志荣. 2004. 地基处理技术及工程应用, 北京: 中国建材工业出版社.

牛志荣, 杨桂通. 2006. 强夯作用下土体动力特性研究. 工程力学, 03: 118-125.

潘千里, 朱树森, 左名麒. 1981. 用强夯法处理建筑物的高填土地基. 工业建筑, 11 (7): 11-15.

钱家欢, 帅方生. 1987. 边界元法在地基强夯加固中的应用. 中国科学: 数学物理学天文学技术科学, 3: 107-114.

钱家欢, 钱学德, 赵维炳, 帅方生. 1986. 动力固结的理论与实践. 岩土工程学报, 06: 1-17.

钱学德. 1983. 强夯法室内试验和理论计算. 工程勘察, 1: 33-37.

钱征. 1980. 强夯法加固地基试验报导. 水运工程, 3: 49.

钱征, 李广武, 王文奎. 1980. 强夯法加固松软地基. 岩土工程学报, 2 (1): 27-42.

乔兰, 丁余慧, 于德水. 2005. 强夯法处理路基的加固效果. 北京科技大学学报, 06: 659-661.

饶为国, 赵成刚. 2002. 桩-网复合地基应力比分析与计算. 土木工程学报, 02: 74-80.

尚世佐. 1983. 强夯加固饱和软粘土的几个问题探讨. 建筑结构学报, 4 (2): 55-69.

沈珠江. 1977. 用有限单元法计算软土地基的固结变形. 水利水运科技情报, 01: 7-23.

沈珠江. 1996. 土体结构性的数学模型——21世纪土力学的核心问题. 岩土工程学报, 18 (1): 95-97.

沈珠江, 陆舜英. 1986. 软土地基真空排水预压的固结变形分析. 岩土工程学报, 03: 7-15.

盛崇文. 1986. 碎石桩复合地基的沉降计算. 土木工程学报, 19 (1): 72-80.

盛崇文. 1990. 碎石桩复合地基设计施工中的若干经验. 水利水运工程学报, 1: 91-98.

盛崇文. 1991. 地基加固方案优选和地基设计新途径. 水利水运工程学报, 2: 171-178.

盛崇文, 王盛源, 方永凯, 等. 1983. 南通天生港电厂地基用碎石桩加固及其观测. 岩土工程学报, 5 (1): 43-50.

松尾新一郎. 1983. 土质加固方法手册. 北京: 中国铁道出版社

宋波, 李会兴. 2009. 浅谈浅层软弱地基处理中换填垫层法的应用. 内蒙古水利, 03: 93-94.

宋春节. 2007. 换填垫层法设计思路初探. 路基工程, 1: 61-62.

宋晶, 王清, 苑晓青. 2011. 真空预压处理高黏粒吹填土的物理化学指标. 吉林大学学报 (地球科学版), 41 (5): 1476-1480.

孙林娜, 龚晓南. 2008. 散体材料桩复合地基沉降计算方法的研究. 岩土力学, 03: 846-848.

孙述祖. 1990. 振动加固机具设计中的几个问题. 建筑机械, 9: 34-39.

太沙基. 1960. 理论土力学. 北京: 地质出版社

汤连生. 2007. 勾拌法软基处理施工工艺. 中国专利: CN200710026287. 5.

汤连生. 2017. 一种新型排水固结系统及方法. 中国专利: CN201710419978.

汤连生. 2018. 一种具循环排空功能圆柱式强排水管、装置及方法. 中国专利: CN107829425A.

汤连生, 王玉玺. 2018. 一种连续强排水管装置. 中国专利: CN201810313190. 0.

汤连生, 张庆华, 廖化荣. 2006. 公路软基工后沉降研究进展. 岩石力学与工程学报, 25 (S2): 3449-3455.

腾延京. 2013. 建筑地基处理规范理解与应用 (按 JGJ79-2012), 北京: 中国建筑工业出版社.

王长科. 1994. 散体材料桩复合地基承载力计算. 军工勘察, 02: 12-16.

王东会, 马孝春, 付宇. 2014. 地基处理优化技术的发展与应用. 探矿工程 (岩土钻掘工程), 06: 66-71.

王梅. 2012. 土钉墙施工工艺探讨. 科技创新与应用, 18: 188.

王年云. 1999a. 复合地基上褥垫层设计的理论分析. 建筑结构, 12: 24-26.

王年云. 1999b. 刚性桩复合地基设计的探讨. 土木工程与管理学报, 16 (2): 44-47.

王萍萍, 郝一鸣. 2015. 谈换填垫层法在软基处理中的实际运用. 科技产业发展与建设成就研讨会.

王启铜, 龚晓南, 曾国熙. 1992. 考虑土体拉、压模量不同时静压桩的沉桩过程. 浙江大学学报 (工学版), 6: 678-687.

王瑞春, 谢康和. 2001a. 变荷载下竖向排水井地基粘弹性固结沉降解析解. 土木工程学报, 34 (6): 93-99.

王瑞春, 谢康和. 2001b. 双层散体材料桩复合地基固结解析理论. 岩土工程学报, 04: 418-422.

王瑞春, 谢康和, 关山海. 2002. 变化荷载下散体材料桩复合地基固结解析解. 浙江大学学报 (工学版), 01: 15-19.

王瑞春, 谢康和. 2002. 双层散体材料桩复合地基固结普遍解析解. 中国公路学报, 03: 35-39.

王若愚. 2006. 软土地基工程特性与地基处理方法适用性讨论. 天津城市建设学院学报, 03: 195-198.

王盛源, 关锦荷. 1999. 天马港岸坡加固及碎石桩现场综合试验. 广东公路交通, s1: 1-6.

王士风, 王余庆. 1983. 不同布置方案的砾石排水桩防止砂基液化的效果. 工业建筑, 13 (3): 11-15.

王铁宏, 水伟厚, 王亚凌, 等. 2005. 强夯法有效加固深度的确定方法与判定标准. 工程建设标准化, 3: 27-38.

王铁宏. 2005. 新编全国重大工程项目地基处理工程实录, 北京: 中国建筑工业出版社.

王哲, 李侠. 2009. 换填法处理软弱地基在施工中应注意的问题. 山西建筑, 17: 76-77.

王钟琦, 邓祥林. 1983. 强夯机理及其环境影响. 中国土木工程学会土力学及基础工程学术会议.

吴春林, 阎明礼, 杨军. 1993. CFG桩复合地基承载力简易计算方法. 岩土工程学报, 15 (2): 94-103.

吴慧明, 龚晓南. 2001. 刚性基础与柔性基础下复合地基模型试验对比研究. 土木工程学报, 05: 81-84.

吴迈, 赵欣, 王恩远. 2007. 换填垫层设计方法研究. 河北工业大学学报, 36 (4): 93-96.

吴义祥. 1986. 强夯法处理湿陷性黄土地基问题的室内试验研究. 地质论评, 5: 73-82.

武亚军, 张孟喜, 徐士龙. 2007. 高真空击密法吹填土地基处理试验研究. 港工技术, 1: 43-46.

肖滇, 龚晓南, 黄广龙. 2000. 深层搅拌桩复合地基承载力的可靠度分析. 浙江大学学报 (工学版), 34
   (4): 351-354.

邢乾辉, 马国房. 2013. 既有建筑地基基础质量事故分析及处理措施. 西部探矿工程, 02: 21-23.

邢仲星, 陈晓平. 2000. 复合地基力学特性研究及有限元分析. 土工基础, 02: 1-4.

徐宏, 邓学均, 齐永正, 赵维炳. 2010. 真空预压排水固结软土强度增长规律性研究. 岩土工程学报,
   02: 285-290.

徐士龙. 2002. 快速"高真空击密法"软地基处理工法. 中国专利: CN01127046. 2.

徐至钧. 1999. 采用分层高夯击能强夯处理高填土地基. 地基基础工程, 3: 7-14.

徐至钧等. 2005. 建筑地基处理工程手册, 北京: 中国建材工业出版社.

薛乐球. 2012. 真空预压法加固软土地基中塑料排水板间距选择的研究. 天津大学博士学位论文.

薛茹, 胡瑞林, 毛灵涛. 2006. 软土加固过程中微结构变化的分形研究. 土木工程学报, 10: 87-91.

闫明礼, 王明山, 闫雪峰, 张东刚. 2003. 多桩型复合地基设计计算方法探讨. 岩土工程学报, 03:
   352-355.

阎明礼. 1996. 地基处理技术. 北京: 中国环境科学出版社.

杨立斌, 王国瑞. 2012. 既有建筑地基注浆加固实践. 探矿工程 (岩土钻掘工程), 08: 65-68+81.

杨涛, 殷宗泽. 1998. 复合地基沉降的复合本构有限元分析. 岩土力学, 02: 19-25.

杨有海. 1993. 加筋碎石桩的承载力分析. 岩土工程学报, 15 (5): 107-111.

杨仲元. 2009. 软土地基处理技术, 北京: 中国电力出版社.

叶柏荣. 2001. 土工合成材料在软土地基中的应用. 产业用纺织品, 19 (7): 29-34.

叶观宝, 高彦斌. 2009. 地基处理, 北京: 中国建筑工业出版社.

叶书麟. 1998. 地基处理工程实例应用手册, 北京: 中国建筑工业出版社.

叶书麟. 2009. 地基处理 (第三版), 北京: 中国建筑工业出版社.

叶书麟, 叶观宝. 2005. 地基处理与托换技术 (第三版): 北京: 中国建筑工业出版社.

于瑞文, 史翠霞, 王敏. 1997. 换土垫层法处理地基及分析. 低温建筑技术, 2: 43-44.

曾开华, 俞建霖, 龚晓南. 2004. 路堤荷载下低强度混凝土桩复合地基性状分析. 浙江大学学报 (工学
   版), 38 (2): 185-190.

张柏友. 2009. 浅谈既有建筑地基基础加固施工. 建筑设计管理, 06: 41-42+40.

张定. 1998. 散体材料桩复合地基的沉降分析与计算. 铁道学报, 06: 99-105.

张广铨. 1988. 莫斯科地铁工程中的地下巷道掘进. 市政技术, 04: 63.

张平仓, 汪稔. 2000. 强夯法施工实践中加固深度问题浅析. 岩土力学, 01: 76-80.

张雁, 黄强. 1993. 半刚性桩复合地基性状分析. 岩土工程学报, 2: 86-93.

张永钧. 1993. 强夯法的发展和推广应用的几点建议. 施工技术, 9: 1-4.

张志良. 2002. 振冲技术的新进展. 水利水电施工, 2: 1-2.

张永钧, 蔡梓林, 杨广鉴. 1986. 振冲碎石桩法处理可液化砂土地基. 建筑结构学报, 7 (1): 58-69.

赵维炳, 陈云敏, 施建勇. 1999. 地基处理技术发展简述. 中国土木工程学会第八届土力学及岩土工程学

术会议论文集.

赵维炳, 艾英钵, 张静 . 2003. 排水固结加固高速公路深厚软基工后沉降 . 水利水运工程学报, 01: 28-33.

郑刚, 姜忻良 . 1999. 水泥搅拌桩复合地基承载力研究 . 岩土力学, 03: 46-50.

郑颖人, 李学志, 冯遗兴, 周良忠, 陆新, 何红云 . 1998. 软黏土地基的强夯机理及其工艺研究 . 岩石力学与工程学报, 05: 93-102.

郑颖人, 陆新, 李学志, 冯遗兴 . 2000. 强夯加固软黏土地基的理论与工艺研究 . 岩土工程学报, 01: 21-25.

中国土木工程学会土力学及基础工程名词 (汉英及英汉对照) (第二版) . 北京: 中国建筑工业出版社, 1991.

中华人民共和国国家标准 . 1999. 土工试验方法标准 (GB/T 50123-1999) . 北京: 中国计划出版社 .

中华人民共和国国家标准 . 2011. 建筑地基基础设计规范 (GB 50007-2011) . 北京: 中国建筑工业出版社 .

中华人民共和国行业标准 . 2012. 既有建筑地基基础加固技术规范 (JGJ 123-2012) . 北京: 中国建筑工业出版社 .

中华人民共和国行业标准 . 2012. 建筑地基处理技术规范 (JGJ 79-2012) . 北京: 中国建筑工业出版社 .

钟美红 . 2014. 土钉支护技术在工程中的应用 . 河南建材, 03: 25-27.

周建民, 丰定祥, 郑宏 . 1997. 深层搅拌桩复合地基的有限元分析 . 岩土力学, 02: 44-50.

左名麟 . 2005. 地基处理实用技术, 北京: 中国铁道出版社 .

左名麒, 朱树森. 1990. 强夯法地基加固. 北京: 中国铁道出版社.

Aboshi, 唐振权. 1997. 日本压砂桩的现状. 探矿工程译丛, 1: 8-13.

Balaam N P, Poulos H G. 1982. Behaviour of foundations supported by clay stabilised by stone columns. Proc 8th European Conference Soil Mechanics and Foundation Engineering.

Barron E S G, Meyer J, Miller Z B. 1948. The metabolism of skin. effect of vesicant agents1. Journal of Investigative Dermatology, 11 (2): 97-118..

Barron R A. 1948. Consolidation of fine grained soils by drain wells. Trans. ASCE, (113): 718-742.

Brauns J. 1978. Die Anfangstraglast von Schottersaulen im Bindigen Untergrund. Die Bautechnik: Mai.

Brown R E. 1977. Vibroflotation compaction of cohesionless soils. Journal of the Geotechnical Engineering Division, 103 (12): 1437-1451.

Casagrande L. 2014. Electro-osmotic stabilization of soils. Dictionary Geotechnical Engineering/wörterbuch Geotechnik, 463.

Chu J, Yan S W, Yang H. 2000. Soil improvement by the vacuum preloading method for and oil storage station. Geotechnique, 50 (6): 625-632.

Fudo Construction Co Ltd, Research Laboratory. 1974. Design manual for compozer system.

Gambin M P. 1984. Ten year's dymanic compaction. Proceeding of the Eighth Reginal Conference for African on Soil Mechanics and Foundation Engineering, 1: 363-370

Goughnour R R. 1983. Settlement of vertically loaded stone columns in soft ground. Proc 8th European Conference on Soil Mechanics and Foundation Engineering, Helsinki.

Greenwood D A, Kirsch K. 1983. Specialist ground treatment by vibratory and dynamic methods. State of an Advance in Pilingand Ground Treatment for Foundations, ICE, London, 17-45,

Halton GR, Loughney EW. 1965. Vacuum stabilization of subsoil beneath runway extension at Philadelphia international airport. Proc. of IV. ICSMFE, 61-65.

Hughes J M O, Withers N J. 1974. Reinforcing of soft cohesive soils with stone columns : 18F, 9R. GROUND ENGNG. V7, N3, MAY, 1974, P42-49. International Journal of Rock Mechanics & Mining Science & Geomechanics Abstracts, 11 (11): 234.

Johnson A T, Schlosser A, Kirk G, et al. 1980. Automatic determination of ignition temperature. Fire Technology, 16 (3): 181-191.

Kaner R J, Baird A, Mansukhani A, et al. 1990. Fibroblast growth factor receptor is a portal of cellular entry for herpes simplex virus type 1. Science, 248 (4961): 1410-1413.

Kumar A, Saran S. 2003. Bearing capacity of rectangular footing on reinforced soil. Geotechnical & Geological Engineering, 21 (3): 201-224.

Lee K M, Manjunath V R. 2000. Experimental and numerical studies of geosynthetic-reinforced sand slopes loaded with a footing. Canadian Geotechnical Journal, 37 (4): 828-842.

Menard L, Broise Y. 1975. Theoretical and practical aspects of dynamic consolidation. Geotechnique, 25 (1): 3-18.

Mitchell R J. 1998. The eleventh annual R. M. Hardy Keynote Address, 1997: Centrifugation in geoenvironmental practice and education. Canadian Geotechnical Journal, 35 (4): 630-640.

Priebe H J . 1995. The design of vibro replacement. Ground Engineering, 28 (10): 31-37

Six V, Mroueh H, Bouassida M. 2012. Numerical analysis of elastoplastic behavior of stone column foundation. Geotechnical & Geological Engineering, 30 (4): 813-825.

Steuerman S, Flynn W A. 1970. Discussion of 'Hydraulic Fills to Support Structural Loads' by Robert V. Whitman. Journal of Soil Mechanics & Foundations Div, 96: 1478-1479.

Thorburn S. 1976. Building structure supported by stabilized ground, ground treatment by deep compaction. London ICE.

基 本 术 语

地基（foundation）：承托建筑物及构筑物基础的一定深度和一定范围的场地。

软弱土（soft or weak soils）：抗剪强度低、压缩性大含水率高的土。

地基处理（ground treatment or improvement）：为提高地基承载力，改善其变形性质或渗透性质而采取的人工处理地基的方法。

复合地基（composite subgrade, composite foundation）：部分土体被增强或置换形成增强体，由增强体和周围地基土共同承担荷载的地基。

增强体（reinforcement）：经人工地基处理方法处理后的地基土体。

周围地基土：增强体周围的基本上未经人工地基处理方法直接处理的地基土体。

地基承载力特征值（characteristic value of subgrade bearing capacity）：由载荷试验测定的地基土压力变形曲线线性变形段内规定的变形所对应的压力值，其最大值为比例界限值。

地基变形允许值（allowable subsoil deformation）：为保证建筑物正常使用而确定的地基变形控制值。

换填垫层法（cushion）：挖去地表浅层软弱土层或不均匀土层，回填坚硬、较粗粒径的材料，并夯压密实，形成垫层的地基处理方法。

预压法（preloading）：对地基进行堆载或真空预压，使地基土固结的地基处理方法。

真空预压法（vacuum preloading）：通过对覆盖于竖井地基表面的不透气薄膜内抽真空，而使地基固结的地基处理方法。

强夯法（dynamic compaction, dynamic consolidation）：反复将夯锤提到高处使其自由落下，给地基以冲击和振动能量，将地基土夯实的地基处理方法。

强夯置换法（dynamic replacement）：将重锤提到高处使其自由落下形成夯坑，并不断夯击回填的砂石、钢渣等硬粒料，使其形成密实的墩体的地基处理方法。

振冲法（vibroflotation, vibro-replacement）：在振冲器水平振动和高压水的共同作用下，使松砂土层振密，或在软弱土层中成孔，然后回填碎石等粗粒料形成桩柱，并和原地基土组成复合地基的地基处理方法。

砂石桩法（sand-grade pile）：采用振动、冲击或水冲等方式在地基中成孔后，再将碎石、砂或砂石挤压入已成的孔中，形成砂石所构成的密实桩体，并和原状周围土组成复合地基的地基处理方法。

水泥粉煤灰碎石桩法（cement-flyash-gravel pile）：由水泥、粉煤灰、碎石、石屑或砂等混合料加水拌和形成高黏结强度桩，并由桩、桩间土和褥垫层一起组成复合地基的地基处理方法。

夯实水泥土桩法（rammed soil-cement pile）：将水泥和土按设计的比例拌和均匀，在孔内夯实至设计要求的密实度而形成加固体，并与桩间土组成复合地基的地基处理方法。

水泥土搅拌法（cement deep mixing）：以水泥作为固化剂的主剂，通过特制的深层搅拌机械，将固化剂和地基土强制搅拌，使软土结成具有整体性、水稳定性和一定强度桩体的地基处理方法。

深层搅拌法（deep mixing）：使用水泥浆作为固化剂的水泥土搅拌法。简称湿法。

粉体喷搅法（dry jet mixing）：使用干水泥粉作为固化剂的水泥土搅拌法。简称干法。

高压喷射注浆法（jet grounding）：高压水泥浆通过钻杆由水平方向的喷嘴喷出，形成喷射流，以此切割土体并与土拌和形成水泥土加固体的地基处理方法。

石灰桩法（lime pile）：由生石灰与粉煤灰等掺合料拌和均匀，在孔内分层夯实形成竖向增强体，并与桩间土组成复合地基的地基处理方法。

灰土挤密桩法（lime soil pile）：利用横向挤压成孔设备成孔，使桩间土得以挤密。用灰土填入桩孔内分层夯实形成灰土桩，并与桩间土组成复合地基的地基处理方法。

土挤密桩法（earth pile）：利用横向挤压成孔设备成孔，使桩间土得以挤密。用素土填入桩孔内分层夯实形成土桩，并与桩间土组成复合地基的地基处理方法。

柱锤冲扩桩法（piles thrusted-expanded in column-hammer）：反复将柱状重锤提到高处使其自由落下冲击成孔，然后分层填料夯实形成扩大柱体，与桩间土组成复合地基的地基处理方法。

单液硅化法（silicification grounding）：采用硅酸钠溶液注入地基土层中，使土粒之间及其表面形成硅酸凝胶薄膜，增强了土粒间的联结，赋予土耐水性、稳固性和不湿陷性，并提高土的抗压和抗剪强度的地基处理方法。

碱液法（soda solution grounding）：将加热后的碱液（即氢氧化钠溶液），以无压自流方式注入土中，使土粒表面溶合胶结形成难溶于水的、具有高强度的钙、铝硅酸盐络合物，从而达到消除黄土湿陷性，提高地基承载力的地基处理方法。

疏桩基础（scattered pile foundation）：采用适量桩补充天然地基承载力不足，同时将沉降减少至沉降限定值以内的桩基础。简称疏桩。